普通高等教育应用型"十二五"规划教材

# Access 数据库应用基础教程

主　编　王志成　武　岩　金媛媛
副主编　付　欣　吕　菲

北京邮电大学出版社
·北京·

## 内 容 简 介

根据教育部非计算机专业计算机课程教学指导分委会制定的《高等学校非计算机专业计算机基础课基本要求》，结合目前大学计算机基础的教学现状，我们组织具有多年 Access 教学及数据库系统开发经验的教师编写了本教材。

本教材共包含 9 章内容，分别讲述了数据库基础知识、数据库和表、查询、窗体设计、报表、宏、VBA 程序设计基础、SharePoint 网站、数据安全管理等内容。

本教材的编写充分体现"以学生需要为本"的理念，强调"任务驱动"的教学模式，内容涵盖了《全国计算机等级考试大纲（二级 Access）》的基本教学要求，突出实践性与人文性，注重前沿知识的介绍，做到以理论为基础，结合实例操作由浅入深地阐述 Access 的强大功能。本教材旨在使学生掌握数据库技术及其他相关信息技术的基本知识，培养学生利用数据库技术解决问题的意识与能力。

### 图书在版编目(CIP)数据

Access 数据库应用基础教程 / 王志成,武岩,金媛媛主编. -- 北京：北京邮电大学出版社，2016.1
ISBN 978-7-5635-4146-1

Ⅰ.①A… Ⅱ.①王… ②武… ③金… Ⅲ.①关系数据库系统—教材 Ⅳ.①TP311.138

中国版本图书馆 CIP 数据核字(2016)第 003357 号

| | |
|---|---|
| 书　　名 | Access 数据库应用基础教程 |
| 主　　编 | 王志成　武　岩　金媛媛 |
| 责任编辑 | 向　蕾 |
| 出版发行 | 北京邮电大学出版社 |
| 社　　址 | 北京市海淀区西土城路 10 号(100876) |
| 电话传真 | 010-82333010　62282185(发行部)　010-82333009　62283578(传真) |
| 网　　址 | www.buptpress3.com |
| 电子信箱 | ctrd@buptpress.com |
| 经　　销 | 各地新华书店 |
| 印　　刷 | 中煤(北京)印务有限公司 |
| 开　　本 | 787 mm×1 092 mm　1/16 |
| 印　　张 | 20 |
| 字　　数 | 496 千字 |
| 版　　次 | 2016 年 1 月第 1 版　2016 年 1 月第 1 次印刷 |

ISBN 978-7-5635-4146-1　　　　　　　　　　　　　　　定价：42.00 元
如有质量问题请与发行部联系
版权所有　侵权必究

# 前　言

随着数据库技术日新月异的发展,社会各个方面对于数据库管理的需求及技术服务不断增多。人们认识到 Access 是一种使用方便、易于掌握的理想数据库管理系统,管理人员可以在无任何编程经验的情况下,通过 Access 提供的大量工具、向导及可视化的操作界面来搭建完成大部分的数据库管理解决方案和开发框架,因此 Access 很适合在校学生及一般管理人员学习和使用。

根据教育部非计算机专业计算机课程教学指导分委会制定的《高等学校非计算机专业计算机基础课基本要求》,结合目前大学计算机基础的教学现状,我们组织具有多年 Access 教学及数据库系统开发经验的教师编写了本套教材。

本教材的编写充分体现"以学生需要为本"的理念,强调"任务驱动"的教学模式,内容涵盖了《全国计算机等级考试大纲(二级 Access)》的基本教学要求,突出实践性与人文性,注重前沿知识的介绍,做到以理论为基础,结合实例操作由浅入深地阐述 Access 的强大功能。本教材旨在使学生掌握数据库技术及其他相关信息技术的基本知识,培养学生利用数据库技术解决问题的意识与能力。本教材列举的实例内容丰富、全面、完整,力求应用方法和操作技术简单明了。

为了便于教师使用本教材进行实验教学和学生学习,我们还组织编写了《Access 数据库应用基础实践教程》,作为与本教材配套的实验教材。配套教材着重实践练习,进一步强化重点及难点知识。

本书由王志成、武岩、金媛媛任主编,由付欣、吕菲任副主编。第 1 章由武岩编写,第 2 章、第 3 章由王志成编写,第 4 章、第 5 章由吕菲编写,第 6 章、第 7 章、第 8 章、第 9 章由付欣编写,参加编写的还有金媛媛。全书由王志成统稿,由武岩审阅。

由于时间仓促和编者水平所限,书中的错误和不妥之处在所难免,敬请读者批评指正。

编　者
2015 年 8 月

# 目 录

## 第 1 章 数据库基础知识 ............................................................................................. 1
### 1.1 数据库的基本概念 ............................................................................................. 1
#### 1.1.1 数据库技术的发展 .................................................................................. 1
#### 1.1.2 数据库的基本概念 .................................................................................. 2
#### 1.1.3 数据模型 .................................................................................................. 2
#### 1.1.4 关系数据库 .............................................................................................. 5
### 1.2 关系数据库使用的语言 ..................................................................................... 7
#### 1.2.1 关于 VBA .................................................................................................. 7
#### 1.2.2 关于 SQL .................................................................................................. 8
### 1.3 数据库设计 ......................................................................................................... 9
#### 1.3.1 数据库关系完整性设计 .......................................................................... 9
#### 1.3.2 数据库规范化设计 ................................................................................ 10
#### 1.3.3 数据库应用系统设计 ............................................................................ 10
### 1.4 Access 2010 ...................................................................................................... 11
#### 1.4.1 Access 2010 简介 .................................................................................. 11
#### 1.4.2 Access 2010 的特点 .............................................................................. 11
#### 1.4.3 Access 2010 的安装 .............................................................................. 14
#### 1.4.4 Access 2010 的启动与退出 .................................................................. 16
#### 1.4.5 Access 2010 的数据库界面 .................................................................. 17
### 1.5 课后习题 ........................................................................................................... 22

## 第 2 章 数据库和表 ..................................................................................................... 24
### 2.1 数据库的创建 ................................................................................................... 24
#### 2.1.1 使用模板创建数据库 ............................................................................ 24
#### 2.1.2 创建空白数据库 .................................................................................... 25
#### 2.1.3 打开和关闭数据库 ................................................................................ 26

  2.1.4 管理数据库 ································································· 26
  2.1.5 数据库的转换 ····························································· 30
  2.1.6 数据库的导入与导出 ··················································· 30
 2.2 表的创建 ·············································································· 32
  2.2.1 表的设计原则 ····························································· 32
  2.2.2 表结构设计概述 ························································· 32
  2.2.3 创建表 ········································································ 38
 2.3 表的编辑 ·············································································· 46
  2.3.1 选定记录和字段 ························································· 46
  2.3.2 在表中添加记录 ························································· 47
  2.3.3 在表中修改记录 ························································· 47
  2.3.4 在表中删除记录 ························································· 48
  2.3.5 记录的查找与替换 ····················································· 48
  2.3.6 设置表的外观 ····························································· 48
  2.3.7 表的复制、删除及重命名 ········································· 51
 2.4 排序与筛选 ·········································································· 52
  2.4.1 排序 ············································································ 52
  2.4.2 筛选 ············································································ 53
 2.5 表间关系 ·············································································· 56
  2.5.1 建立一对多关系 ························································· 56
  2.5.2 建立多对多关系 ························································· 58
  2.5.3 编辑表间关系 ····························································· 59
  2.5.4 参照完整性、级联更新和级联删除 ························· 60
 2.6 表的导入、导出与链接 ······················································ 60
  2.6.1 导入表 ········································································ 60
  2.6.2 导出表 ········································································ 63
  2.6.3 链接表 ········································································ 65
 2.7 课后习题 ·············································································· 65

## 第3章 查询 ················································································ 67

 3.1 查询概述 ·············································································· 67
  3.1.1 查询的类型 ································································ 67
  3.1.2 创建查询的方法 ························································· 68
 3.2 查询条件的设置 ·································································· 70
 3.3 创建选择查询 ······································································ 74

3.3.1　使用向导创建 …………………………………………………… 74
　　3.3.2　使用设计视图创建 ……………………………………………… 82
　　3.3.3　设置查询中的计算 ……………………………………………… 86
3.4　创建交叉表查询 ……………………………………………………………… 91
　　3.4.1　使用向导创建 …………………………………………………… 91
　　3.4.2　使用设计视图创建 ……………………………………………… 93
3.5　创建参数查询 ………………………………………………………………… 95
　　3.5.1　在设计视图中创建单参数查询 ………………………………… 96
　　3.5.2　在设计视图中创建多参数查询 ………………………………… 97
3.6　创建操作查询 ………………………………………………………………… 98
　　3.6.1　生成表查询 ……………………………………………………… 99
　　3.6.2　更新查询 ………………………………………………………… 100
　　3.6.3　追加查询 ………………………………………………………… 101
　　3.6.4　删除查询 ………………………………………………………… 102
3.7　SQL 查询 ……………………………………………………………………… 103
　　3.7.1　SQL 简介 ………………………………………………………… 103
　　3.7.2　数据查询语句 …………………………………………………… 104
　　3.7.3　创建 SQL 查询视图 ……………………………………………… 105
　　3.7.4　单表查询 ………………………………………………………… 106
　　3.7.5　多表查询 ………………………………………………………… 108
　　3.7.6　嵌套查询 ………………………………………………………… 110
　　3.7.7　联合查询 ………………………………………………………… 111
3.8　其他 SQL 语句 ………………………………………………………………… 112
　　3.8.1　数据定义语句 …………………………………………………… 112
　　3.8.2　数据更新语句 …………………………………………………… 113
3.9　课后习题 ……………………………………………………………………… 114

## 第4章　窗体设计 …………………………………………………………………… 117

4.1　窗体概述 ……………………………………………………………………… 117
　　4.1.1　窗体的概念 ……………………………………………………… 117
　　4.1.2　窗体的作用 ……………………………………………………… 117
　　4.1.3　窗体的类型 ……………………………………………………… 118
　　4.1.4　窗体的组成 ……………………………………………………… 119
　　4.1.5　窗体的视图 ……………………………………………………… 120
4.2　创建标准窗体 ………………………………………………………………… 121

  4.2.1 自动创建窗体 ·················· 121
  4.2.2 创建数据透视表窗体 ············ 124
  4.2.3 使用"空白窗体"按钮创建窗体 ···· 126
  4.2.4 使用窗体向导创建窗体 ·········· 127
  4.2.5 创建导航窗体 ·················· 139
 4.3 创建自定义窗体 ······················ 141
  4.3.1 使用设计视图创建窗体 ·········· 142
  4.3.2 "窗体设计工具"上下文选项卡 ···· 143
  4.3.3 控件及其类型 ·················· 145
  4.3.4 常用控件的应用 ················ 147
 4.4 设置窗体和控件属性 ·················· 176
 4.5 窗体的修饰 ·························· 178
  4.5.1 控件操作 ······················ 178
  4.5.2 窗体主题 ······················ 179
  4.5.3 条件格式 ······················ 180
 4.6 课后习题 ···························· 181

## 第5章 报表 ································ 184

 5.1 报表概述 ···························· 184
  5.1.1 报表的概念 ···················· 184
  5.1.2 报表的功能 ···················· 184
  5.1.3 报表的类型 ···················· 185
  5.1.4 报表的视图 ···················· 187
 5.2 创建标准报表 ························ 187
  5.2.1 使用"报表"按钮创建报表 ········ 187
  5.2.2 利用报表向导创建报表 ·········· 188
  5.2.3 创建标签报表 ·················· 191
  5.2.4 创建主/子报表 ················· 194
 5.3 使用设计视图创建报表 ················ 197
  5.3.1 报表的组成 ···················· 197
  5.3.2 "报表设计工具"上下文选项卡 ···· 199
  5.3.3 使用设计视图创建报表 ·········· 200
  5.3.4 图表报表 ······················ 205
 5.4 编辑报表 ···························· 207
  5.4.1 添加或删除报表页眉/页脚、页面页眉/页脚 ·········· 207

5.4.2 在报表中添加当前日期和时间 ································ 208
　　5.4.3 在报表中添加页码 ··························································· 209
　　5.4.4 在报表中添加分页符 ······················································· 209
5.5 报表的排序、分组和计算 ··························································· 210
　　5.5.1 报表的排序 ······································································· 210
　　5.5.2 报表的分组 ······································································· 211
　　5.5.3 报表的计算 ······································································· 213
5.6 报表的预览及打印 ······································································· 216
5.7 课后习题 ······················································································· 218

## 第 6 章 宏 ································································································ 220

6.1 宏的概念 ······················································································· 220
　　6.1.1 宏的基本概念 ··································································· 220
　　6.1.2 宏的基本功能 ··································································· 221
　　6.1.3 宏的分类 ··········································································· 221
　　6.1.4 宏操作目录 ······································································· 222
　　6.1.5 "宏工具/设计"上下文选项卡和设计视图 ···················· 223
6.2 创建宏 ··························································································· 225
　　6.2.1 创建操作序列宏 ······························································· 225
　　6.2.2 创建宏操作组 ··································································· 229
　　6.2.3 创建条件宏 ······································································· 233
　　6.2.4 创建子宏操作 ··································································· 236
　　6.2.5 创建嵌入宏 ······································································· 238
6.3 宏的运行与调试 ··········································································· 239
　　6.3.1 运行宏 ··············································································· 240
　　6.3.2 调试宏 ··············································································· 243
6.4 常见宏操作 ··················································································· 244
6.5 综合应用实例 ··············································································· 245
6.6 课后习题 ······················································································· 251

## 第 7 章 VBA 程序设计基础 ································································ 253

7.1 模块的基本概念 ··········································································· 253
　　7.1.1 标准模块 ··········································································· 253
　　7.1.2 类模块 ··············································································· 253
　　7.1.3 将宏转换为模块 ······························································· 254

7.2 创建模块 ………………………………………………………………… 254
　　7.2.1 在模块中加入过程 ………………………………………………… 254
　　7.2.2 在模块中执行宏 …………………………………………………… 255
7.3 VBA 程序设计基础 …………………………………………………… 255
　　7.3.1 常量 ………………………………………………………………… 255
　　7.3.2 变量 ………………………………………………………………… 256
　　7.3.3 表达式 ……………………………………………………………… 260
　　7.3.4 选择结构 …………………………………………………………… 263
　　7.3.5 循环结构 …………………………………………………………… 268
　　7.3.6 数组 ………………………………………………………………… 270
　　7.3.7 子程序和子函数 …………………………………………………… 272
7.4 VBA 中的面向对象编程 ……………………………………………… 274
　　7.4.1 VBA 的开发环境 …………………………………………………… 274
　　7.4.2 事件驱动程序的编写及程序的调试 ……………………………… 274
7.5 课后习题 ……………………………………………………………… 277

## 第 8 章 SharePoint 网站 …………………………………………………… 279

8.1 SharePoint 简介 ……………………………………………………… 279
　　8.1.1 SharePoint 的组成 ………………………………………………… 279
　　8.1.2 SharePoint 网站的组成 …………………………………………… 280
　　8.1.3 SharePoint 网站的基本操作 ……………………………………… 281
8.2 Access 数据的迁移与发布 …………………………………………… 282
　　8.2.1 将 Access 数据库中的表迁移到 SharePoint 网站上 …………… 282
　　8.2.2 将数据发布到 SharePoint 网站 …………………………………… 284
8.3 SharePoint 网站数据的导入与导出 ………………………………… 286
　　8.3.1 SharePoint 网站数据的导入 ……………………………………… 286
　　8.3.2 导出到 SharePoint 网站 …………………………………………… 288
8.4 脱机使用链接 ………………………………………………………… 289
　　8.4.1 使用 SharePoint 列表数据脱机 …………………………………… 290
　　8.4.2 脱机后工作 ………………………………………………………… 290
8.5 课后习题 ……………………………………………………………… 290

## 第 9 章 数据安全管理 ……………………………………………………… 292

9.1 概述 …………………………………………………………………… 292
　　9.1.1 数据的安全性 ……………………………………………………… 292

9.1.2 Access 数据库的加密技术 ………………………………………………… 293
   9.1.3 数据库的安全与管理 …………………………………………………… 293
9.2 数据库密码的设置与撤销 ……………………………………………………… 294
9.3 用户权限的分级管理 …………………………………………………………… 296
9.4 备份和恢复数据库 ……………………………………………………………… 296
9.5 数据库的转换导出与拆分 ……………………………………………………… 297
   9.5.1 数据库转换 ……………………………………………………………… 297
   9.5.2 数据的导出 ……………………………………………………………… 298
   9.5.3 拆分数据库 ……………………………………………………………… 301
9.6 信任中心 ………………………………………………………………………… 302
   9.6.1 使用受信任位置中的 Access 2010 数据库 …………………………… 302
   9.6.2 创建受信任位置,将数据库添加到该位置 …………………………… 304
   9.6.3 打开数据库时启用禁用的内容 ………………………………………… 305
9.7 课后习题 ………………………………………………………………………… 306

**参考文献** ………………………………………………………………………………… 308

# 第 1 章　数据库基础知识

数据库技术自诞生以来，在不到半个世纪的短短时间里，已形成了坚实的理论基础、成熟的商业产品和广泛的应用领域。日益成熟的数据库理论给计算机信息管理带来了一场巨大的变革。50 多年来，国内外已经开发、建立了不计其数的数据库，数据库已成为部门、企业乃至个人日常工作、生产和生活的基础设施，这充分说明了数据库是一个充满活力和创新精神的科学领域。

## 1.1　数据库的基本概念

### 1.1.1　数据库技术的发展

20 世纪 60 年代后期，由于计算机技术的快速发展，带动了数据库技术的迅速发展。数据处理技术也经历了人工管理阶段、文件系统阶段、数据库系统阶段和高级数据库阶段。在数据库阶段其技术发展经历了 3 代：第 1 代是以网状、层次模型为代表的数据库系统，第 2 代是关系数据库系统，第 3 代是以面向对象数据模型为主要特征的数据库系统。

**1. 第 1 代数据库系统**

数据库发展阶段主要以数据模型的发展为依据进行划分。以层次数据模型或网状数据模型建立的数据库系统，属于第 1 代数据库系统。

**2. 第 2 代数据库系统**

以关系模型为基础的数据库系统是对实体及实体之间的联系采用简单的二元关系（二维表格形式）来描述的系统，对各种用户提供统一的单一数据结构形式，使用户容易掌握和应用。关系数据库语言具有非过程化特性，降低了编程难度，面向非专业用户。

**3. 第 3 代数据库系统**

第 3 代数据库系统是以数据管理、对象管理和知识管理为一体，支持面向对象数据模型为主要特征的数据库系统。面向对象数据库采用了面向对象程序设计方法的思想和观点，来描述现实世界实体的逻辑组织和对象之间的联系。它克服了传统数据库的局限性，可以自然地存储复杂的数据对象及这些对象之间的复杂关系，提高了数据库管理的效率，降低了用户使用的复杂性。第 3 代数据库系统保持或继承了第 2 代数据库系统的技术，如非过程化特性、数据独立性等,并支持数据库语言标准,在网络上支持标准网络协议等。面向对象数据库技术将成为数据库技术之后的新一代数据管理技术。

**4. 数据库技术的新进展**

进入 21 世纪以来,数据库技术的应用发生了巨大变化,主要表现在新技术、应用领域和数据模型 3 个方面。数据库技术发展的核心是数据模型的发展,随着信息管理内容的不断扩展,出现了丰富多样的数据模型,如面向对象模型、半结构化模型等,新技术也层出不穷,如数据流、Web 数据管理和数据挖掘等。

数据模型应满足 3 方面的要求:一是能比较真实地模拟现实世界;二是容易为人们所理解;三是便于在计算机上实现。目前,一种数据模型要很好地满足这 3 方面的要求是很困难的。新一代数据库技术采用多种数据模型。例如,面向对象数据模型、对象关系数据模型、基于逻辑的数据模型等。

## 1.1.2 数据库的基本概念

**1. 数据(data)**

数据是数据库系统研究和处理的对象,是描述事物的物理符号。物理符号不仅仅指数字、字母和文字,而且包括图形、图像、声音等。因此,数据有多种表现形式,能够反映或描述事物的特性。

**2. 数据库(database,DB)**

数据库是数据的集合,它具有一定的逻辑结构并存储于计算机存储器上,具有多种表现形式并可被各种用户所共享。数据库借助计算机和数据库技术科学地保存和管理大量的复杂数据,以便充分利用这些数据资源。

**3. 数据库管理系统(database management system,DBMS)**

数据库管理系统是用户与数据之间的数据管理软件,它是数据库系统的一个重要组成部分,主要提供以下功能。

① 数据定义功能。
② 数据库的建立和维护。
③ 数据操纵及查询优化。
④ 数据库的运行管理。

Microsoft Access 2010 就是一个关系型数据库管理系统,它提供一个软件环境,利用它,用户可以方便、快捷地建立数据库,并对数据库中的数据实现查询、编辑、打印等操作。

**4. 数据库系统(database system,DBS)**

数据库系统通常是指带有数据库的计算机应用系统,它一般由数据库、数据库管理系统(及其开发工具)、应用系统、数据库管理员和用户组成。在不引起混淆的情况下,常把数据库系统简称为数据库。

## 1.1.3 数据模型

数据模型用于表示事物及事物之间的联系。数据模型是用来抽象、表示和处理现实世界的数据和信息的工具,是数据库系统的核心和基础,现有的数据库系统均是基于某种数据模型的。

数据模型有 3 个基本组成要素:数据结构、数据操作和完整性约束。数据结构用于描述系统的静态特性,研究的对象包括两类,一类是与数据类型、内容、性质有关的对象,另一类是与数据之间的联系有关的对象。数据操作是指对数据库中各种对象(型)的实例(值)允许执行的所有操作,即操作的集合,包括操作及相关的操作规则。数据库主要有检索和更新两类操作。完整性规则是给定的数据模型中数据及其联系所具有的制约和依存规则,用以限定数据库的状态及状态的变化,以保证数据的正确、有效和相容。

数据库技术中常见的数据模型有 4 种:层次模型、网状模型、关系模型和面向对象模型。

**1. 层次模型(hierarchical model)**

层次模型用树形结构来表示数据间的从属关系。其主要特征如下。

① 仅有一个无双亲节点的节点,这个节点称为根节点。

② 其他节点向上仅有一个双亲节点,向下有若干子女节点。

层次模型就像一棵倒置的树,根节点在上,层次最高;子女节点在下,逐层排列。同一双亲节点的子女节点称为兄弟节点,没有子女节点的节点称为叶节点。如图 1-1 所示,一个学校有多个系部,每个系部下有多个科室,这就是一个典型的层次模型。

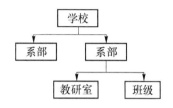

图 1-1　层次模型示例

**2. 网状模型(network model)**

网状模型是层次模型的扩展,呈现一种交叉关系的网络结构,可以表示较复杂的数据结构。其主要特征如下。

① 有一个以上的节点无双亲节点。

② 一个节点可以有多个双亲节点。

在网状模型中,子女节点与双亲节点的联系可以不唯一,因此,要为每个联系命名,并指出与该联系有关的双亲记录和子女记录。如图 1-2 所示,商品、商店、用户和厂家的关系就是一个典型的网状模型。同层次模型相比,网状模型能更好地描述复杂的现实世界。

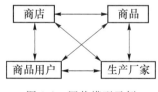

图 1-2　网状模型示例

**3. 关系模型(relational model)**

非关系模型是用人为的连线来表示实体间的联系,而关系模型中实体与实体间的联系则是通过二维表结构来表示的。关系模型就是用二维表格结构来表示实体及实体间联系的模型。关系模型中数据的逻辑结构就是一张二维表。如表 1-1 所示的学生情况表是一个关系模型的例子。

关系模型的基本术语如下。

● 关系(relation):二维表结构,如表 1-1 所示的学生情况表。

● 属性(attribute):二维表中的列称为属性,Access 2010 中称为字段(field)。例如,表 1-1 中有 4 列,则有 4 个属性(学号、姓名、出生日期、所属院系及专业)。

● 域(domain):属性的取值范围称为域。例如,表 1 1 中所属院系及专业的域是该校所有

3

院系名称及专业的集合。
- 元组(tuple):二维表中的行(记录的值)称为元组,Access 2010 中称为记录(record)。

表 1-1　学生情况表

| 学号 | 姓名 | 出生日期 | 所属院系及专业 |
| --- | --- | --- | --- |
| 2009001 | 李丽 | 1987-9-12 | 信息工程学院计算机专业 |
| 2009002 | 王小堂 | 1987-10-12 | 生物工程学院生物制药专业 |
| 2009003 | 张影 | 1989-3-25 | 工商管理学院工商管理专业 |
| 2009004 | 连云 | 1988-12-23 | 信息工程学院软件工程专业 |

- 主码或主关键字(primary key):若表中的某个属性或属性组,能够唯一确定一个元组,则称其为主码或主关键字。Access 2010 中的主码称为主键。例如,表 1-1 中的学号可以唯一确定一名学生,即是本关系中的主码或主关键字。
- 关系模式:是对关系的描述。一般表示为

关系名(属性 1,属性 2,…,属性 n)

一个关系模式对应一个关系结构。例如,表 1-1 可描述为

学生情况表(学号,姓名,出生日期,所属院系及专业)

关系模型的主要特点如下。

① 关系中的每一数据项不可再分,也就是说不允许表中还有表。
② 每一列中的各个数据项具有相同的属性。
③ 每一行中的记录由一个事物的多种属性项构成。
④ 每一行代表一个实体,不允许有相同的记录行。
⑤ 行与行、列与列的次序可以任意交换,不改变关系的实际意义。

**4. 面向对象模型(object oriented model,OO 模型)**

面向对象模型是近几年发展起来的一种新兴的数据模型。根据面向对象模型建立的数据库,采用面向对象程序设计方法的思想和观点,来描述现实世界实体的逻辑组织和对象之间的联系。面向对象核心概念构成了面向对象模型的基础。

面向对象模型的基本概念如下。

(1) 对象(object)与对象标识(object identifier,OID)

现实世界中的任何实体都可以统一地用对象来表示,并由对象构成。每一个对象都有它唯一的标识,称为对象标识,对象标识始终保持不变。

(2) 类(class)

所有具有相同属性和操作的对象构成一个对象类,简称类。任何一个对象都是某一个类的一个实例(instance)。

(3) 事件

客观世界中的所有动作都是由对象发出且能够为某些对象所接收,我们把这样的动作产生称为事件。在关系数据库应用系统中,事件分为内部事件和外部事件。系统中对象的数据操作和功能调用等都是内部事件,而鼠标的移动、单击等都是外部事件。

## 1.1.4 关系数据库

关系数据库采用关系模型作为数据的组织方式,是一种效率最高的数据库系统。Access 2010就是基于关系模型的数据库管理系统。关系模型之所以重要,是因为它是用途广泛的关系数据库系统的基础。

**1. 关系模型的组成**

关系模型由关系数据结构、关系完整性约束和关系操作3部分组成。

(1) 关系数据结构

关系模型中数据的逻辑结构就是一张二维表的形式。这种简单的数据结构几乎能够包含所有信息的形式,可描述出现实世界的实体及实体间的各种联系。例如,一个工作任务可以建立一个数据库,在数据库中可以包含若干个表,每个表都可以存放不同方面的数据。

(2) 关系完整性约束

关系模型的操作必须满足关系的完整性约束条件,它可以保证数据库中数据的正确性和一致性。关系的完整性约束条件包括实体完整性、参照完整性和用户定义完整性。其中,实体完整性和参照完整性是关系模型必须满足的完整性约束条件,用户定义完整性是用户针对某一具体应用领域提出的约束条件。

(3) 关系操作

关系操作采用关系代数的集合运算,即操作的对象和结果都是数据集合。关系模型中常用的关系操作包括两类。

- 查询操作:选择(select)、投影(project)、连接(join)、除(divide)、并(union)、交(intersection)、差(difference)等。
- 增加(insert)、删除(delete)、修改(update)操作。

**2. 关系运算**

关系运算的对象是关系,运算结果也是关系。关系的基本运算有两类,一类是传统的集合运算(并、差、交等),另一类是专门的关系运算(选择、投影、连接等)。

设有两个关系,R 关系如表1-2所示,S 关系如表1-3所示,它们具有相同的属性。

表1-2 R 关系

| 学号 | 姓名 | 出生日期 | 所属院系及专业 |
| --- | --- | --- | --- |
| 2009001 | 李丽 | 1987-9-12 | 信息工程学院计算机专业 |
| 2009003 | 张影 | 1989-3-25 | 工商管理学院工商管理专业 |
| 2009004 | 连云 | 1988-12-23 | 信息工程学院软件工程专业 |

表1-3 S 关系

| 学号 | 姓名 | 出生日期 | 所属院系及专业 |
| --- | --- | --- | --- |
| 2009005 | 汤书海 | 1989-6-3 | 工商管理学院工商管理专业 |
| 2009004 | 连云 | 1988-12-23 | 信息工程学院软件工程专业 |
| 2009006 | 王大演 | 1989-5-13 | 经济贸易学院进出口贸易管理专业 |

(1) 并

R 并 S 的结果是由属于 R 或属于 S 的元组组成的新关系,运算符为"∪",记为 R∪S。结果如表 1-4 所示。

表 1-4　R∪S 的结果

| 学号 | 姓名 | 出生日期 | 所属院系及专业 |
| --- | --- | --- | --- |
| 2009001 | 李丽 | 1987-9-12 | 信息工程学院计算机专业 |
| 2009003 | 张影 | 1989-3-25 | 工商管理学院工商管理专业 |
| 2009004 | 连云 | 1988-12-23 | 信息工程学院软件工程专业 |
| 2009005 | 汤书海 | 1989-6-3 | 工商管理学院工商管理专业 |
| 2009006 | 王大演 | 1989-5-13 | 经济贸易学院进出口贸易管理专业 |

(2) 差

R 差 S 的结果是由属于 R 但不属于 S,并去掉相同元组组成的新关系,运算符为"-",记为 R-S。结果如表 1-5 所示。

表 1-5　R-S 的结果

| 学号 | 姓名 | 出生日期 | 所属院系及专业 |
| --- | --- | --- | --- |
| 2009001 | 李丽 | 1987-9-12 | 信息工程学院计算机专业 |
| 2009003 | 张影 | 1989-3-25 | 工商管理学院工商管理专业 |

(3) 交

R 交 S 的结果是由既属于 R 又属于 S 的元组组成的新关系,运算符为"∩",记为 R∩S。结果如表 1-6 所示。

表 1-6　R∩S 的结果

| 学号 | 姓名 | 出生日期 | 所属院系及专业 |
| --- | --- | --- | --- |
| 2009004 | 连云 | 1988-12-23 | 信息工程学院软件工程专业 |

(4) 选择运算

选择运算是在关系中筛选出符合条件的元组。其中的条件是以逻辑表达式给出的,使表达式值为真的元组被选取。例如,在学生情况表(见表 1-1)中查询姓名为"张影"的同学的信息,就可以对学生情况表进行选择操作,条件是"姓名="张影""。

(5) 投影运算

投影运算是在关系中选择某些属性列组成新的关系,是对关系进行列的选择。例如,要在学生情况表中只查看姓名和所属院系及专业两列数据,可以对学生情况表进行投影操作,就是用姓名和所属院系及专业两个属性列构成一个新的关系。投影运算和选择运算可以同时进行。

(6) 连接运算

选择运算和投影运算的操作对象只是一个关系,连接运算需要两个关系作为操作对象,是从两个关系中选取属性间满足一定条件的元组。最常用的连接运算有两种:等值连接(equi join)和自然连接(natural join)。

自然连接是去掉重复属性的等值连接。自然连接属于连接运算的一个特例,是最常用的连接运算。

**3. 关系数据库的功能**

关系数据库主要有 4 方面的功能:数据定义、数据处理、数据控制和数据维护。

(1) 数据定义功能

关系数据库管理系统一般均提供数据定义语言(data description language,DDL),可以允许用户定义数据在数据库中存储所使用的类型(如文本或数字类型),以及各主题之间的数据如何相关。

(2) 数据处理功能

关系数据库管理系统一般均提供数据操纵语言(data manipulation language,DML),让用户可以使用多种方法来操作数据。例如,只显示用户关心的数据。

(3) 数据控制功能

数据控制功能可以管理工作组中使用、编辑数据的权限,完成数据安全性、完整性及一致性的定义与检查,还可以保证数据库在多个用户间正常使用。

(4) 数据维护功能

数据维护功能包括数据库中初始数据的装载,数据库的转储、重组、性能监控、系统恢复等功能,它们大都由关系数据库管理系统中的实用程序来完成。

## 1.2 关系数据库使用的语言

数据库的语言是用于编写数据库应用程序而设计的,目的是为了方便、准确地操作数据库中的数据。不同的关系数据库管理系统提供不同的数据库语言,Access 2010 的宿主语言是 VBA(Visual Basic for application),同时支持结构化查询语言(structured query language, SQL)。

### 1.2.1 关于 VBA

Access 2010 提供了功能强大的面向对象的可视化编程工具 VBA,用户可以利用 VBA 来编写高效率、高质量的程序模块,充分发挥 Access 2010 深层次的功能,增强系统的灵活性,提高数据库的工作效率。

VBA 是 Access 2010 中的内置编程语言,VBA 的语法与独立运行的 Visual Basic 编程语言相互兼容。VBA 是一套完整的应用程序开发环境,用户可用 Visual Basic 语言来编写程序,完成对数据库的设计。

VBA 是一种面向对象的语言。VBA 为用户和开发人员提供了一种应用程序间通用的语言,减少了学习时间;而且 VBA 也为开发人员提供了一种开发方法,进一步深入发挥 Access 2010 的强大功能,全面提高使用 Access 2010 工作的自动化水平,用于开发集成多个应用程序的系统,还可以开发中小型的管理信息系统。在 Microsoft Office 中,所有的应用程序都可使用 VBA。

Access 2010 中的 VBA 程序由模块组成。模块中包含一系列语句和方法，以执行操作或计算数值。模块是将 VBA 声明和过程作为一个单元进行保存的集合。模块有两个基本类型：类模块和标准模块。窗体和报表模块都是类模块，并且它们各自与某一个窗体或报表相关联。标准模块包含的是通用过程和常用过程。通用过程不与任何对象关联，常用过程可以在数据库中的任何位置执行。过程也有两种基本类型：子过程和标准过程。模块中的每一个过程都可以是一个函数过程或一个子过程。子过程执行一个操作或一系列的运算，但是不返回值。用户可以自己创建子过程或使用 Access 2010 所创建的事件过程模板。VBA 中包含了很多的内置函数，用户还可以创建自己的自定义函数，创建自定义函数以后，就可以在 Access 2010 任何地方的表达式中使用该函数。

使用 VBA，可以使数据库易于维护，因为 Visual Basic 事件过程创建在窗体或报表的定义中，如果把窗体或报表从一个数据库移动到另一个数据库，则窗体或报表所带的事件过程也会同时移动。使用 Visual Basic 可以创建自己的函数，通过这些函数可以执行表达式难以胜任的复杂计算，或者用来代替复杂的表达式。使用 VBA 可以操作数据库中的所有对象，包括数据库本身。使用 VBA 可以执行系统级别的操作，还可以一次操作多条记录。使用 VBA，可以将参数传送给 Visual Basic 过程，因而使得运行 Visual Basic 过程具有更大的灵活性。

在 Access 2010 中提供的 VBA 开发界面称为 VBE(Visual Basic editor)。在 VBE 中可编写 VBA 函数和过程。

## 1.2.2 关于 SQL

SQL 虽然被称为结构化查询语言，但是它的功能不仅仅包括查询。实际上 SQL 集数据定义、数据操纵、数据查询和数据控制功能于一体，充分体现了关系数据语言的优点。

**1. SQL 的特点**

(1) SQL 是一种功能齐全的数据库语言

SQL 主要包括以下 4 类：数据定义、数据操纵、数据查询和数据控制。SQL 可以独立完成数据库中的全部操作，包括定义关系结构、数据维护、查询、更新和完整性约束等一系列操作。

(2) SQL 是高度非过程化的语言

SQL 不需要一步一步地告诉计算机"如何去做"，而只需要描述清楚用户要"做什么"；因此用户无须了解语言的执行过程和路径。SQL 的操作过程及路径选择均由系统自动完成。这不但大大减轻了用户负担，而且有利于提高数据的独立性和安全性。

(3) 语法简洁

SQL 只用 9 个动词（CREATE,DROP,ALTER,SELECT,INSERT,UPDATE,DELETE,GRANT,REVOKE）就完成了数据定义、数据操作、数据查询、数据控制的核心功能，语法简洁、易懂易学，使用方便。

(4) 语言共用

SQL 在任何一种数据库管理系统中都是相似的，甚至是相同的。

**2. SQL 的数据查询和数据操纵功能**

Access 2010 关系数据库管理系统把 VBA 作为宿主语言，同时全面支持 SQL，并允许将

SQL 作为子语言嵌套在 VBA 中使用。在 Access 2010 中,使用 SQL 主要体现在查询对象的创建过程中。

(1) 数据查询

SQL 提供 SELECT 语句进行数据库的查询,其主要功能是实现数据源数据的筛选、投影和连接操作,并能够完成筛选字段重命名、多数据源数据组合、分类汇总等具体操作。在 Access 2010 中,使用 SQL 创建的查询有联合查询、传递查询、数据定义查询和子查询。

(2) 数据操纵

SQL 的数据操纵功能是指对数据库中数据的操纵功能,包括数据的插入、修改和删除。

## 1.3 数据库设计

在数据库应用系统的开发过程中,数据库设计是核心和基础。数据库设计是指对于一个给定的应用环境,构造最优的数据模式,建立数据库及其应用系统,有效存储数据,满足用户的信息要求和处理要求。

### 1.3.1 数据库关系完整性设计

在对数据库中的数据进行操纵的过程中,保证数据的正确性和一致性是数据安全的前提。现实的要求决定了数据库必须满足一定的完整性约束条件,这些约束表现在对属性取值范围的限制上。完整性规则就是防止用户使用数据库时,向数据库中加入不符合语义的数据。关系模型中有 3 类完整性约束:实体完整性、参照完整性和用户定义完整性。

**1. 实体完整性规则**

实体完整性是指基本关系的主属性,即主码的值都不能取空值。在关系系统中,一个关系通常对应一个表,实际存储数据的表称为基本表,而查询结果表、视图表等都不是基本表。实体完整性是针对基本表而言的,指在实际存储数据的基本表中,主属性不能取空值。表中的所有行都有唯一的标识符,称其为主属性。

**2. 参照完整性规则**

在关系模型中,实体及实体间的联系都是用关系来描述的。这样就存在着关系与关系间的引用。

参照完整性规则的定义如下。

设 $F$ 是基本关系 $R$ 的一个或一组属性,但不是关系 $R$ 的主码,如果 $F$ 与基本关系 $S$ 的主码 $K_s$ 相对应,则称 $F$ 是基本关系 $R$ 的外码。对于 $R$ 中每个元组在 $F$ 上的值必须为空值($F$ 的每个属性值均为空值),或者等于 $S$ 中某个元组的主码值。

**3. 用户定义完整性规则**

用户定义完整性是针对某一具体关系数据库提出的约束条件,它反映某一具体应用所涉及的数据必须满足的语义要求。关系模型应提供定义和检验这类完整性规则的机制,其目的是用统一的方式由系统来处理它们。

## 1.3.2 数据库规范化设计

关系数据库的规范化理论是进行数据库设计时的依据。

关系数据库中的关系要满足一定要求,满足不同程度的要求为不同范式。目前,关系数据库中的关系遵循的主要范式包括第一范式(1NF)、第二范式(2NF)、第三范式(3NF)和第四范式(4NF)等。规范化设计的过程就是按不同的范式,将一个二维表不断地分解成多个二维表并建立表之间的关联,最终达到一个表只描述一个实体或者实体间的一种联系的目标。其目的是减少冗余数据,提供有效的数据检索方法,避免不合理的插入、删除、修改等操作,保持数据一致性,增强数据库的稳定性、伸缩性和适应性。

**1. 第一范式**

关系中每一个数据项必须是不可再分的,满足这个条件的关系模式就属于第一范式。

**2. 第二范式**

在一个满足第一范式的关系中,如果所有非主属性都完全依赖于主码,则称这个关系满足第二范式。即对于满足第二范式的关系,如果给定一个主码,则可以在这个数据表中唯一确定一条记录。

**3. 第三范式**

对于满足第二范式的关系,如果每一个非主属性都不传递依赖于主码,则称这个关系满足第三范式。传递依赖就是某些数据项间接依赖于主码。

## 1.3.3 数据库应用系统设计

数据库应用系统设计主要是功能设计,对于系统功能设计应遵循自顶向下、逐步求精的原则,将系统必备的功能分解为若干相互独立又相互依存的模块,每一模块采用不同的技术,用于解决不同的问题。这里以一个学生管理系统为例,简单介绍数据库应用系统的开发过程。

**1. 数据库应用系统的需求分析**

首先要详细调查待处理的对象,明确用户的各种要求,在此基础上确定数据库中需要存储哪些数据及系统需要具备哪些功能等。对于学生管理系统来说,进行需求分析后,得到以下结论。

- 系统要处理的数据:经过分类后提交给数据库保存的数据表包括学生情况表、学生成绩表、课程表、任课教师表等。
- 完成数据的维护功能:当学生、教师、课程等情况发生变化或数据录入错误时,实时保证数据表中数据的正确性和一致性。
- 实现各种信息查询功能:包括学生成绩查询、学生情况查询等。

**2. 数据库应用系统的数据库设计**

这是在需求分析的基础上进行的。首先要弄清需要存储哪些数据,确定需要几个数据表,每一个表中包括几个字段等,然后在 Access 2010 中建立数据表。

**3. 数据库应用系统的功能设计**

根据需求分析,结合初步设计的数据库模型,设计应用系统的各个功能模块。学生管理系统中的功能模块主要有学生情况管理功能模块、学生成绩管理功能模块、课程信息管理功能模块、教师情况管理功能模块等。

**4. 数据库应用系统的性能分析**

软件初步形成后,需要对它进行性能分析,如果有不完善的地方,要根据分析结果对数据库进行优化,直到应用系统的设计满足用户的需要为止。

**5. 数据库应用系统的发布与维护**

系统经过调试满足用户的需要后就可以进行发布,但在使用过程中可能还会发现某些问题,因此在系统运行期间要进行调整,以实现系统性能的改善和扩充,使其适应实际工作的需要。

## 1.4 Access 2010

Access 2010 是微软公司推出的基于 Windows 的桌面关系数据库管理系统,是 Office 系列应用软件之一。Access 与 Word 和 Excel 组成了桌面办公系统的三剑客,随着系统的不断升级及功能的不断完善,它已成为使用非常广泛的数据库管理系统。

### 1.4.1 Access 2010 简介

21 世纪初到现在,Access 2010 经过多次的升级改版,已成为比较流行的桌面数据库管理系统。至此,Access 2010 在桌面关系数据库领域的普及已经跃上了一个新台阶。

Access 2010 主要适用于中小型应用系统或作为客户机/服务器系统中的客户端数据库,因而受到小型数据库最终用户的关注。Access 2010 保持了 Word 和 Excel 的风格,它作为一种数据库管理软件的开发工具时,具有当时流行的如 Visual Basic 所无法比拟的生产效率,所以备受青睐,且越来越广泛地被应用于办公室的日常业务。

Access 2010 提供了大量的工具和向导,即使没有任何编程经验的人,也可以通过可视化的操作来完成大部分的数据库管理和开发工作。对于数据库的开发人员,Access 2010 提供了 VBA 编程语言和相应的专业开发调试环境,可用于开发高性能、高质量的桌面数据库应用系统。

### 1.4.2 Access 2010 的特点

Access 2010 能够全面地管理各种数据库对象,具有强大的数据组织、用户管理、安全检查等功能。Access 2010 提供了 6 种管理对象,包括表、查询、窗体、报表、宏、模块,每种对象的操作还提供了多种形式的向导、生成器、模板等设计工具,使相应的设计工作更加方便、快速。Access 2010 实现了数据存储、数据查询、界面设计、报表生成等任务的规范性操作,为建立功能完善的数据库应用系统提供了多种操作手段,也使得普通用户不必编写代码,就可以完成大部分数据管理的设计任务。

**1. Access 2010 数据库中使用的对象**

Access 2010 作为一个数据库管理系统,是一个面向对象的可视化的数据库管理工具。Access 2010 采用面向对象的方式将数据库系统中的各项功能对象化,通过各种数据库对象来管理数据。Access 2010 中的对象是数据库管理的核心。Access 2010 中包括 6 种数据库对象,它们都存放在扩展名为"accdb"的数据库文件中。

(1) 表

表是 Access 2010 数据库中用于存储数据的基本单元,是关于某个特定实体的数据集合,它由字段和记录组成。一个字段就是表中的一列,字段存放相同的数据类型,具有一些相关的属性。用户可以为这些字段属性设定不同的取值,来实现应用中的不同需要。字段的基本属性有字段名称、数据类型、字段大小等。一条记录就是表中的一行,记录是对象的基本信息。一条记录中包含表中的每个字段。

一个数据库所包含的信息内容,都是以表的形式来表示和存储的。表是数据库的关键所在。为清晰反映数据库的信息,一个数据库中可以有多个表。例如,学生成绩管理系统中包括专业表、教师档案表、学生档案表、课程设置表、学生成绩表等表。

(2) 查询

查询是数据库的核心操作。利用查询可以按照不同的方式查看、更改和分析数据,也可以利用查询作为窗体、报表和数据访问页的记录源。查询的目的就是根据指定条件对表或其他查询进行检索,筛选出符合条件的记录,构成一个新的数据集合,从而方便用户对数据库进行查看和分析。Access 2010 中的查询包括选择查询、计算查询、参数查询、交叉表查询、操作查询和 SQL 查询。

(3) 报表

报表以打印的形式表现用户数据。如果想要从数据库中打印某些数据时就可以使用报表。在 Access 2010 中,报表中的数据源主要来自表、查询和 SQL 语句。用户可以控制报表上每个对象(也称为报表控件)的大小和外观,并可以按照所需的方式选择所需显示的信息以便查看或打印输出。

(4) 窗体

窗体是数据信息的主要表现形式,其中包含的对象称为窗体控件,用于创建表的用户界面,是数据库与用户之间的主要接口。在窗体中可以直接查看、输入和更改数据。通常情况下,窗体包括 5 个节,分别是窗体页眉、页面页眉、主体、页面页脚及窗体页脚。并不是所有的窗体都必须同时包括这 5 个节,可以根据实际情况选择需要的节。建立界面友好的用户窗体,会给使用者带来极大方便,使所有用户都能根据窗体中的提示完成自己的工作,这是建立窗体的基本目标。

窗体的主要类型有以下 3 种。

● 提示型窗体:显示文字及图片等信息,没有实际数据,也基本没有什么功能,主要用于说明情况和提示信息。

● 控制型窗体:设置相应菜单和一些按钮,用以完成各种控制功能。

● 数据型窗体:用于实现用户对数据库中相关数据的操作界面,是信息系统中使用得最多的窗体。

（5）宏

宏是指一个或多个操作的集合,其中每个操作实现特定的功能,如打开某个窗体或打印某个报表。宏可以使某些普通的、需要多个指令连续执行的任务能够通过一条指令自动完成。宏是重复性工作最理想的解决办法。例如,可设置某个宏,在用户单击某个按钮时运行该宏,从而打印某个报表。

宏可以是包含一个操作序列的一个宏,也可以是若干个宏的集合所组成的宏组。宏组是一系列相关宏的集合,将相关的宏分到不同的宏组有助于方便地对数据库进行管理。

（6）模块

模块是将 VBA 的声明和过程作为一个单元进行保存的集合,即程序的集合。模块对象是用 VBA 代码写成的,模块中的每一个过程都可以是一个函数(function)过程或者是一个子程序(sub)过程。模块的主要作用是建立复杂的 VBA 程序以完成宏等不能完成的任务。

模块有两个基本类型:类模块和标准模块。窗体模块和报表模块都是类模块,而且它们各自与某一窗体或某一报表相关联。标准模块包含的是通用过程和常用过程,通用过程不与任何对象相关联,常用过程可以在数据库中的任何位置执行。

**2．Access 2010 的特点**

① 目前流行的数据库,如 SQL Server,DB2,Oracle,Sybase,Paradox,Visual FoxPro 等软件产品中,Access 2010 具有其自身的特性。在这些产品中,Oracle,DB2,Sybase 主要用于大型数据库应用系统,而 SQL Server,Visual FoxPro 及 Access 2010 主要用于中小型数据库应用系统。Access 2010 相对于其他数据库产品来说,开发时间较晚,但它也具备了许多先进的大型数据库管理系统所具备的特征,并且因为它强大的功能和使用上的方便,使越来越多的用户转向 Access 2010。

② Access 2010 在数据库中提供了完全的引用完整性,保证了数据库的完整性。

③ Access 2010 的表具有数据确认规则,以避免输入不精确的数据,表的每一个字段都具有自己的格式和缺省定义。

④ Access 2010 能操作其他来源的资料,如可以通过"Access 2010 升迁工具"插件链接到 SQL Server,为 SQL Server 提供有限集成。

**3．Access 2010 中的强大开发工具 VBA**

在 Access 2010 中包含 VBA 模块,使用户能够方便地开发各种面向对象的应用程序,也可以用 Visual Basic 编写程序,以达到对数据设计的要求,并且这个过程完全是可视化的。

**4．Access 2010 与 Excel 2010 共享数据**

在 Access 2010 中,用户可以利用简化的操作将数据从 Access 2010 中导出到 Excel 2010 中,从而方便了这两个软件交换数据的操作。

**5．Access 2010 中的强大帮助信息**

Access 2010 具有强大的帮助功能,用户可根据需要随时浏览帮助信息,从中获得帮助。

**6．Access 2010 中的向导功能**

Access 2010 为用户提供了强大的向导功能。利用向导,用户可以轻松地创建各种对象。

同时，Access 2010 为用户提供了许多数据库实例，用户可以很方便地在此基础上创建自己的数据库。

**7. Access 2010 具有较强的安全性**

① 使用设置安全机制向导保护 Access 2010 数据库，是 Access 2010 中常用的安全机制设置。

② 使用 VBA 密码保护代码，使模块与窗体和报表中的模块，在 VB 编辑器中创建的 VBA 密码进行保护，不再受安全机制保护。

**8. Access 各个版本之间的兼容**

通过 Access 2010，用户可以查看用 Access 97、Access 2000、Access 2003 编写的数据库，用户不用因为版本的升级而重新设计数据库。Access 各个版本之间的兼容使不同版本的用户可共享数据库，而且更加方便。

Access 2010 与其他数据库管理系统之间相当显著的区别是：利用 Access 2010，用户可以在很短的时间里开发出一个功能强大而且相当专业的数据库应用系统，并且这一过程是完全可视的，如果能给它加上一些简短的 VBA 代码，那么开发出的系统绝不比专业的程序员开发的系统差。无论是从应用还是从开发的角度看，Access 2010 数据库管理系统都具有许多独特的优点。

## 1.4.3 Access 2010 的安装

进入 Windows 系统，将 Office 2010 的安装光盘放入光盘驱动器，稍后，系统会自动启动 Office 2010 安装程序，根据提示信息可一步一步地完成 Office 2010 的安装。如果已经安装了 Office 2010，一般来说 Access 2010 也会被安装，如果没有安装，也可以单独安装。

Access 2010 的安装过程如下。

① 将 Office 2010 的安装光盘插入光盘驱动器或下载 Access 2010 的安装程序，找到 SETUP.EXE，双击该文件，运行安装向导，如图 1-3 所示。

图 1-3 选择安装向导将要完成的操作

② 选择"添加或删除功能"单选按钮，单击"继续"按钮，打开向导的第 2 个界面，选择"安装选项"选项卡，如图 1-4 所示。

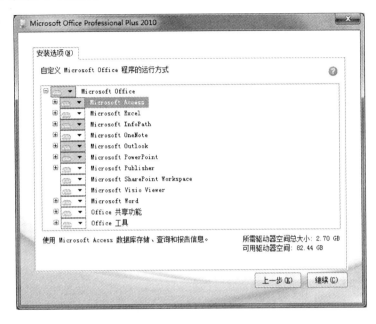

图 1-4　从 Microsoft Office 选项中选择 Access

③ 在 Microsoft Access 左侧图标上单击，在打开的下拉列表中提供了 4 种选择。其中，"从本机运行"表示有部分插件或者应用不会被安装，部分应用会在有需要时再安装，特别是某些宏的应用。若选择"从本机运行"，则 Access 安装完毕后，会在本机留下安装文件备用。"从本机运行全部程序"表示完全安装。"首次使用时安装"表示首次使用此软件时提示插入光盘安装。"不可用"表示不使用此软件。因此，选择"从本机运行全部程序"，如图 1-5 所示。

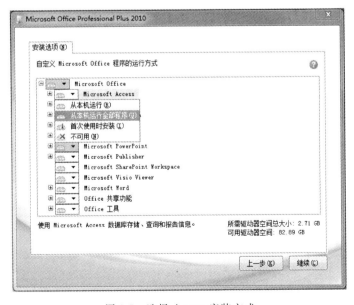

图 1-5　选择 Access 安装方式

④ 完成第 3 步后,单击"继续"按钮,系统弹出配置进度界面,整个过程大概需要 3~5 min,如图 1-6 所示。

图 1-6 Access 安装进度界面

⑤ 配置结束后,Access 2010 即安装完成。

## 1.4.4 Access 2010 的启动与退出

**1. 启动 Access 2010**

启动 Access 2010 有 3 种方法。

① 单击 Windows 桌面任务栏左下角的"开始"按钮,在弹出的"开始"菜单中选择"所有程序"→"Microsoft Office"→"Microsoft Access 2010"命令。

② 如果在桌面上有 Access 2010 的快捷方式,可以直接双击该快捷方式图标打开;或右击快捷方式图标,在弹出的快捷菜单中选择"打开"命令,即可启动 Access 2010。

③ 双击以"accdb"为扩展名的数据库文件,也可启动 Access 2010。

**2. 退出 Access 2010**

退出 Access 2010 有 4 种方法。

① 单击控制按钮里的"关闭"按钮。

② 单击"文件"→"退出"命令。

③ 使用快捷键 Alt+F4。

④ 在标题栏右击,在弹出的快捷菜单中选择"关闭"命令。

**注意**:在退出 Access 2010 时,如果没有对文件进行保存,会有对话框提示用户是否对已编辑或修改的文件进行保存。

## 1.4.5 Access 2010 的数据库界面

**1. 数据库窗口**

Access 2010 窗口按其显示格式大体上可分为两类。

第 1 类是后台视图类的窗口。在后台视图的左侧窗格中列出"文件"选项卡所包含的命令和一些相关信息,如图 1-7 所示。

图 1-7 后台视图

第 2 类是含有功能区和导航窗格的 Access 2010 窗口,如图 1-8 所示。

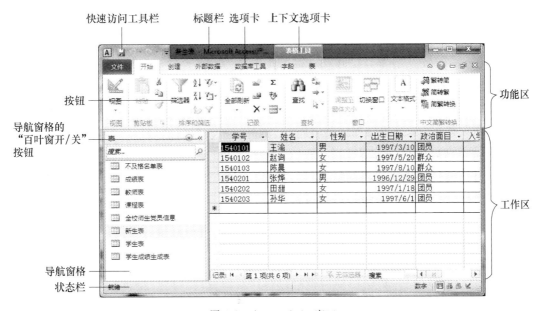

图 1-8 Access 2010 窗口

## 2. 后台视图

Access 2010 启动后在未打开数据库时显示为后台视图,并默认选择其中的"新建"命令,如图 1-7 所示。后台视图占据功能区中的"文件"选项卡,包含很多出现在 Access 早期版本(如 Access 2003)的"文件"菜单中的命令,并且还包含适用于整个数据库文件的其他命令和信息(如"压缩和修复数据库"等)。后台视图中显示了"开始"、"创建"、"外部数据"和"数据库工具"4 个标准选项卡标题。

在后台视图中,可以创建新数据库,打开现有数据库,通过 SharePoint Server 将数据库发布到 Web,以及执行很多文件和数据库维护任务等。

## 3. 标题栏

标题栏位于 Access 2010 窗口的顶端(第 1 行),如图 1-7 所示。标题栏左端放置了控制菜单按钮及快速访问工具栏;标题栏中部显示当前已经打开的数据库名及"Microsoft Access";标题栏右端放置了"最小化"、"最大化"和"关闭"按钮。

## 4. 选项卡标题栏

选项卡标题栏(类似于 Access 2003 窗口的菜单栏)位于 Access 2010 窗口的第 2 行,即功能区的顶端。选项卡标题栏中始终都显示"文件"、"开始"、"创建"、"外部数据"和"数据库工具"5 个标准选项卡标题。除标准选项卡之外,Access 2010 还有上下文选项卡。根据进行操作的对象及正在执行的操作不同,标准选项卡标题旁边可能会出现一个或多个上下文选项卡标题。上下文选项卡标题会占用 Access 2010 窗口的第 1 行和第 2 行中的部分空间,如图 1-8 所示。单击选项卡标题栏中的某个选项卡标题,会立即显示出该选项卡并使该选项卡成为当前活动的选项卡。

## 5. 功能区及标准选项卡

功能区是 Access 2010 中的主要命令界面。Access 2010 中的功能区是 Access 2003 版本中的菜单栏和工具栏的主要替代部分,它将需要使用菜单、工具栏、任务窗格和其他用户界面组件才能显示的工具或命令集中在一个地方,用户只需在一个位置查找命令,这大大方便了用户的操作。

打开数据库时,功能区显示在 Access 2010 窗口的顶部(标题栏下)。在功能区上显示了活动选项卡中的按钮,在功能区的顶部显示出选项卡标题栏。

功能区主要由多个选项卡组成,各选项卡上有多个命令组,每个命令组中又含有若干个按钮。在功能区中,有些命令组默认为仅显示该命令组的部分按钮,用户单击该命令组右下角的按钮 ,便可打开该命令组的相应对话框。

**注意**:在任何时候,功能区中仅显示一个活动选项卡(当前选项卡)。

若要隐藏功能区,可双击活动选项卡标题。若要再次显示功能区,可再次双击活动选项卡标题。

功能区中可显示出的标准选项卡如下:

① "开始"选项卡如图 1-9 所示。

图 1-9 "开始"选项卡

②"创建"选项卡如图 1-10 所示。

图 1-10 "创建"选项卡

③"外部数据"选项卡如图 1-11 所示。

图 1-11 "外部数据"选项卡

④"数据库工具"选项卡如图 1-12 所示。

图 1-12 "数据库工具"选项卡

**6. 上下文选项卡**

除标准选项卡之外,Access 2010 将根据当前进行操作的对象及正在执行的操作的上下文情况,在标准选项卡旁边添加一个或多个上下文选项卡。例如,在打开某表的设计视图后,在功能区上随之显示出"表格工具/设计"上下文选项卡,如图 1-13 所示。

图 1-13 "表格工具/设计"上下文选项卡

**7. 样式库**

样式库控件的设计目的是为了让用户将注意力集中在获取所要的结果上。样式库控件不仅显示命令,还显示使用这些命令的结果,其意图是提供一种可视化方式,便于用户浏览和查看 Access 2010 可以指向的操作,并关注操作结果,而不只是关注命令本身。

样式库包括一个网格布局,类似下拉列表的表示形式;另外还包括一个功能区布局,该布局将样式库自身的内容放在功能区中。例如,"报表设计工具/页面设置"上下文选项卡中的

"页边距"样式库如图 1-14 所示。

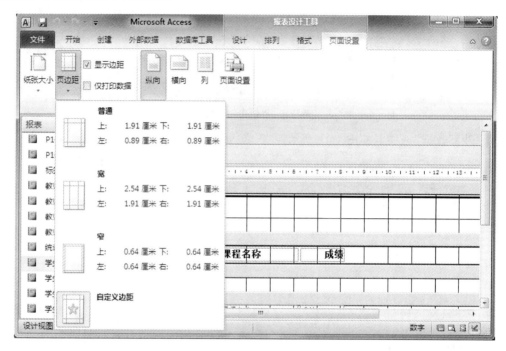

图 1-14 "页边距"样式库

**8．导航窗格**

导航窗格位于功能区的下方左侧，它可以帮助用户组织、归类数据库对象，并且是打开或更改数据库对象设计的主要方式。导航窗格取代了 Access 2007 之前版本中的"数据库"窗口。导航窗格的部分显示格式如图 1-15 所示。

导航窗格按类别和组进行组织，可以从多种组织选项中进行选择，还可以在导航窗格中创建自定义组织方案。默认情况下，新数据库使用"对象类型"浏览类别，该浏览类别包含对应于各种数据库对象的组。使用"对象类型"浏览类别组织数据库对象的方式，与早期版本中默认的"数据库"窗口相似。

可以最小化导航窗格，但不可以在导航窗格的前面打开数据库对象来将其遮挡。

单击如图 1-15(a)所示的导航窗格右上角的下拉按钮 ，可在导航窗格中展开"浏览类别"列表，如图 1-15(b)所示；单击"浏览类别"列表中的"表"选项，可在导航窗格中展开"表"对象列表，如图 1-15(c)所示；单击图 1-15(a)所示的导航窗格中的"百叶窗开/关"按钮，导航窗格便由如图 1-15(c)所示的格式折叠成如图 1-15(d)所示的格式；单击如图 1-15(d)所示的导航窗格中的"百叶窗开/关"按钮，导航窗格便由如图 1-15(d)所示的格式展开成如图 1-15(c)所示的格式。

右击导航窗格顶端的空白处，弹出快捷菜单，选择快捷菜单中的"导航选项"命令，可打开"导航选项"对话框。在该对话框中可以对"显示选项"、"对象打开方式"（单击或双击）等进行重新设置。

右击导航窗格中的"表"对象列表中的某个表名，弹出快捷菜单，用户可选择该快捷菜单中的命令（如"打开"、"复制"、"粘贴"等）进行操作。

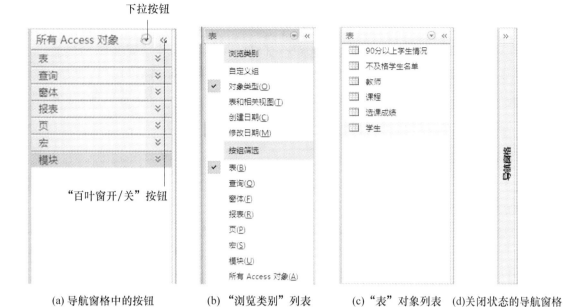

(a) 导航窗格中的按钮　　(b) "浏览类别"列表　　(c) "表"对象列表　(d) 关闭状态的导航窗格

图 1-15　导航窗格的部分显示格式

### 9. 工作区与对象选项卡

工作区位于功能区的下方右侧（导航窗格的右侧），它用于显示数据库中的各种对象。在工作区中，通常是以选项卡的形式显示出打开对象的相应视图（如某表的设计视图、某表的数据表视图、某窗体的窗体视图等）。在 Access 2010 中，可以同时打开多个对象，并在工作区顶端显示出所有已打开对象的选项卡标题，并仅显示活动对象选项卡的内容，如图 1-16 所示。单击工作区顶端某个对象选项卡标题，便可以在工作区中切换显示该对象选项卡的内容，即把该对象选项卡设为活动对象选项卡。

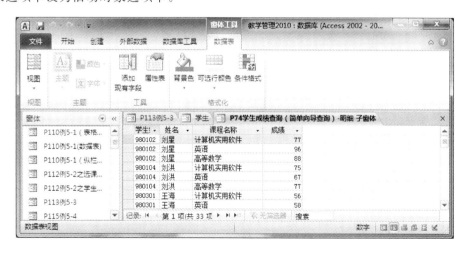

图 1-16　在工作区显示 3 个对象选项卡标题及 1 个活动对象选项卡的内容

### 10. 状态栏

状态栏位于 Access 2010 窗口的底端，它能够反映 Access 2010 的当前工作状态。状态栏左端有时会显示工作区中当前活动对象的视图名（如"设计视图"、"数据表视图"等）；状态栏右端有几个与工作区中活动对象相关的（用于切换）视图按钮，如图 1-17 所示。

图 1-17 状态栏

### 11. 快速访问工具栏

快速访问工具栏的默认位置是在 Access 2010 窗口顶端标题栏中的左侧位置。用户只需单击快速访问工具栏上的按钮即可访问相应命令，默认命令集包括"保存"、"撤销"和"恢复"，如图 1-18 所示。单击快速访问工具栏右侧的下拉按钮，展开其下拉列表，再选择该列表中的相应命令，可以自定义快速访问工具栏，将常用的其他命令包含在内。另外，还可以修改该工具栏的位置。

图 1-18 快速访问工具

## 1.5 课后习题

**一、选择题**

1. 下列不属于数据模型的是（　　）。
   A. 概念模型　　　B. 层次模型　　　C. 网状模型　　　D. 关系模型
2. 在层次模型中没有双亲节点的节点被称为（　　）。
   A. 叶节点　　　　B. 兄弟节点　　　C. 根节点　　　　D. 子女节点
3. 在关系中选择某些属性列组成新的关系的操作是（　　）。
   A. 选择运算　　　B. 投影运算　　　C. 等值连接　　　D. 自然连接
4. 在关系模型中，域是指（　　）。
   A. 字段　　　　　B. 记录　　　　　C. 属性　　　　　D. 属性的取值范围
5. 属性的集合表示一种实体的类型，称为（　　）。
   A. 实体　　　　　B. 实体集　　　　C. 实体型　　　　D. 属性集
6. 数据库管理系统的英文简写是（　　），数据库系统的英文简写是（　　）。
   A. DBS；DBMS　　　　　　　　　B. DBMS；DBS
   C. DBMS；DB　　　　　　　　　　D. DB；DBS
7. Microsoft Office 中不包含的组件是（　　）。
   A. Access　　　　B. Visual Basic　　C. Word　　　　　D. Excel

8. Access 数据库中（　　）对象是其他数据库对象的基础。

A．报表　　　　　B．表　　　　　C．窗体　　　　　D．模块

9. 在 Access 2010 中，用户可以利用（　　）操作按照不同的方式查看、更改和分析数据，形成所谓的动态的数据集。

A．窗体　　　　　B．报表　　　　　C．查询　　　　　D．模块

10. 如果想从数据库中打印某些信息，可以使用（　　）。

A．表　　　　　B．查询　　　　　C．报表　　　　　D．窗体

## 二、填空题

1. 数据模型有 4 种：_____、_____、_____、_____。
2. 数据模型有 3 个基本组成要素：_____、_____、_____。
3. 传统的集合运算包含有_____、_____、_____。
4. Access 是——软件中的一个重要的组成部分。
5. Access 中的数据对象有_____、_____、_____、_____、_____、_____。

## 三、操作题

1. 启动和退出 Access 2010。
2. 熟悉 Access 2010 的操作界面。

# 第 2 章 数据库和表

根据数据库的设计规范创建 Access 2010 数据库,一个数据库由若干个表组成,这些表是数据库对象最重要的基础。

## 2.1 数据库的创建

创建数据库的基本方法有两种,一种是使用模板创建数据库,另一种是从零开始直接创建数据库。后一种方法提供两类数据库的创建,一类是客户端数据库,另一类是 Web 数据库。本书只介绍客户端数据库的设计和创建。

### 2.1.1 使用模板创建数据库

Access 2010 中提供了多种数据库模板,用以帮助用户快速创建符合实际需要的数据库。Access 2010 中的模板包括联机模板(在 Office.com 网站上下载所需的模板)和本地模板。模板中事先已经预置了符合模板主题的表、查询、窗体和报表等对象,用户只需稍加修改或直接输入数据即可。

Access 2010 附带 5 个 Web 数据库模板(资产 Web 数据库、慈善捐赠 Web 数据库、联系人 Web 数据库、问题 Web 数据库和项目 Web 数据库)和 7 个客户端数据库模板(事件、教职员、营销项目、罗斯文、销售渠道、学生和任务)。Web 数据库既可以被发布到运行 Access Service 的服务器上,也可以作为客户端数据库,因此适用于任何环境;客户端数据库不会被发布到服务器,但可以通过将它们放在共享网络文件夹或文档库中实现共享。

使用模板创建数据库的操作步骤如下。
① 启动 Access 2010。
② 单击"文件"→"新建"命令,单击"样本模板",如图 2-1 所示。
③ 在"可用模板"窗格中单击所需模板,在右侧的"文件名"文本框中输入数据库文件名,如图 2-2 所示。若要更改文件的保存位置,可单击"文件名"文本框右侧的"浏览到某个位置来存放数据库"按钮选择新的保存位置。
④ 单击"创建"按钮。

利用模板创建的数据库如果不满足用户需求,可在数据库创建完成后进行修改。

图 2-1 "文件"→"新建"命令

图 2-2 "可用模板"窗格中的数据库模板

## 2.1.2 创建空白数据库

在数据库模板中如果没有用户需要的模板,或是用户需要导入数据,就要创建空白数据库。空白数据库中不包含任何对象,用户可以根据实际情况,添加需要的表、查询、窗体、宏和模块。

创建空白数据库的操作步骤如下。

① 启动 Access 2010。

② 单击"文件"→"新建"命令,单击"空数据库"按钮。

③ 在右侧的"文件名"文本框中输入数据库文件名。

④ 单击"创建"按钮。

Access 2010 默认的第一个空白数据库的名称为 Database1.accdb，用户可根据需要修改主文件名。在这里将主文件名修改为"教学管理"。Access 2010 数据库的扩展名为"accdb"。

### 2.1.3 打开和关闭数据库

**1. 打开数据库**

要对已存在的数据库进行查看或编辑操作，必须先打开数据库。打开数据库的操作方法有以下两种。

① 直接双击数据库文件图标。

② 单击"文件"→"打开"命令，在出现的"打开"对话框中双击数据库文件图标或选中数据库文件再单击"打开"按钮。

数据库有 4 种打开方式，单击"打开"按钮右侧的下拉按钮可进行选择，如图 2-3 所示。

图 2-3 数据库的打开方式

- 打开：默认方式，以共享方式打开数据库。
- 以只读方式打开：打开的数据库只能被查看不能被修改。
- 以独占方式打开：用户以此种方式打开数据库时，其他用户不能再打开同一个数据库。
- 以独占只读方式打开：用户以此种方式打开数据库时，其他用户只能以只读方式打开同一个数据库。

**2. 关闭数据库**

数据库使用结束或要打开另一个数据库时，就要关闭当前数据库。关闭数据库的操作方法如下。

① 单击"文件"→"关闭数据库"命令。此方法只关闭数据库而不退出 Access 2010。

② 单击标题栏右侧的"关闭"按钮，或单击"文件"→"退出"命令，或双击控制图标，或单击控制图标再单击"关闭"命令。上述方法先关闭数据库然后退出 Access 2010。

### 2.1.4 管理数据库

**1. 压缩和修复数据库**

用户不断地给数据库添加、更新、删除数据及修改数据库设计，就会使数据库越来越大，致使数据库的性能逐渐降低,出现打开对象的速度变慢,查询、运行时间更长等情况。因此,要对数据库进行压缩和修复操作。

压缩和修复数据库的方法有两种,一种是关闭数据库时自动执行压缩和修复,二是手动压缩和修复数据库。

(1) 关闭数据库时自动执行压缩和修复

① 单击"文件"→"选项"命令。

② 在打开的"Access 选项"窗口中单击"当前数据库"选项卡标题。

③ 在"应用程序选项"选项组中,选中"关闭时压缩"复选框,如图 2-4 所示,单击"确定"按钮。

图 2-4 "Access 选项"窗口

"关闭时压缩"复选框只对当前数据库有效,对于有此需求的数据库,必须单独设置此选项。

(2) 手动压缩和修复数据库

① 单击"文件"→"信息"命令,或单击"数据库工具"选项卡标题。

② 单击"压缩和修复数据库"按钮。

**2. 备份与还原数据库**

(1) 备份数据库

为了避免因数据库损坏或数据丢失给用户造成损失,应定期对数据库进行备份。备份数据库的操作步骤如下。

① 打开要备份的数据库。

② 单击"文件"→"保存并发布"命令。

③ 单击"数据库另存为"区域的"高级"中的"备份数据库"按钮,如图 2-5 所示。

④ 单击"另存为"按钮。

⑤ 在打开的"另存为"对话框中选择保存位置,单击"保存"按钮。

系统默认的备份数据库名称中包含备份日期,便于还原数据,因此建议使用默认文件名。

(2) 还原数据库

还原数据库就是用数据库的备份文件来替代已经损坏或数据存在问题的数据库。还原数据库的操作步骤如下。

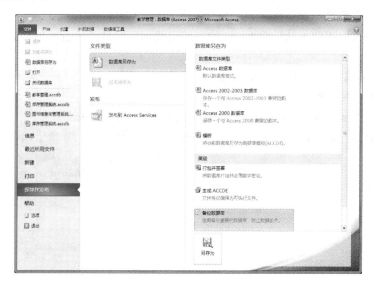

图 2-5　备份数据库

① 打开资源管理器，找到数据库备份文件。
② 将数据库备份文件复制到需替换的数据库的位置。

**3．加密数据库**

为了保护数据库不被其他用户使用或修改，可以给数据库设置密码。设置密码后，还可以根据需要，撤销密码或重新设置密码。

（1）设置密码

操作步骤如下。

① 以独占方式打开数据库。
② 单击"文件"→"信息"命令，打开"有关教学管理的信息"窗格，如图 2-6 所示。

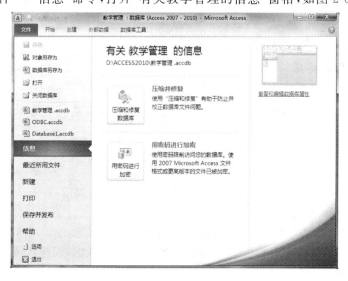

图 2-6　设置数据库密码

③ 单击"用密码进行加密"按钮,打开"设置数据库密码"对话框,如图 2-7 所示。
④ 在"密码"和"验证"文本框中分别输入相同的密码,然后单击"确定"按钮。
(2) 撤销密码
操作步骤如下。
① 以独占方式打开数据库。
② 选择"文件"→"信息"命令,打开"有关教学管理的信息"窗格。
③ 单击"解密数据库"按钮,弹出"撤销数据库密码"对话框,如图 2-8 所示。

图 2-7 "设置数据库密码"对话框

图 2-8 "撤销数据库密码"对话框

④ 在"密码"文本框中输入密码,单击"确定"按钮,即可撤销密码。

### 4. 生成.accde 文件

为了保护数据库对象不被他人擅自查看或修改,可以把设计好并完成测试的 Access 2010 数据库转换为.accde 格式,这样可提高数据库系统的安全性。操作步骤如下。

① 打开所需数据库。
② 单击"文件"→"保存并发布"命令。
③ 双击"数据库另存为"区域中的"生成 ACCDE"按钮,如图 2-9 所示。

图 2-9 生成.accde 文件

④ 在打开的"另存为"对话框中选择保存位置,单击"保存"按钮。
⑤ 弹出提示框,提示"无法从被禁用的(不受信任的)数据库创建.accde 或.mde 文件"。

若用户信任此数据库,则单击"确定"按钮,并使用消息栏启用数据库。

## 2.1.5 数据库的转换

Access 2010 可以将当前版本的数据库与以前版本的数据库进行相互转换。操作步骤如下。

① 打开要转换的数据库。

② 单击"文件"→"保存并发布"命令,单击"文件类型"区域的"数据库另存为"按钮,如图 2-10 所示。

③ 在"数据库另存为"区域的"数据库文件类型"中有 4 个按钮,单击所需版本按钮,然后单击"另存为"按钮。

④ 在打开的"另存为"对话框中输入数据库名,单击"保存"按钮。

当 Access 2010 数据库中使用的某些功能在以前版本中没有时,不能将 Access 2010 数据库转换为以前版本的格式。

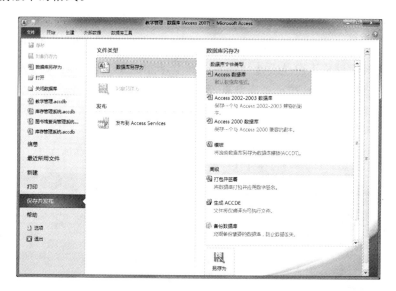

图 2-10 数据库的转换

## 2.1.6 数据库的导入与导出

**1. 数据库的导入**

导入是指将外部文件或另一个数据库对象导入到当前数据库的过程。数据的导入使得 Access 与其他文件实现了信息交流的目的。

Access 2010 可以将多种类型的文件导入,包括 Excel 文件、Access 数据库、ODBC(open database connectivity,开放数据库互联)数据库、文本文件、XML(extensible markup language,可扩展标记语言)文件等,如图 2-11 所示。

导入数据库的操作步骤如下。

① 打开需要导入数据的数据库。

② 选择"外部数据"选项卡,在"导入并链接"命令组中单击要导入的数据所在文件的类型按钮,在弹出的"获取外部数据"对话框中完成相关设置后,单击"确定"按钮。

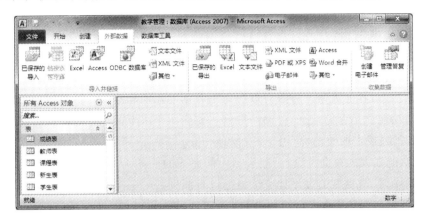

图 2-11 "外部数据"选项卡的"导入并链接"命令组

**2. 数据库的导出**

导出是指将 Access 中的数据库对象导出到外部文件或另一个数据库的过程。数据的导出也使得 Access 与其他文件实现了信息交流的目的。

Access 2010 可以将数据库对象导出为多种数据类型,包括 Excel 文件、文本文件、XML 文件、Word 文件、PDF(portable document format,便携式文档格式)文件、Access 数据库等,如图 2-12 所示。

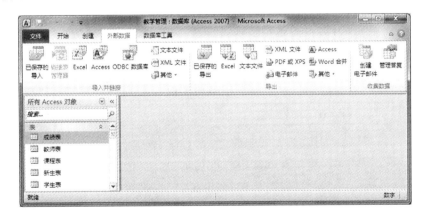

图 2-12 "外部数据"选项卡,"导出"组

导出数据库的操作步骤如下。

① 打开要导出数据的数据库。

② 在导航窗格中选择要导出的对象。

③ 选择"外部数据"选项卡,在"导出"命令组中单击要导出的文件类型按钮,在弹出的"导出"对话框中完成相关设置后,单击"确定"按钮,完成导出操作。

## 2.2 表的创建

### 2.2.1 表的设计原则

表是数据库中最基本的对象,所有的数据都存放于表中,其他数据库对象都是基于表而建立的。在数据库中,其他数据库对象对数据库中数据的任何操作都是针对表进行的。

表的主要功能就是存储数据,存储的数据主要应用于以下两个方面。

① 作为窗体、报表的数据源,用于显示和分析。

② 建立功能强大的查询,完成一般表格不能完成的任务。

在数据库中,一个良好的表设计应该遵循以下原则。

① 将信息划分到基于主题的表中,以减少冗余数据。

② 向 Access 提供链接表中信息时所需的信息。

③ 可帮助支持和确保信息的准确性和完整性。

④ 可满足数据处理和报表需求。

### 2.2.2 表结构设计概述

数据库中的数据都存储在表中,并作为其他数据库对象的数据源,接受各种操作与维护。Access 2010 的表对象由两个部分构成:表的结构和表的数据。表的结构由字段名称、字段类型及字段属性组成。若干行和若干列组成一个表,每个表可以包含许多不同数据类型(如文本、数字、日期和超链接等)的字段。

在 Access 2010 中,对表有以下规定,如表 2-1 所示。

表 2-1 表的规定

| 属 性 | 取 值 |
| --- | --- |
| 表名的字符个数 | 64 |
| 字段名的字符个数 | 64 |
| 表中的字段个数 | 255 |
| 打开表的个数 | 2 048 |
| 表的大小 | 2 GB |
| 文本字段的字符个数 | 255 |
| 备注字段的字符个数 | 用户界面输入数据为 65 535,编程方式输入数据为 2 GB |
| OLE 对象字段的大小 | 1 GB |
| 表中的索引个数 | 32 |

续 表

| 属 性 | 取 值 |
|---|---|
| 索引中的字段个数 | 10 |
| 有效性消息的字符个数 | 255 |
| 有效性规则的字符个数 | 2 048 |
| 表或字段说明的字符个数 | 255 |
| 当字段的 Unicode Compression 属性设置为"是"时,记录中的字符个数(除备注和 OLE 对象字段外) | 4 000 |
| 字段属性设置的字符个数 | 255 |

**1. 字段名称**

表中的每一列称为一个字段,它描述主题的某类特征。每一个字段均具有唯一的标识名,即字段名。Access 2010 要求字段名符合以下规则。

① 最长可达 64 个字符。

② 可采用字母、汉字、数字、空格和其他字符。

③ 不能包含点(.)、感叹号(!)、方括号([ ])及不可打印字符(如回车符等)。

④ 不能使用 ASCII 码中的 34 个控制字符。

**2. 字段类型**

在关系数据库中,一个表中的同一列数据必须具有相同的数据类型,字段类型就是指字段取值的数据类型。Access 2010 包括文本、数字、日期/时间、附件、计算的查阅向导等数据类型。

Access 2010 中的字段的数据类型名称、接收的数据及大小如表 2-2 所示。

表 2-2 字段类型

| 数据类型 | 接收的数据 | 大 小 |
|---|---|---|
| 文本 | 文本或文本与数字的组合 | 最多 255 个字符 |
| 备注 | 长文本,多于 255 个字符及数字,或具有 RTF 格式的文本 | 最多 65 535 个字符 |
| 数字 | 可用来进行算术计算的数字数据 | 1,2,4 或 8 个字节 |
| 日期/时间 | 100 年到 9999 年之间的日期和时间 | 8 个字节 |
| 货币 | 货币值。使用货币数据类型可以避免计算时四舍五入。精确到小数点左侧 15 位数及右侧 4 位数 | 8 个字节 |
| 自动编号 | 在添加记录时自动插入的唯一顺序(每次递增 1)或随机编号 | 4 个字节 |
| 是/否 | 字段只包含两个值中的一个,即"yes/no"、"true/false"、"on/off" | 1 位 |
| OLE 对象 | 可以将其他程序中使用 OLE 协议创建的对象,链接或嵌入到 Access 表中 | 最大可为 1 GB |
| 超链接 | 存储链接到本地和网络上的地址,为文本形式 | |
| 查阅向导 | 创建允许用户使用组合框选择来自其他表或来自列表中的值的字段。在数据类型列表中选择此选项,将启动向导进行定义 | 与主键字段的大小相同 |
| 附件 | 用于存储图片、图像、二进制文件、Office 文件 | 可以存储 2 GB 压缩文件和 700 KB 未压缩文件 |
| 计算 | 用来实现查阅另外表中的数据或从一个列表中选择的字段 | 与执行查阅的主键字段的大小相同 |

对于字段该选择哪一种数据类型,可由下面几点来确定。

① 存储在表中的数据内容。例如,设置为"数字"类型,则无法输入文本。
② 存储内容的大小。例如,设置为文本类型,则只能存储 255 个字符,约 120 个汉字。
③ 存储内容的用途。如果存储的数据是用于统计计算,则必须设置为数字或货币类型。
④ 其他。如果存储图像、图表等,就要使用 OLE 对象或附件类型。

**3. 字段属性**

字段属性是指字段特征值的集合。在创建表的过程中,除了对字段的数据类型、字段大小属性进行设置外,还要设置字段的其他属性。例如,字段的有效性、有效性文本,字段的显示格式等。这些属性的设置使用户在使用数据库时更加安全、方便和可靠。

(1) 字段大小

对于文本字段,"字段大小"属性的默认值为"50",但可以输入 255 以内的字符。

对于数字字段,"字段大小"属性的默认值为"长整型"。单击"字段大小"下拉列表框右侧的下拉按钮,会出现如图 2-13 所示的下拉列表,选择不同的字段类型,其操作范围也不同。

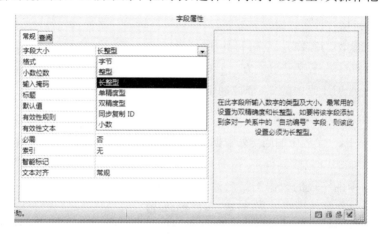

图 2-13 设置"字段大小"属性

(2) 字段格式

"格式"属性可以用于设置字段数据在数据视图中的显示格式,不同数据类型的字段,其格式设置不同。格式设置对输入数据本身没有影响,只是改变数据输出的样式。若要让数据按输入时的格式显示,则不要设置"格式"属性。

下面列出各种类型的字段格式说明,如表 2-3 至表 2-6 所示。

表 2-3 日期/时间型的字段格式说明

| 日期/时间型 | 说 明 |
| --- | --- |
| 常规日期 | 默认值,示例:6/19/15,07:34:20 PM |
| 长日期 | 与 Windows"区域和语言"对话框中的长日期设置相同,示例:2015 年 6 月 19 日 |
| 中日期 | 示例:94-06-19 |
| 短日期 | 与 Windows"区域和语言"对话框中的短日期设置相同,示例:01-8-7 |
| 长时间 | 与 Windows"区域和语言"对话框中的长时间设置相同,示例:17:34:23 |
| 中时间 | 示例:15:34:00 |
| 短时间 | 示例:17:34 |

说明：

短日期设置假设 00-1-1 到 29-12-31 之间的日期是 21 世纪的日期(假定年从 2000 年到 2029 年)，而 30-1-1 到 99-12-31 之间的日期假定为 20 世纪的日期(假定年从 1930 年到 1999 年)。

表 2-4 数字/货币型的字段格式说明

| 数字/货币型 | 说 明 |
| --- | --- |
| 常规数字 | 默认值,以输入的方式显示数字,示例:7866.879 |
| 货币 | 使用千位分隔符,示例:￥7,866.879 |
| 固定 | 至少显示一位数字,示例:7866.87 |
| 标准 | 使用千位分隔符,示例:7,866.879 |
| 百分比 | 乘以 100 再加上百分号(%),示例:876.00% |
| 科学计数法 | 使用标准的科学计数法,示例:5.78E+03 |
| 欧元 | 使用欧元符号,示例:£7866.879 |

表 2-5 文本/备注型的字段格式说明

| 文本/备注型 | 说 明 |
| --- | --- |
| @ | 要求文本字符(字符或空格) |
| & | 不要求文本字符 |
| < | 使所有字母变为小写 |
| > | 使所有字母变为大写 |

表 2-6 是否数据类型的字段格式说明

| 是/否型 | 说 明 |
| --- | --- |
| 真/假 | 真值为 True,假值为 False |
| 是/否 | 是为 Yes,否为 No |
| 开/关 | 开为 On,关为 Off |

（3）输入掩码

在输入数据时,用户会遇到一些相对固定的输入格式,输入格式固定既不能多也不能少。输入掩码就是用来设置数据输入格式的,它可以使数据输入更容易、方便,可以控制用户在文本框控件中的输入值,并拒绝错误输入。输入掩码主要用于文本型和时间/日期型字段,也可以用于数字型和货币型字段。

设置字段的输入掩码时,通常使用一串字符作为占位符代表数据。顾名思义,占位符是在字段中占据一定的位置。不同的占位符具有不同的含义,如表 2-7 所示。

表 2-7 "输入掩码"属性使用的占位符及说明

| 占位符 | 说 明 |
| --- | --- |
| 0 | 数字(0~9,必须输入;不允许使用加号和减号) |
| 9 | 数字或空格(可选输入;不允许使用加号和减号) |
| # | 数字或空格(可选输入;允许使用加号和减号) |
| L | 字母(A~Z,必须输入) |
| ? | 字母(A~Z,可选输入) |
| A | 字母或数字(必须输入) |
| a | 字母或数字(可选输入) |
| & | 任意一个字母或空格(必须输入) |
| C | 任意一个字母或空格(可选输入) |

续表

| 占位符 | 说　　明 |
|---|---|
| . , : ; - / | 十进制占位符和千位、日期和时间分隔符 |
| < | 使其后所有的字母转换为小写 |
| > | 使其后所有的字母转换为大写 |
| ! | 输入掩码从右到左显示 |
| 密码 | 输入的任何字符都按原字符保存,但显示为星号(*) |

另外,设置输入掩码的最简单方法是利用 Access 2010 提供的输入掩码向导。

(4) 标题

在"常规"选项卡中的"标题"文本框中输入名称,将取代原来字段名称在表、窗体和报表中的显示。即在显示表中数据时,表列的栏目名将是"标题"属性值,而不是字段名。

(5) 默认值

利用"默认值"属性,可以提高输入数据的效率。在一个表中,经常会有一些字段的字段值相同。例如,"性别"字段的默认值设置为"男"时,"男"就不需要输入了,添加新记录时,"男"自动输入到字段中。需要输入"女"时,把"男"改为"女"就可以了。这样可以减少输入工作量。

(6) 有效性规则和有效性文本

"有效性规则"属性用于对输入到表中字段的数据进行条件约束,即通过在"有效性规则"属性中输入检查表达式,来检查输入数据是否符合要求。当输入的数据违反了"有效性规则"属性的设置时,将给用户显示"有效性文本"属性设置的提示信息。

(7) 必填字段

"必填字段"属性可以设置为"是"或"否"。设置为"是"时,表示此字段值必须输入;设置为"否"时,表示可以不填写本字段数据,允许此字段值为空。一般情况下,作为主键字段的"必填字段"属性为"是",其他字段的"必填字段"属性为"否",系统默认值为"否"。

(8) 索引

设置索引有利于对字段的查询、分组和排序,此属性用于设置单一字段索引。

"索引"属性的默认值为"无",属性值有 3 种选择。

- 无:表示无索引。
- 有(重复):表示字段有索引,输入数据可以重复。
- 有(无重复):表示字段有索引,输入数据不可以重复。

**4. "教学管理"数据库中表结构设计实例**

在"教学管理"数据库中,包含 5 个表,每个表的结构如下。

① "成绩表"的结构如表 2-8 所示。

表 2-8 "成绩表"的结构

| 字段名称 | 数据类型 | 字段大小 | 其他 |
|---|---|---|---|
| 选课 ID | 数字 | 整型 | 主键 |
| 学号 | 文本 | 7 | |
| 课程代码 | 文本 | 3 | |
| 成绩 | 数字 | 长整型 | |

② "教师表"的结构如表 2-9 所示。

表 2-9 "教师表"的结构

| 字段名称 | 数据类型 | 字段大小 | 其他 |
|---|---|---|---|
| 教师编号 | 文本 | 4 | 主键 |
| 姓名 | 文本 | 6 | |
| 性别 | 文本 | 1 | |
| 学历 | 文本 | 6 | |
| 政治面目 | 文本 | 2 | |
| 工作时间 | 日期/时间 | | |
| 职称 | 文本 | 6 | |
| 系别 | 文本 | 6 | |
| 联系电话 | 文本 | 11 | |
| 邮箱地址 | 文本 | 20 | |
| 婚否 | 是/否 | | |

③ "课程表"的结构如表 2-10 所示。

表 2-10 "课程表"的结构

| 字段名称 | 数据类型 | 字段大小 | 其他 |
|---|---|---|---|
| 课程代码 | 文本 | 3 | 主键 |
| 课程名称 | 文本 | 10 | |
| 课程分类 | 文本 | 10 | |
| 教师编码 | 文本 | 4 | |
| 学分 | 数字 | 整型 | |

④ "新生表"的结构如表 2-11 所示。

表 2-11 "新生表"的结构

| 字段名称 | 数据类型 | 字段大小 | 其他 |
|---|---|---|---|
| 学号 | 文本 | 7 | 主键 |
| 姓名 | 文本 | 6 | |
| 性别 | 文本 | 1 | |
| 出生日期 | 日期/时间 | | |
| 政治面目 | 文本 | 2 | |
| 入学成绩 | 数字 | 长整型 | |
| 照片 | OLE 对象 | | |
| 简历 | 备注 | | |
| 个人主页地址 | 超链接 | | |

⑤ "学生表"的结构如表 2-12 所示。

表 2-12 "学生表"的结构

| 字段名称 | 数据类型 | 字段大小 | 其他 |
| --- | --- | --- | --- |
| 学号 | 文本 | 7 | 主键 |
| 姓名 | 文本 | 6 | |
| 性别 | 文本 | 1 | |
| 出生日期 | 日期/时间 | | |
| 政治面目 | 文本 | 2 | |
| 入学成绩 | 数字 | 长整型 | |
| 照片 | OLE 对象 | | |
| 简历 | 备注 | | |
| 个人主页地址 | 超链接 | | |

## 2.2.3 创建表

在完成表结构的设计工作之后,下一步的工作就是创建表。在 Access 2010 中,创建表的方法有以下 4 种。

① 使用数据表视图创建。在 Access 2010 中,可以通过在数据表视图的新列中输入数据来创建新字段。通过在数据表视图中输入数据来创建字段时,Access 会自动根据输入的值为字段分配数据类型。如果输入没有包括任何其他数据类型,则 Access 会将数据类型设置为"文本"。

② 通过"SharePoint 列表"创建。在 SharePoint 网站建立一个列表,再在本地建立一个新表,并将其连接到"SharePoint 列表"中。

③ 通过设计视图创建。在表的设计视图中设计表,用户需要设置每个字段的各种属性。

④ 通过从外部导入数据创建表。

**1. 使用数据表视图创建**

【例 2.1】 创建一个"教学管理"数据库,通过数据表视图建立"学生表"。要求如下。

① 将"学号"字段设置为主键,而且录入数据时只能录入 7 位。

② 性别的有效性规则设置为"男"或"女"。

③ 出生日期显示效果为"＊＊＊＊年＊＊月＊＊日"。

④ 设置"学号"和"姓名"字段为多字段索引。

操作步骤如下。

① 启动 Access 2010，单击"文件"→"新建"命令。

② 在右侧的"文件名"文本框中输入文件名"教学管理"，选择保存的文件夹为"d:\学生管理"，单击"创建"按钮，新数据库随即打开，如图 2-14 所示。

图 2-14　建立数据库

③ 选中"ID"列，在"属性"命令组中单击"名称与标题"按钮，打开"输入字段属性"对话框，在"名称"文本框中输入"字号"，如图 2-15 所示。或直接双击"ID"列，将名称改为"学号"。

图 2-15　"输入字段属性"对话框

④ 选中已更名的"学号"列，在"表格工具/字段"上下文选项卡的"格式"命令组中的"数据类型"下拉列表框中，将该列的数据类型改为"文本"，如图 2-16 所示。

⑤ 添加所需字段的字段名，然后输入记录数据，Access 会自动根据输入的数据为字段分配数据类型，而后根据表结构修改字段大小和数据类型，结果如图 2-17 所示。

⑥ 设置主键。进入表设计视图，选中"学号"字段行，在"表格工具/设计"上下文选项卡的"工具"命令组中，单击"主键"按钮，如图 2-18 所示。

图 2-16　设置字段的数据类型

图 2-17 完成的"学生表"

图 2-18 设置主键

⑦ 设置输入掩码。在"学号"字段的"输入掩码"文本框中输入"0000000",如图 2-19 所示。

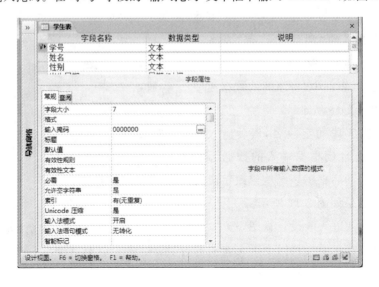

图 2-19 设置输入掩码

⑧ 设置有效性规则。单击"性别"字段行的任意一列,在"有效性规则"文本框中输入""男" Or "女""(注意:这里使用的引号必须是英文形式的引号,因为 Access 只识别英文标点符号),如图 2-20 所示。

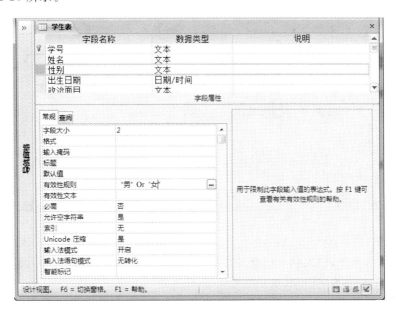

图 2-20　设置有效性规则

⑨ 设置日期格式。单击"出生日期"字段行的任意一列,在"格式"下拉列表框中选择"长日期",如图 2-21 所示。

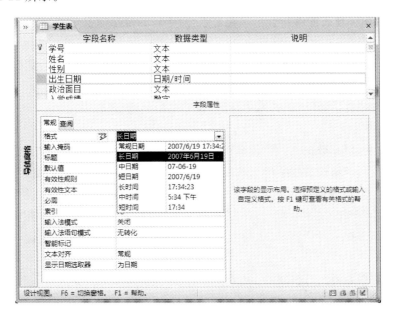

图 2-21　设置日期格式

⑩ 设置索引。在"表格工具/设计"上下文选项卡的"显示/隐藏"命令组中,单击"索引"按钮,打开"索引:学生表"窗口。在该窗口中,设为主键的"学号"字段已经显示出来,在第 2 行的

"索引名称"列输入"姓名","字段名称"列中选择"姓名",如图 2-22 所示。

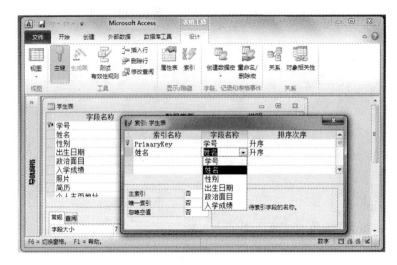

图 2-22　设置索引

切换回数据表视图,输入相关信息。如果"学号"、"出生日期"字段中输入的数据格式不符合设定要求,则系统会返回提示,重新按要求输入。

在快速访问工具栏中,单击"保存"按钮。

**2．使用设计视图创建**

设计视图是 Access 2010 中设计表的主要工具,所以也是最常用的创建表的方式。利用设计视图,不仅可以创建一个新表,也可以用于修改现有表的结构。

通过设计视图创建表能够符合个性化需求,对于较为复杂的表,一般都是通过设计视图创建的。

使用表的设计视图来创建表,主要是创建表的结构,设置字段的属性,数据信息还需要在数据表视图中输入。

【例 2.2】　在"教学管理"数据库中,通过设计视图创建"课程表"。

操作步骤如下。

① 打开"教学管理"数据库,在"创建"选项卡的"表格"命令组中,单击"表设计"按钮。

② 根据"课程表"结构,在"字段名称"列中输入字段名称,在"数据类型"列中选择相应的数据类型,并在"常规"属性窗格中设置字段大小及其他相关属性,如图 2-23 所示。

③ 单击"保存"按钮 ,在弹出的"另存为"对话框中将表命名为"课程表",单击"确定"按钮。

④ 此时将弹出提示对话框,提示尚未定义主键。此例中暂时不定义主键,单击"否"按钮,如图 2-24 所示。

⑤ 切换到数据表视图,这样就完成了表的创建,可以输入信息了。

**3．修改表的结构**

表创建后,由于种种原因,设计的表结构不一定很完善,或由于用户需求的变化不能满足用户的实际需要,故需修改表的结构。表结构的修改既能在设计视图中进行,也可以在数据表视图中进行。

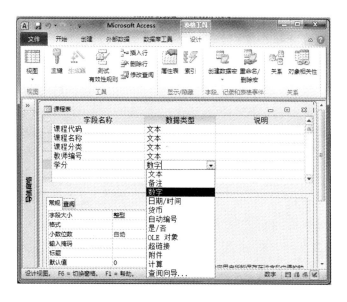

图 2-23 使用设计视图创建表

图 2-24 "尚未定义主键"提示对话框

在设计视图中修改表结构的操作步骤如下。

(1) 打开要修改的表的设计视图

方法 1：在导航窗格中右击表名，在快捷菜单中选择"设计视图"命令，如图 2-25 所示。

方法 2：打开表之后，单击"视图"下拉按钮，选择"设计视图"命令，如图 2-26 所示。

图 2-25 右击表名的快捷菜单

图 2-26 选择"设计视图"命令

(2)修改表结构

在设计视图中,既可以对已有字段进行修改,也可通过"表格工具/设计"上下文选项卡中的"工具"命令组中的"插入行"和"删除行"按钮添加新字段和删除已有字段。右击字段所在行的任意位置,在快捷菜单中选择"插入行"、"删除行"命令也可以进行修改,如图2-27所示。

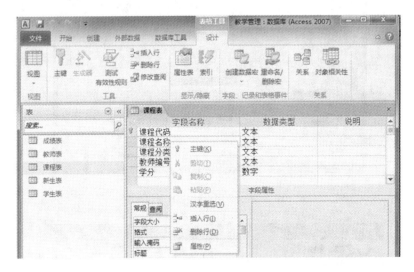

图 2-27　右击字段的快捷菜单

在数据表视图中修改表结构的方法如下。

在导航窗格中双击需要修改的表,此时出现"表格工具/字段"上下文选项卡,可以通过其中的修改工具进行表结构的修改,如图2-28所示。

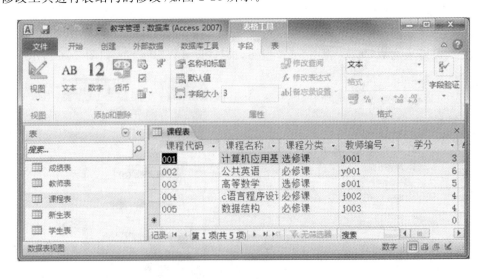

图 2-28　"表格工具/字段"上下文选项卡

● "视图"命令组:包括4种视图,即数据表视图、数据透视表视图、数据透视图视图和设计视图。

- "添加和删除"命令组：各种字段操作按钮，包括文本、数字、货币和删除等。
- "属性"命令组：包括字段属性操作按钮。
- "格式"命令组：对字段的数据类型进行设置。
- "字段验证"命令组：直接设置字段的属性。

**4．设置和取消表的主键**

主键是表中的一个字段或字段集，为每条记录提供一个唯一的标识符。在数据库中，信息被划分到基于主题的不同表中，然后通过表关系和主键指示 Access 如何将信息再次组合起来。Access 使用主键将多个表中的数据迅速关联起来，并以一种有意义的方式将这些数据组合在一起。

主键具有以下几个特征。

① 主键的值是唯一的。

② 该字段或字段组合从不为空或 Null，即始终包含值。如果某列的值可以在某个时间变成未分配或未知（缺少值），则该值不能作为主键的组成部分。

③ 主键字段所包含的值几乎不会更改。应该始终选择其值不会更改的字段作为主键。

④ 应该始终为表指定一个主键，Access 使用主键字段将多个表中的数据联系起来，从而将数据组合在一起。

为表指定主键具有以下好处。

① Access 会自动为主键创建索引，这有助于改进数据库性能。

② Access 会确保每条记录的主键字段中有值。

③ Access 会确保主键字段中的每个值是唯一的。

【例 2.3】 为"课程表"表定义主键。

操作步骤如下。

① 打开"教学管理"数据库。

② 在设计视图中打开"课程表"。

③ 在设计视图中选择作为主键的一个或多个字段。如果选择多个字段，按住 Ctrl 键，单击每个字段的行选择器；如果选择一个字段，单击该字段的行选择器。本例选择"课程代码"字段。

④ 在"表格工具/设计"上下文选项卡下的"工具"命令组中，单击"主键"按钮，或者右击"课程代码"，在弹出的快捷菜单中选择主键命令，即可设置主键。如果要取消主键，只需再次单击"工具"命令组中的"主键"按钮，如图 2-29 所示。

说明：

如果一个表中没有好的候选主键，请考虑添加一个具有自动编号数据类型的字段，并将该字段设置为主键。

如果要更改主键，首先要取消现有主键，才能重新设置主键。

Access 数据库应用基础教程

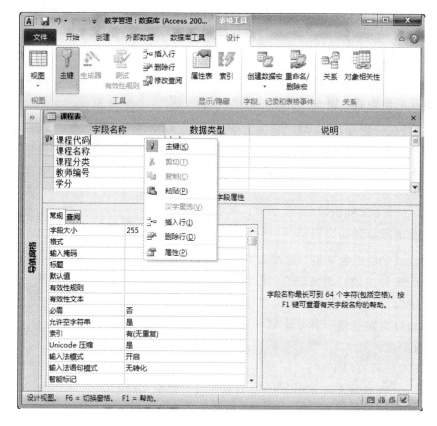

图 2-29　设置主键

## 2.3　表 的 编 辑

### 2.3.1　选定记录和字段

建立好表的结构后,就要在数据表视图中进行数据输入、数据浏览、数据修改、数据删除等基本操作。

在数据表视图中进行某些操作时,必须要选定记录。在数据表视图中,使用行选定器、列选定器、表选定器可以分别选定对应的记录、字段和整个表,如图 2-30 所示。使用记录导航按钮可以定位并浏览"第一条记录"、"上一条记录"、"当前记录"、"下一条记录"和"尾记录"。

● 选定连续的多条记录:按住鼠标左键拖动,或先选定首记录,按住 Shift 键,再选定末记录。

● 选定连续的多个字段:按住鼠标左键拖动,或先选定首字段,然后按住 Shift 键,再选定其中的末字段。

图 2-30 数据表视图的工具按钮

## 2.3.2 在表中添加记录

在表中添加记录,需打开表的数据表视图,然后进行如下 3 种操作之一。

① 直接用鼠标将光标定位到表的最后一行上,然后,在当前记录中输入所需添加的数据,即完成了增加一条新记录的操作。

② 单击记录导航按钮上的"新(空白)记录"按钮,光标自动跳到表的最后一行上,即可输入所需添加的数据。

③ 使用快捷菜单,即单击某条记录的行选定器,再右击,在弹出的快捷菜单中选择"新记录"命令,如图 2-31 所示。

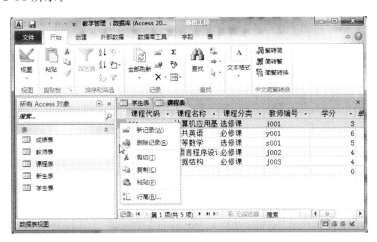

图 2-31 添加新记录

## 2.3.3 在表中修改记录

在 Access 2010 数据表视图中,只需将光标移动到所需修改的数据处,就可以编辑修改光标所在处的数据。在任意一个表格单元中,修改数据的操作如同在文本编辑器中编辑字符一样,可以对数据进行复制、粘贴、插入、删除和修改等操作。

## 2.3.4 在表中删除记录

在数据表视图中,将鼠标指针指向需要删除的记录,右击打开快捷菜单,选择其中的"删除记录"命令,或按下 Delete 键即可。

说明:

当需要删除的记录不连续时,需要分多次删除。

## 2.3.5 记录的查找与替换

在数据库中,快速而又准确地查找特定数据,或者进行数据替换时,就要用到 Access 提供的查找和替换功能。在"开始"选项卡的"查找"命令组中,可以看到"查找"和"替换"按钮。

单击"查找"按钮,输入信息后就可以进行查找或替换了,操作对话框如图 2-32 所示。

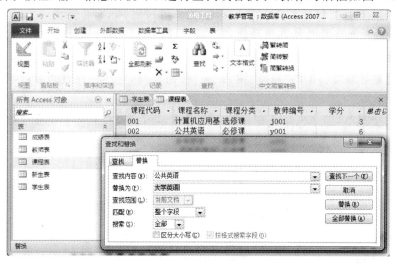

图 2-32 "查找和替换"对话框

## 2.3.6 设置表的外观

调整表的外观及重新安排数据的显示形式,是为了使表整体显示得更清楚、美观。调整表的外观的操作包括改变字段次序、调整字段显示高度和宽度、设置数据字体、调整表中网络线样式及背景颜色、隐藏列、冻结列等。

**1. 改变字段次序**

Access 2010 在默认设置下,通常显示表中的字段次序与它们在表或查询中出现的次序相同;但是在使用数据表视图时,往往需要移动某些列来满足查看数据的要求。此时,可以改变字段次序。

① 在数据表视图中,将鼠标指针定位在要移动的列字段名上,鼠标指针会变成一个粗体黑色向下箭头 ⬇,单击选中该列。

② 再将鼠标放在该列字段名上，然后按住鼠标左键并拖动鼠标左右移动到预定位置，最后释放鼠标左键，如图 2-33 所示。

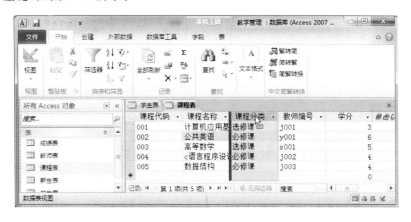

图 2-33　改变字段次序

**2．调整字段显示高度和宽度**

（1）调整字段显示高度

调整字段显示高度有两种方法。

① 在数据表视图中，将鼠标指针放在表中任意两个行选定器之间，鼠标指针变为 ↕ 形式，按住鼠标左键并拖动鼠标上下移动，即可调整行高。

② 在数据表视图中，右击任意行选定器，在弹出的快捷菜单中选择"行高"命令，打开"行高"对话框，输入行高数据，单击"确定"按钮，整个表的行高都得到了调整，如图 2-34 所示。

图 2-34　"行高"对话框

（2）调整字段显示宽度

调整字段显示宽度也有两种方法。

① 在数据表视图中，将鼠标指针放在表中要改变宽度的两列字段名中间，鼠标指针变为 ↔ 形式，按住鼠标左键并拖动鼠标左右移动，即可调整列宽。

② 在数据表视图中，右击任意列选定器，在弹出的快捷菜单中选择"字段宽度"命令，如图 2-35 所示。

打开"列宽"对话框，输入列宽数据，单击"确定"按钮，如图 2-36 所示。

图 2-35　快捷菜单

图 2-36　"列宽"对话框

**注意**：如果在"列宽"对话框中输入"0"，则该字段列将会被隐藏。

**3．隐藏字段和取消隐藏字段**

在数据表视图中，为了便于查看表中的主要数据，可以将某些字段列暂时隐藏起来，需要时再将其显示出来。

在数据表视图中，选择想要隐藏的字段，右击其列选定器，在弹出的快捷菜单中选择"隐藏字段"命令，完成隐藏字段操作。

如果希望将隐藏的字段重新显示出来，可在数据表视图中，右击任意列选定器，在弹出的快捷菜单中选择"取消隐藏字段"命令，打开"取消隐藏列"对话框，如图 2-37 所示。在"列"列表框中选中要显示的列的复选框，单击"关闭"按钮，将被隐藏的字段重新显示在表中。

图 2-37 "取消隐藏列"对话框

**4．冻结字段和取消冻结所有字段**

在通常的操作中，常常需要建立比较大的表，由于表过宽，在数据表视图中，有些关键的字段值因为水平滚动后无法看到，影响了数据的查看。Access 2010 提供的冻结列功能可以解决这方面的问题。

在数据表视图中，选定要冻结的字段，右击列选定器，在弹出的快捷菜单中选择"冻结字段"命令即可。如果选择"取消冻结所有字段"命令，即可解除先前冻结的字段。

**5．设置表格式**

在"开始"选项卡的"文本格式"命令组中，单击右下角的对话框启动器按钮，在弹出的"设置数据表格式"对话框中可设置字段格式与表格式，如图 2-38 所示。

图 2-38 "设置数据表格式"对话框

## 2.3.7 表的复制、删除及重命名

在数据库开发过程中,经常会遇到表的复制、删除及重命名操作。在数据库视图中,右击表的名称,在弹出的快捷菜单中选择相应的命令完成相应的操作,如图 2-39 所示。

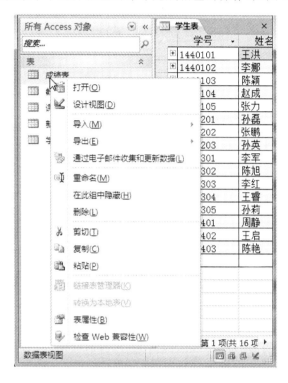

图 2-39 表的快捷菜单

选择复制表后,在粘贴时,会弹出"粘贴表方式"对话框,如图 2-40 所示,可选择不同的粘贴选项。

图 2-40 "粘贴表方式"对话框

- 仅结构:只复制表的结构至目标表,不复制表中的数据。
- 结构和数据:复制表的结构和数据至目标表。
- 将数据追加到已有的表:将表中的数据添加到已有表的尾部。

删除一个不需要的表时,可在快捷菜单中选择"删除"命令。如果该表与其他表之间建立了关系,需要先删除该表与其他表的关系,才能删除该表。

重新命名表时,可在快捷菜单中选择"重命名"命令,然后在表名称文本框中输入新的表名,按 Enter 键确认即可。

## 2.4 排序与筛选

### 2.4.1 排序

由于表中的数据的显示顺序与录入顺序一致,在进行数据浏览和审阅时可能不是很方便,故而需要用到排序。排序是常用的数据处理方法,通过排序可以为使用者提供很大的便利。在 Access 中,排序规则如下。

① 英文字母不分大小写,按字母顺序排序。
② 中文字符按照拼音字母顺序排序。
③ 数字按照数值大小排序。
④ 日期/时间型数据按照日期顺序的先后排序。
⑤ 备注型、超链接型和 OLE 对象型的字段无法排序。

Access 提供了两种排序:一种是简单排序,即直接使用命令或按钮进行;另一种是高级排序。所有的排序操作都是在"开始"选项卡中的"排序和筛选"命令组中进行的。

【例 2.4】 对"学生表"按"性别"字段升序排序(按性别分类),如果性别相同,再按"入学成绩"字段的降序排序。

操作步骤如下。

① 打开"学生表"的数据表视图。
② 在"开始"选项卡的"排序与筛选"命令组中,单击"高级"下拉按钮,在弹出的下拉列表中选择"高级筛选／排序"命令,屏幕进入"学生表筛选 1"窗口,进行如图 2-41 所示的设置。

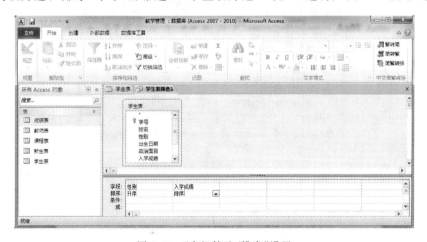

图 2-41 "高级筛选/排序"设置

③ 单击"排序和筛选"命令组中的"切换筛选"按钮,排序结果如图 2-42 所示。

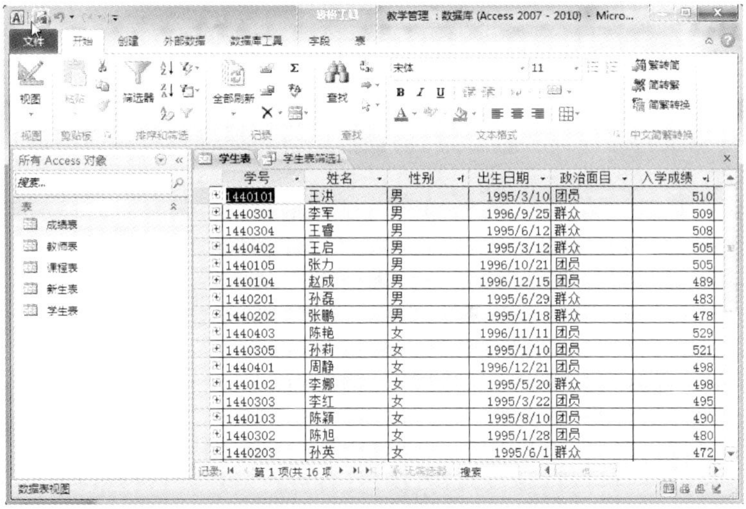

图 2-42 排序结果

如果不希望将排序结果一同保存到表中,可单击"排序和筛选"命令组中的"取消排序"按钮。或者在关闭数据表视图时,在弹出的提示对话框中单击"否"按钮。

## 2.4.2 筛选

数据筛选的意义是,在众多的记录中只显示那些满足某种条件的记录。当表中的数据较多时,用户选择感兴趣的记录会很不方便,通过 Access 提供的筛选功能可以满足用户需求,根据用户设定的条件选择相关的记录。

在 Access 2010 中,筛选记录的方法有选择筛选、按窗体筛选和高级筛选 3 种。按窗体筛选是在空白窗体中设置相应的筛选条件(一个或多个条件),将满足条件的所有记录显示出来;高级筛选不仅可以筛选满足条件的记录,还可以对筛选出来的记录排序。

**1. 选择筛选**

选择筛选主要用于查找在某一字段中,值满足一定条件的记录。在表中选择要筛选的内容,就是将鼠标所在的当前位置的内容作为条件数据进行筛选。

【**例 2.5**】 在"教师表"中显示所有学历为"研究生"的记录。

操作步骤如下。

① 进入"教学管理"数据库中的"教师表"数据表视图。

② 选中"学历"字段,在"开始"选项卡的"排序和筛选"命令组中单击"选择"下拉按钮,并选择"等于研究生"命令,结果如图 2-43 所示。

③ 单击"切换筛选"按钮可以取消本次筛选。

**2. 按窗体筛选**

所谓的按窗体筛选,是由用户在"按窗体筛选"窗口中选择数据作为条件,就是选择不同字段名下面的数据进行组合,然后进行筛选。设置筛选的条件是"与"关系时,条件数据在同一行输入设置;设置筛选的条件是"或"关系时,选择窗口左下角的"或"标签,再选择条件数据。

图 2-43 选择筛选结果

【例 2.6】 在"教师表"中显示男讲师。

操作步骤如下。

① 进入"教学管理"数据库中的"教师表"数据表视图。

② 在"开始"选项卡的"排序和筛选"命令组中单击"高级"下拉按钮,并选择"按窗体筛选"命令,进入"教师表:按窗体筛选"窗口。在"性别"字段下选择"男",在"职称"字段下选择"讲师",如图 2-44 所示。

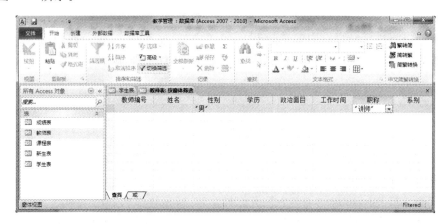

图 2-44 "教师表:按窗体筛选"窗口

③ 单击"排序和筛选"命令组中的"切换筛选"按钮,结果如图 2-45 所示。

图 2-45 按窗体筛选结果

④ 单击"切换筛选"按钮可以取消本次筛选。

**3. 高级筛选**

前面介绍的筛选操作容易,条件单一,只能简单地筛选出需要的数据。当筛选条件不唯一时,或筛选出的记录在排列次序有要求时,可以使用高级筛选功能。

高级筛选需要设计比较复杂的条件表达式,它们可以由标识符、运算符、通配符和数值等组成,从而可以筛选出比较准确的结果,也可以按某些指定字段排序。

【例 2.7】 在"学生表"中筛选出入学成绩在 500 分以下的女同学,并按入学成绩降序排序。操作步骤如下。

① 进入"教学管理"数据库中的"学生表"数据表视图。

② 在"开始"选项卡的"排序和筛选"命令组中单击"高级"下拉按钮,并选择"高级筛选/排序"命令,进入"学生表筛选1"窗口。在"性别"字段下的"条件"栏中输入"女","入学成绩"字段下的"条件"栏中输入"<500",如图 2-46 所示。

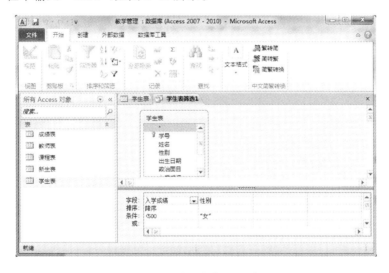

图 2-46 "学生表筛选1"窗口

③ 单击"排序和筛选"命令组中的"切换筛选"按钮,结果如图 2-47 所示。

图 2-47 高级筛选结果

④ 若要取消筛选,可单击"切换筛选"按钮。

## 2.5 表间关系

在 Access 数据库中,常常包含多个表,用以存放不同类别的数据集合。不同表之间存在着联系,表之间的联系是通过表之间的匹配字段来实现的。所谓匹配字段,通常是两个表中的公共字段。在数据库的操作中,不可能在一个表中创建需要的所有字段,为此就需要建立表间关系,把多个表连接起来使用。

表间关系有 3 种。
- 一对一关系:A 表中的一条记录仅能在 B 表中有一条匹配的记录,反之亦然。
- 一对多关系:A 表中的一条记录能与 B 表中的许多记录匹配,但是 B 表中的一条记录仅能与 A 表中的一条记录匹配。
- 多对多关系:A 表中的一条记录能与 B 表中的许多记录匹配,并且 B 表中的一条记录也能与 A 表中的许多记录匹配。

### 2.5.1 建立一对多关系

【例 2.8】 在"教学管理"数据库中为"学生表"和"成绩表"建立一对多关系。

操作步骤如下。

① 在"数据库工具"选项卡的"关系"命令组中,单击"关系"按钮,弹出"显示表"对话框。如图 2-48 所示。

图 2-48 "显示表"对话框

② 分别双击"学生表"与"成绩表"(也可分别选中表,单击"添加"按钮),添加到打开的"关系"窗口中,如图 2-49 所示。

图 2-49 "关系"窗口

③ 关闭"显示表"对话框,将"学生表"的"学号"字段拖动至"成绩表"的"学号"字段,出现"编辑关系"对话框,选中"实施参照完整性"复选框,如图 2-50 所示。

图 2-50 "编辑关系"对话框

④ 单击"创建"按钮,即完成了关系的建立,如图 2-51 所示。

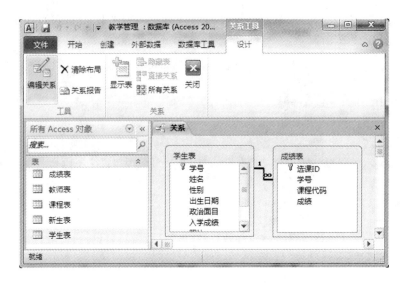

图 2-51　创建关系

## 2.5.2　建立多对多关系

建立表间多对多关系前必须建立一个连接表,将多对多关系至少划分成两个一对多关系,并将这两个表的主键都插入连接表中,通过该连接表建立多对多关系。

【例 2.9】　在"教学管理"数据库中为"学生表"和"课程表"建立多对多关系。通过"成绩表",分别建立"学生表-成绩表"和"成绩表-课程表"一对多关系,从而使得"学生表"和"课程表"之间建立多对多关系。

操作步骤如下。

① 在"教学管理"数据库中,将"学生表"、"成绩表"、"课程表"添加到关系视图中,如图 2-52 所示。

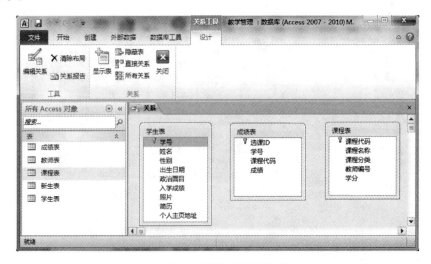

图 2-52　选择建立关系的表

② 分别为"学生表-成绩表"、"成绩表-课程表"建立一对多关系,如图 2-53 所示。

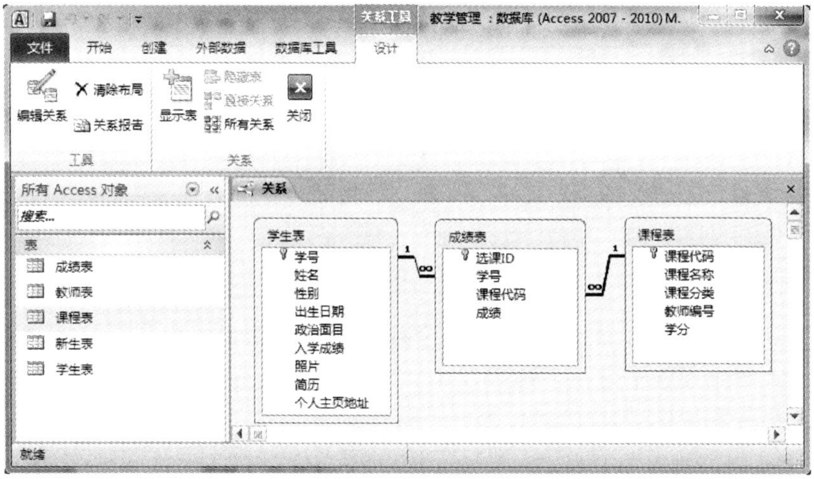

图 2-53 建立表关系

③ 在建立完表间关系后,为显示结果,可以切换到"学生表",如图 2-54 所示。

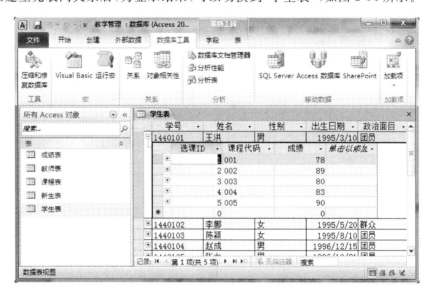

图 2-54 显示结果

此时,在"学生表"中学号的左边出现了"+"标记,单击该标记,出现了每一个学生的成绩信息。

## 2.5.3 编辑表间关系

在使用表间关系的过程中,可能会对表间关系进行修改或删除。

**1. 表间关系的修改**

在"关系"窗口中,右击表之间的关系连接线,从弹出的快捷菜单中选择"编辑关系"命令,在弹出的"编辑关系"对话框中重新选择关联的表与字段即可进行表间关系的修改。

**2．表间关系的删除**

在删除表间关系之前，首先要关闭相应的表，然后右击表之间的关系连接线，从弹出的快捷菜单中选择"删除"命令即可。也可以单击表间的关系连接线，按 Delete 键删除。

### 2.5.4 参照完整性、级联更新和级联删除

**1．参照完整性**

参照完整性是一个规则，Access 使用这个规则来确保相关表中记录之间关系的有效性，并且不会意外地删除或更改相关数据。

在符合下列所有条件时，可以设置参照完整性。

① 两个表建立一对多关系后，"一"方的表称为主表，"多"方的表称为子表。来自于主表的相关联字段是主键。

② 两个表中相关联的字段都有相同的数据类型。

使用参照完整性时要遵守如下规则：在两个表之间设置参照完整性后，如果在主表中没有相关的记录，就不能把记录添加到子表中；反之，在子表中存在与之相匹配的记录时，则在主表中不能删除该记录。

**2．级联更新和级联删除**

在数据库中，有时会改变表间关系一端的值。此时，为保证整个数据库能够自动更新所有受到影响的行，保证数据库信息的一致，就需要使用级联更新或级联删除。

级联更新和级联删除的操作都是在"数据库工具"选项卡的"关系"命令组中进行的。首先要显示数据库中的所有关系，选定对应的关系连接线，单击"编辑关系"按钮或双击连接线，在弹出的对话框中选中"实施参照完整性"复选框，其次再选择"级联更新相关字段"或"级联删除相关记录"复选框，如图 2-55 所示，单击"确定"按钮。

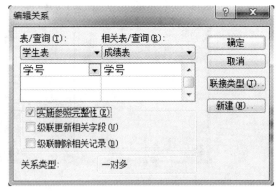

图 2-55 "编辑关系"对话框

## 2.6 表的导入、导出与链接

### 2.6.1 导入表

用户可以将符合 Access 2010 输入、输出协议的任意类型的表导入到数据库中，从外部获

取数据后形成自己数据库中的表对象。

【例 2.10】 将 Excel 表格"通讯录.xlsx"导入"教学管理"数据库。

操作步骤如下。

① 打开"教学管理"数据库。

② 在"外部数据"选项卡的"导入并链接"命令组中,单击"Excel"按钮,打开"获取外部数据-Excel 电子表格"对话框。

③ 单击"浏览"按钮,选定 Excel 表存储的路径,如图 2-56 所示,单击"确定"按钮,打开"导入数据表向导"对话框,如图 2-57 所示。

图 2-56 "获取外部数据-Excel 电子表格"对话框

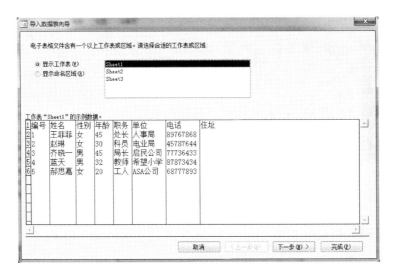

图 2-57 "导入数据表向导"对话框(1)

④ 单击"下一步"按钮,在出现的界面中选择"第一行包含列标题"复选框,如图 2-58 所示。

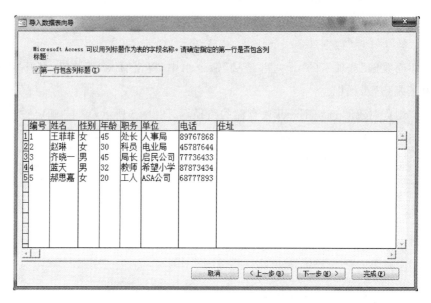

图 2-58 "导入数据表向导"对话框(2)

⑤ 单击"下一步"按钮,对每个字段属性进行设置,如图 2-59 所示。
⑥ 单击"下一步"按钮,在出现的界面中设定主键(此处选择不要主键),如图 2-60 所示。
⑦ 单击"下一步"按钮,对导入的表进行命名,如图 2-61 所示。
⑧ 单击"完成"按钮,即实现了表的导入。

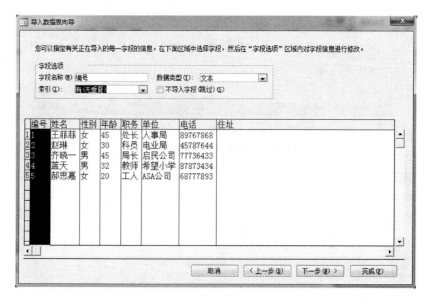

图 2-59 "导入数据表向导"对话框(3)

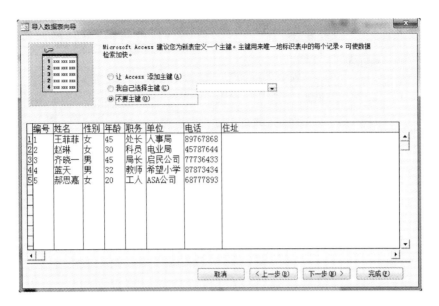

图 2-60 "导入数据表向导"对话框(4)

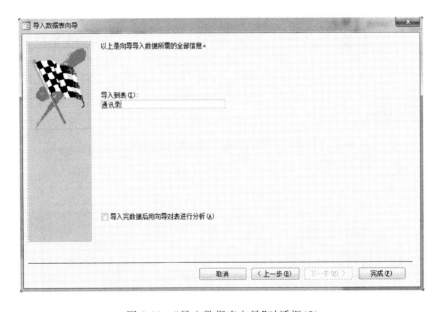

图 2-61 "导入数据表向导"对话框(5)

## 2.6.2 导出表

表的导出可以通过"外部数据"选项卡中的"导出"命令组实现,也可通过右击导航窗格中需要导出的表,在弹出的快捷菜单中选择"导出"命令进行,如图 2-62 所示。

【例 2.11】 将"教学管理"数据库中的"学生表"导出为 Excel 文件。

操作步骤如下。

① 打开"教学管理"数据库。

Access 数据库应用基础教程

图 2-62 "导出"命令

② 在导航窗格中右击"学生表",从弹出的快捷菜单中选择"导出"→"Excel"命令,弹出如图 2-63 所示的对话框。

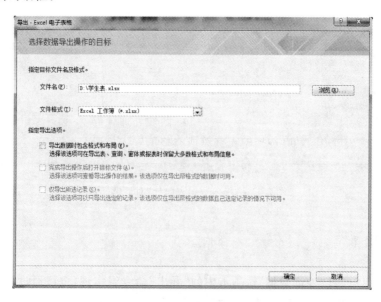

图 2-63 "导出-Excel 电子表格"对话框

③ 给导出的表格命名并选择保存目录后,单击"确定"按钮,最后单击"关闭"按钮完成导出操作,如图 2-64 所示。

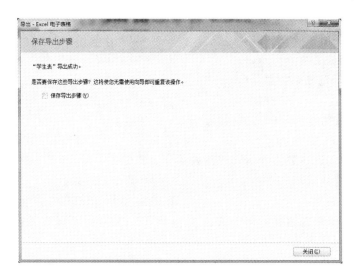

图 2-64　完成导出操作

## 2.6.3　链接表

与导入表不同的是，导入是在数据库中创建信息，而链接表是与其他位置的数据建立一个动态的链接。在链接表中进行数据的操作时，会改变数据源的信息。

## 2.7　课后习题

**一、选择题**

1. Access 是一种（　　）。
  A. 数据库管理系统　　　　　　　　B. 操作系统
  C. 文字处理软件　　　　　　　　　D. 图像处理软件
2. 在 Access 2010 中，可以选择输入字符或空格的输入掩码是（　　）。
  A. 0　　　　　　B. &　　　　　　C. A　　　　　　D. C
3. 下面有关主关键字的说法中，错误的一项是（　　）。
  A. Access 并不要求在每一个表中都必须包含一个主关键字
  B. 在一个表中只能指定一个字段成为主关键字
  C. 在输入数据或对数据进行修改时，不能向主关键字的字段输入相同的值
  D. 利用主关键字可以对记录快速地进行排序和查找
4. 关于字段默认值叙述错误的是（　　）。
  A. 设置文本型默认值时不用输入引号，系统会自动加入
  B. 设置默认值时，必须与字段中所设的数据类型相匹配
  C. 设置默认值时，可以减少用户输入强度
  D. 默认值是一个确定的值，不能使用表达式

5. 字节型数据的取值范围是（　　）。
   A. －128～127　　B. 0～255　　C. －256～255　　D. 0～32 767
6. 设有部门和员工两个实体，每个员工只能属于一个部门，一个部门可以有多名员工，则部门与员工实体之间的联系类型是（　　）。
   A. 多对多　　B. 一对多　　C. 多对一　　D. 一对一
7. 在Access数据库中，一个关系就是一个（　　）。
   A. 二维表　　B. 记录　　C. 字段　　D. 数据库
8. 下列函数中能返回数值表达式的整数部分值的是（　　）。
   A. Abs(数字表达式)　　　　B. Int(数值表达式)
   C. Sqr(数值表达式)　　　　D. Sgn(数值表达式)
9. 在"课程表"中查找课程名称中包含"计算机"的课程，对应"课程名称"字段的条件表达式是（　　）。
   A. 计算机　　　　　　　　B. "*计算机*"
   C. Like"*计算机*"　　　　D. Like"计算机"
10. Access数据库表中的字段可以定义有效性规则，有效性规则是（　　）。
    A. 控制符　　B. 文本　　C. 条件　　D. 前3种说法都不对

## 二、填空题

1. Access字段名称长度最多为_____字符。
2. 主键是表中的_____或_____，为每条记录提供一个标识符。
3. 表的索引方式有_____和_____。
4. 在Access 2010中，对数据库表的记录进行排序时，数据类型为_____和_____的字段不能排序。
5. 两个表可以通过_____建立联系。

## 三、操作题

1. 根据所学内容，为"学生管理"数据库建立相关的表并输入数据。
2. 为已创建好的表建立表间关系，表间关系如图2-65所示。

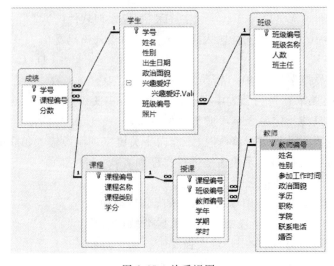

图 2-65　关系视图

# 第 3 章 查　　询

查询是通过设置条件对表进行各种浏览、筛选、统计、计算与检索等操作，可以使表中数据得以最大程度的有效利用。

## 3.1 查 询 概 述

查询是数据库管理系统最常用、最重要的功能。为了优化存储，在设计一个数据库时，需将数据分别存储在多个表里，这就相应增加了浏览数据的复杂性。很多时候用户需要从一个或多个表中检索出符合条件的数据，以便执行相应的查询和计算等。

查询工作就是查找和分析数据，即对数据库中的数据进行浏览、分类、筛选、统计、添加、删除和修改。从结果上看，查询似乎是建立了一个新表，但是，查询的记录集实际上并不保存，只保存查询规则。当关闭一个查询后，该查询的结果便不复存在了，查询结果中的数据都保存在其原来的基本表中。每次运行查询时，Access 根据查询规则从源表中抽取数据创建一个新的记录集，使查询中的数据能够和源表中的数据保持同步。每次打开查询，就相当于重新按条件进行查询。查询可以作为结果，也可以作为其他对象的数据来源。

因此，查询的目的就是让用户根据指定条件对表或者其他查询进行检索，筛选出符合条件的记录，构成一个新的记录集，从而方便用户对数据库进行查看和分析。

在 Access 2010 中，查询方法有 3 种：查询向导、查询设计视图和 SQL。

查询主要有以下几个方面的操作。

- 选择字段：选择表中的部分字段生成所需的表或多个记录集。
- 选择记录：根据指定的条件查找所需的记录，并显示查找的记录。
- 编辑记录：添加记录、修改记录和删除记录（更新查询、删除查询）。
- 实现计算：查询满足条件的记录，还可以在建立查询的过程中进行各种计算（计算平均成绩、年龄等）。
- 建立新表：操作查询中的生成表查询可以建立新表。
- 为窗体和报表提供数据：可以作为建立报表和窗体的数据源。

### 3.1.1 查询的类型

根据对数据源的操作方式及查询结果的不同，Access 2010 提供的查询可以分为 5 种类型,分别是选择查询、交叉表查询、参数查询、操作查询和 SQL 查询。

(1) 选择查询

选择查询是一种最常用的查询类型。它根据指定的查询条件,从一个或多个表中获取数据并显示结果。也可以使用选择查询对记录进行分组,并对记录进行总计、计数、平均及其他种类的计算。

(2) 交叉表查询

交叉表查询以表的形式将数据库表或查询的某些字段进行分组,分别以行标题和列标题的形式显示出某一个字段的总和、计数、平均或最大值、最小值等。

(3) 参数查询

当用户需要的查询每次都要改变查询规则,而且每次都重新创建查询又比较麻烦时,就可以利用参数查询来解决这个问题。参数查询是通过对话框,提示用户输入查询规则,系统将以该规则作为查询条件,将查询结果按指定的形式显示出来。

(4) 操作查询

操作查询是在一次查询操作中对所得到的结果进行编辑等操作。操作查询分为 4 种类型:删除、追加、更改与生成表。

(5) SQL 查询

SQL 查询需要一些特定的 SQL 命令,包括数据查询、数据定义、数据操纵和数据控制等功能,涵盖了对数据库的所有操作。

## 3.1.2 创建查询的方法

在 Access 2010 中,创建查询的方法主要有以下 3 种。

**1. 使用查询向导创建查询**

操作步骤如下。

① 打开数据库。

② 选择"创建"选项卡的"查询"命令组,单击"查询向导"按钮,打开"新建查询"对话框。

③ 在"新建查询"对话框中,选择需要的查询向导,根据系统引导选择参数或者输入信息。

④ 保存查询。

**2. 使用查询设计视图创建查询**

使用查询设计视图创建查询首先要打开查询设计视图窗口,然后根据需要进行查询定义。操作步骤如下。

① 打开数据库。

② 选择"创建"选项卡的"查询"命令组,单击"查询设计"按钮,打开查询设计视图窗口,如图 3-1 所示。

查询设计视图窗口由两部分组成:上半部分是数据源窗格,用于显示查询所涉及的数据源,可以是表或查询;下半部分是查询定义窗格,也称为 QBE(query by example,通过例子进行查询)网格,主要包括以下内容。

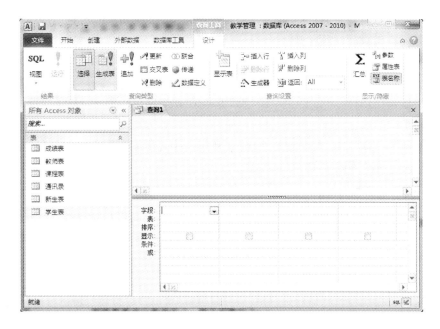

图 3-1 查询设计视图窗口

- 字段:查询结果中所显示的字段。
- 表:查询的数据源,即查询结果中字段的来源。
- 排序:查询结果中相应字段的排序方式。
- 显示:当相应字段的复选框被选中时,则在查询结果中显示,否则不显示。
- 条件:即查询条件,同一行中的多个查询规则之间是逻辑"与"的关系。
- 或:表示多个查询条件之间是逻辑"或"的关系。

③ 在打开查询设计视图窗口的同时弹出"显示表"对话框,如图 3-2 所示。

图 3-2 "显示表"对话框

④ 在"显示表"对话框中,选择作为数据源的表或查询,将其添加到查询设计视图窗口的

数据源窗格中。在查询设计视图窗口的查询定义窗格中,通过"字段"列表框选择所需字段,选中的字段将显示在查询定义窗格中。

⑤ 在查询设计视图窗口的查询定义窗格中,打开"排序"列表框,可以指定查询的排序关键字和排序方式。排序方式分为升序、降序和不排序3种。

⑥ 使用"显示"复选框可以设置某个字段是否在查询结果中显示,若复选框被选中,则显示该字段,否则不显示。

⑦ 在"条件"文本框中输入查询条件,或者利用表达式生成器输入查询条件。

⑧ 保存查询,创建查询完成。

**3. 使用 SQL 命令创建查询**

Access 所有的查询都可以认为是一个 SQL 查询,在查询设计视图窗口中创建查询时,Access 将在后台构造等效的 SQL 语句,可以在 SQL 视图中查看和编辑 SQL 语句。

## 3.2 查询条件的设置

查询条件是描述用户查询需求的表示方法。条件是指在查询中用来限制检索记录的条件表达式,它是由操作数和运算符构成的可计算的式子。其中,操作数可以是常量、变量、函数,甚至可以是另一个表达式(子表达式);运算符是表示进行某种运算的符号,包括算术运算符、关系运算符、逻辑运算符、连接运算符、特殊运算符和对象运算符等。在查询中,设计查询条件就是设计一个条件表达式。通过条件可以过滤掉无用数据,表达式具有唯一的运算结果。

**1. 常量**

常量代表不会发生更改的值。数据类型不同,其表示方法也有所不同,如表 3-1 所示。

表 3-1 常量的表示方法

| 类 型 | 表示方法 | 示 例 |
| --- | --- | --- |
| 数字型常量 | 直接输入数据 | 88,−88,88.88 |
| 文本型常量 | 直接输入文本或者用英文的单引号、双引号为定界符 | 信息,'信息',"信息" |
| 日期型常量 | 直接输入或者两端以"#"为定界符 | 2009-1-1,#2009-1-1# |
| 是/否型常量 | 使用专用字符表示,只有两个可选项 | yes,no(或 true,false) |

**2. 变量**

变量是指在运算过程中其值允许变化的量。在查询的条件表达式中使用变量就是通过字段名对字段变量进行引用,一般使用格式为"字段名",如"姓名"。如果需要指明该字段所属的数据源,则要写成"表名!字段名"的格式。在本章中用到的变量一般是字段变量,不论其类型如何,直接使用字段名即可。

**3. 函数**

Access 提供了大量的标准函数,利用这些函数可以更好地构造查询条件,更准确地进行统计计算和数据处理。函数是一个用来实现某种指定运算或操作的特殊程序。一个函数可以接收输入参数(并不是所有函数都有输入参数),且返回一个特定类型的值。

函数一般都用于表达式中,其使用格式为"函数名([实际参数列表])"。当函数的参数超过一个时,各参数间用西文半角逗号隔开。

函数分为系统内置函数和用户自定义函数。

Access 中共有 5 种类型的函数,即数学函数、字符串处理函数、日期/时间函数、聚合函数和类型转换函数等,其中聚合函数可直接用于查询中。表 3-2 至表 3-6 分别给出了 5 种类型的函数的说明。

表 3-2 常用的数学函数

| 函 数 | 说 明 |
| --- | --- |
| Abs(数值表达式) | 返回数值表达式值的绝对值 |
| Int(数值表达式) | 返回数值表达式值的整数部分 |
| Sqr(数值表达式) | 返回数值表达式值的平方根 |
| Sgn(数值表达式) | 返回数值表达式值的符号值。当数值表达式值大于 0 时,返回值为 1;当数值表达式值等于 0 时,返回值为 0;当数值表达式值小于 0 时,返回值为-1 |
| Rnd([x]) | 产生(0,1)区间平均分布的随机数 |

表 3-3 常用的字符串函数

| 函 数 | 说 明 |
| --- | --- |
| Space(数值表达式) | 返回由数值表达式值确定的空格个数组成的空字符串 |
| String(数值表达式,字符表达式) | 返回由字符表达式的第 1 个字符重复组成的长度为数值表达式值的字符串 |
| Left(字符表达式,数值表达式) | 返回从字符表达式左侧第 1 个字符开始长度为数值表达式值的字符串 |
| Right(字符表达式,数值表达式) | 返回从字符表达式右侧第 1 个字符开始长度为数值表达式值的字符串 |
| Len(字符表达式) | 返回字符表达式的字符个数 |
| Mid(字符表达式,数值表达式 1[,数值表达式 2]) | 返回从字符表达式中第数值表达式 1 个字符开始,长度为数值表达式 2 个的字符串。数值表达式 2 可以省略 |

表 3-4 常用的日期/时间函数

| 函 数 | 说 明 |
| --- | --- |
| Day(date) | 返回给定日期 1~31 的值,表示给定日期是一个月中的哪一天 |
| Month(date) | 返回给定日期 1~12 的值,表示给定日期是一年中的哪一个月 |
| Year(date) | 返回给定日期 100~9999 的值,表示给定日期是哪一年 |
| Weekday(date) | 返回给定日期 1~7 的值,表示给定日期是一周中的哪一天 |
| Hour(date) | 返回给定小时 0~23 的值,表示给定时间是一天中的哪个钟点 |
| Date() | 返回当前的系统日期 |

表 3-5 常用的聚合函数

| 函　数 | 说　明 |
| --- | --- |
| Sum(字符表达式) | 返回字符表达式中值的总和。字符表达式可以是一个字段名,也可以是一个含字段名的表达式,但所含字段应该是数字型的字段 |
| Avg(字符表达式) | 返回字符表达式中值的平均值。字符表达式可以是一个字段名,也可以是一个含字段名的表达式,但所含字段应该是数字型的字段 |
| Count(字符表达式) | 返回字符表达式中值的个数。字符表达式可以是一个字段名,也可以是一个含字段名的表达式,但所含字段应该是数字型的字段 |
| Max(字符表达式) | 返回字符表达式中值的最大值。字符表达式可以是一个字段名,也可以是一个含字段名的表达式,但所含字段应该是数字型的字段 |
| Min(字符表达式) | 返回字符表达式中值的最小值。字符表达式可以是一个字段名,也可以是一个含字段名的表达式,但所含字段应该是数字型的字段 |

表 3-6 常用的类型转换函数

| 函　数 | 说　明 |
| --- | --- |
| Asc(S) | 将字符串 S 的首字符转换为对应的 ASCII 码 |
| Chr(N) | 将 ASCII 码转换为对应的字符 |
| Str(N) | 将数值 N 转换成字符串 |
| Val(S) | 将字符串 S 转换成数值 |

在 Access 中建立查询时,经常会使用文本值作为查询的查询规则,表 3-7 给出了以文本值作为查询规则的示例和功能说明。

表 3-7 使用文本值作为查询规则示例

| 字段名称 | 查询规则 | 功　能 |
| --- | --- | --- |
| 院系 | "信息技术学院" | 查询院系为信息技术学院的记录 |
| 课程名称 | Like "计算机 * " | 查询课程名称以"计算机"开头的记录 |
| 民族 | Not "汉" | 查询所有民族不是汉族的记录 |
| 姓名 | In("海楠","王平")<br>或"海楠"Or "王平" | 查询姓名为海楠或王平的记录 |
| 姓名 | Left([姓名],1)="王" | 查询所有姓王的记录 |
| 学号 | Mid([学号],3,2)="04" | 查询学号第 3 位和第 4 位为 04 的记录 |

在 Access 中建立查询时,有时需要以计算或处理日期所得到的结果作为查询规则,表 3-8 列举了一些应用示例和功能说明。

表 3-8 使用处理日期结果作为查询规则示例

| 字段名称 | 查询规则 | 功 能 |
| --- | --- | --- |
| 出生日期 | Between ♯1980-1-1♯ And ♯1980-12-31♯<br>或 Year([出生日期])=1980 | 查询 1980 年出生的记录 |
| 出生日期 | Month([出生日期])=Month(Date()) | 查询本月出生的记录 |
| 出生日期 | Month([出生日期])=1980 And Day([出生日期])=4 | 查询 1980 年 4 月出生的记录 |
| 工作时间 | >Date()−20 | 查询 20 天内参加工作的记录 |

**4. 运算符**

运算符是表示进行某种运算的符号,包括算术运算符、关系运算符、逻辑运算符、连接运算符和特殊运算符等。

(1) 算术运算符

算术运算符包括:+(加)、−(减)、*(乘)、/(除)、\(整除)、^(乘方)、Mod(求余数)等,主要用于数值计算。例如,表达式"4^4"的运算结果为"16";表达式"9/2"的运算结果为"4.5";表达式"9\2"的运算结果为"4";表达式"9 Mod 2"的运算结果为"1"。

(2) 关系运算符

关系运算符由=,>,>=,<,<=,<>等符号构成,主要用于数据之间的比较,其运算结果为逻辑值,即"真"和"假",如表 3-9 所示。

表 3-9 关系运算符

| 运算符 | 含 义 | 运算符 | 含 义 |
| --- | --- | --- | --- |
| > | 大于 | <= | 小于等于 |
| >= | 大于等于 | <> | 不等于 |
| < | 小于 | = | 等于 |

(3) 逻辑运算符

逻辑运算符由 And,Or,Not 等符号构成,具体含义如表 3-10 所示。

表 3-10 逻辑运算符

| 运算符 | 形 式 | 含 义 |
| --- | --- | --- |
| And | A And B | 限制条件值必须同时满足 A 和 B |
| Or | A Or B | 限制条件值只要满足 A 或 B 中之一 |
| Not | Not A | 限制条件值不能满足 A 的结果 |

(4) 连接运算符

● &:字符串连接。例如,表达式""Access"&"2010""的运算结果为"Access 2010"。
● +:当前后两个表达式都是字符串时与"&"的作用相同;当前后两个表达式有一个或者两个都是数值表达式时,则进行加法算术运算。例如,表达式""Access"+"2010""的运算结果为"Access 2010";表达式""Access"+2010"的运算结果为提示"类型不匹配";表达式""1" + 2013"的运算结果为"2014"。

（5）特殊运算符

Access提供了一些特殊运算符用于对记录进行过滤,常用的特殊运算符如下。

- Between … And:用于确定两个数据之间的范围,这两个数据必须具有相同的数据类型。
- In:用于判断某变量的值是否在某一系列值的列表中。
- Is Null:用于判断某变量值是否为空,Is Null表示为空,Is Not Null表示不为空。
- Like:用于与指定的字符串进行比较,字符串中可以使用通配符。

**5．条件表达式**

条件表达式是由各种运算符将操作数连接起来的式子,具有一定的运算结果。这个结果是用户为查询条件设想的,它应满足用户的查询需求。也就是说,表达式是由运算符、操作数组成的运算式。

表达式的操作数有常量、变量和函数。

表达式的运算符有算术运算符、关系运算符、特殊运算符、连接运算符和逻辑运算符。

表达式值的类型有数字型、文本型、日期型、是/否型。

条件表达式不仅在查询中广泛使用,在表设计视图中也经常使用,如为表的某个字段建立有效性规则。

## 3.3 创建选择查询

选择查询是Access支持的多种类型的查询中的最基本、最重要的一种,它从一个或多个表中根据查询规则检索数据,以记录集的形式显示查询结果。选择查询的优点在于能将一个或多个表中的数据集合在一起。通过建立选择查询,不仅可以完成数据的筛选、排序等操作,还可以对记录进行分组,并按分组进行总计、计数、求平均值等计算。同时,选择查询还是创建其他类型的查询的基础。例如,交叉表查询、参数查询和操作查询等都是选择查询的扩展。

选择查询产生的结果是一个动态记录集,不会改变数据源中的数据。

### 3.3.1 使用向导创建

借助简单查询向导可以从一个表、多个表或已有查询中选择要显示的字段,也可对数字型字段的值进行简单汇总计算。如果查询中的字段来自多个表,这些表之间应已经建立了关系。简单查询的功能有限,不能指定查询条件或查询的排序方式,但它是学习建立查询的基本方法。

使用简单查询向导创建查询,用户可以在向导的指示下选择表和表中的字段,快速、准确地建立查询。

**1．建立单表查询**

简单查询向导只能用于创建简单查询,简单查询的功能不全,因而只用于学习创建查询的一般方法。

【例 3.1】 查询"学生表"的基本信息,显示学生的学号、姓名、性别、入学成绩。

操作步骤如下。

① 打开"教学管理"数据库。

② 单击"创建"选项卡的"查询"命令组中的"查询向导"按钮,弹出"新建查询"对话框,如图 3-3 所示。选择"简单查询向导"选项,单击"确定"按钮,打开"简单查询向导"对话框,如图 3-4 所示。

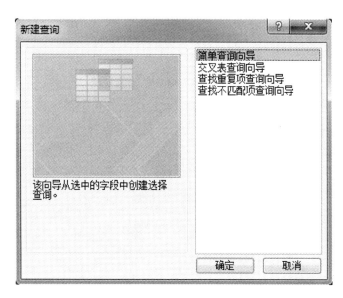

图 3-3 "新建查询"对话框

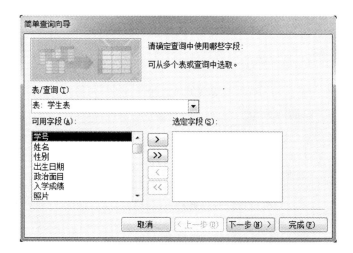

图 3-4 "简单查询向导"对话框(1)

③ 在弹出的"简单查询向导"对话框中,在"表/查询"下拉列表框中选择"表:学生表",在"可用字段"列表框中显示了"学生表"的全部字段。分别双击选择"学号"和"姓名"等字段,或选定字段后,单击 > 按钮,均可将所选字段添加到"选定字段"列表框中,如图 3-5 所示。

图 3-5 "简单查询向导"对话框(2)

④ 在选择了全部所需字段后,单击"下一步"按钮。若选定的字段中包含数字型字段,则会弹出如图 3-6 所示的对话框,用户需要确定是建立明细查询,还是建立汇总查询。如果选择"明细"单选按钮,则查看详细信息;如果选择"汇总"单选按钮,则将要对一组或全部记录进行各种统计。若选定的字段中没有数字型字段,则将弹出如图 3-7 所示的对话框。

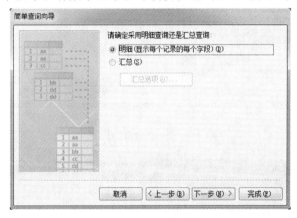

图 3-6 "简单查询向导"对话框(3)

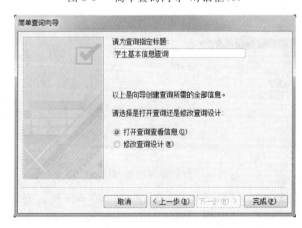

图 3-7 "简单查询向导"对话框(4)

⑤ 在"请为查询指定标题"文本框中输入查询的名称，即"学生基本信息查询"，然后可以选择"打开查询查看信息"单选按钮，最后单击"完成"按钮即可。查询结果如图 3-8 所示。

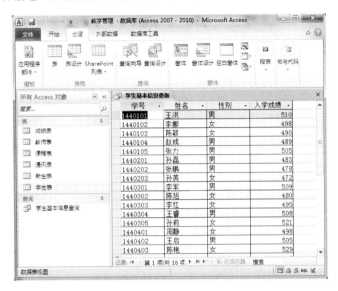

图 3-8　例 3.1 的查询结果

**2．建立多表查询**

有时，用户所需查询的信息来自两个或两个以上的表或查询，因此，需要建立多表查询。建立多表查询必须有相关联的字段，并且事先应通过这些相关联的字段建立起表间关系。

【例 3.2】　利用"学生表"、"成绩表"和"课程表"查询学生的成绩，显示的内容包括学号、姓名、课程名称和成绩。

具体步骤同例 3.1，差异在例 3.1 的第 3 步操作。首先选择"学生表"添加"学号"、"姓名"字段，再选择"课程表"添加"课程名称"字段，最后选择"成绩表"添加"成绩"字段。查询结果如图 3-9 所示。

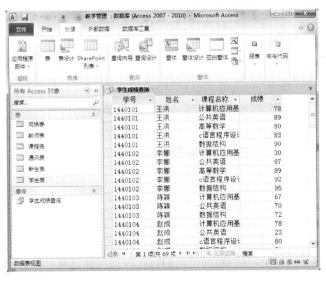

图 3-9　例 3.2 的查询结果

### 3. 查找重复项查询向导

利用查找重复项查询向导，可以查找重复项，即在一个表或查询中快速查找是否有重复的记录或具有相同字段值的记录。通过检查有无重复的记录，用户可以判断这些数据是否正确，以确定哪些记录需要保存，哪些记录需要删除。例如，可以搜索"出生日期"字段中的重复值来确定是否有同年同月同日生的学生。

【例3.3】 使用"学生表"，查询同年同月同日生的学生信息。

操作步骤如下。

① 打开"教学管理"数据库。

② 单击"创建"选项卡的"查询"命令组中的"查询向导"按钮，弹出"新建查询"对话框，如图 3-3 所示。选择"查找重复项查询向导"选项，单击"确定"按钮，打开"查找重复项查询向导"对话框。

③ 在弹出的"查找重复项查询向导"对话框中选择"表:学生表"，如图 3-10 所示，单击"下一步"按钮。

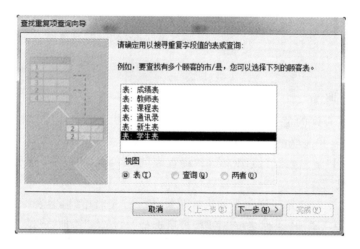

图 3-10 "查找重复项查询向导"对话框(1)

④ 在弹出的对话框中选择"出生日期"字段为重复值字段，如图 3-11 所示，单击"下一步"按钮。

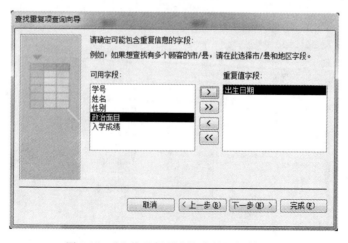

图 3-11 "查找重复项查询向导"对话框(2)

⑤ 选择其他要显示的字段。这里将"可用字段"列表框的全部字段移动到"另外的查询字段"列表框中,如图 3-12 所示,单击"下一步"按钮。

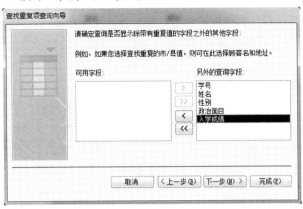

图 3-12 "查找重复项查询向导"对话框(3)

⑥ 在弹出的对话框的"请指定查询的名称"文本框中输入"出生日期相同学生信息查询",如图 3-13 所示。单击"完成"按钮,查看查询结果,如图 3-14 所示。

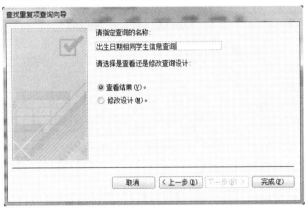

图 3-13 "查找重复项查询向导"对话框(4)

图 3-14 例 3.3 的查询结果

**4. 查找不匹配项查询向导**

在 Access 中,可能需要对表中的记录进行检索,查看它们是否与其他记录相关,是否有实际意义。用户可以利用查找不匹配项查询向导在两个表或查询中查找不匹配的记录。

【例 3.4】 利用"教师表"和"课程表"查找没有授课任务的教师信息。

操作步骤如下。

① 打开"教学管理"数据库。

② 单击"创建"选项卡的"查询"命令组中的"查询向导"按钮,弹出"新建查询"对话框,如图 3-3 所示。在"新建查询"对话框中选择"查找不匹配项查询向导"选项,然后单击"确定"按钮,打开"查找不匹配项查询向导"对话框。

③ 在弹出的"查找不匹配项查询向导"对话框中选择"表:教师表",如图 3-15 所示,单击"下一步"按钮。

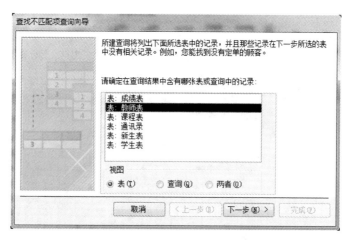

图 3-15 "查找不匹配项查询向导"对话框(1)

④ 选择与"教师表"中的记录不匹配的"课程表",如图 3-16 所示,单击"下一步"按钮。

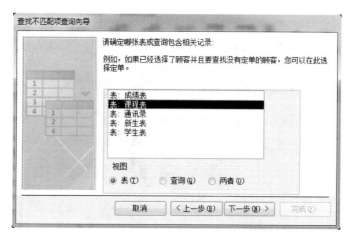

图 3-16 "查找不匹配项查询向导"对话框(2)

⑤ 确定选取的两个表之间的匹配字段。Access 会自动根据匹配的字段进行检索,查看不

匹配的记录。本例选择"教师编号"字段,如图 3-17 所示,再单击"下一步"按钮。

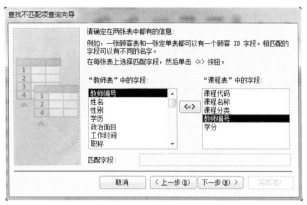

图 3-17 "查找不匹配项查询向导"对话框(3)

⑥ 选择其他要显示的字段。这里选择"可用字段"列表框中的"教师编号"、"姓名"、"性别"和"职称"字段移动到"选定字段"列表框中,如图 3-18 所示,单击"下一步"按钮。

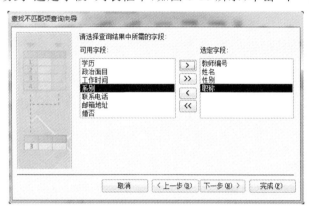

图 3-18 "查找不匹配项查询向导"对话框(4)

⑦ 在弹出的对话框的"请指定查询名称"文本框中输入"没有授课任务的教师查询",如图 3-19 所示。单击"完成"按钮,查看查询结果,如图 3-20 所示。

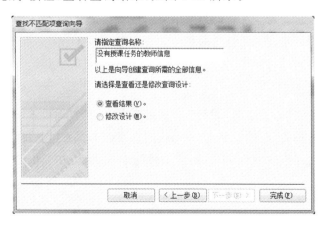

图 3-19 "查找不匹配项查询向导"对话框(5)

图 3-20　例 3.4 的查询结果

## 3.3.2　使用设计视图创建

**1. 查询设计视图的使用**

查询设计视图是 Access 提供的一种查询工具,在查询设计视图中可以对已有的查询进行修改,也可以根据需要建立比较复杂的查询,其查询形式比查询向导更加灵活,更加准确。工具窗口包含了创建查询所需要的各种功能设置。

对于简单的查询,使用向导比较方便,但是对于有条件的查询,则无法使用向导来创建,而是需要在设计视图中创建。

**2. 编辑查询中的字段**

● 添加字段:从字段表中选定一个或多个字段,并将其拖曳到查询定义窗格的相应列中。

● 删除字段:单击相应字段的列选定器,然后按 Delete 键。

● 移动字段:可以单击列选定器选择一列,然后再次单击选定字段的列选定器,可将字段拖曳到新的位置。

● 重命名查询字段:若希望在查询结果中使用用户自定义的字段名称替代表中的字段名称,可以对查询字段进行重命名。将光标移动到查询定义窗格中需要重命名的字段左边,输入新名后键入英文冒号(:)即可。

**3. 编辑查询的数据源**

● 添加表和查询:在"查询工具/设计"上下文选项卡的"查询设置"命令组中,单击"显示表"按钮,在弹出的"显示表"对话框中,选择相应的表或查询添加到查询设计视图中。

● 删除表或查询:在导航窗格中,右击要删除的表或查询,在弹出的快捷菜单中选择"删除"命令即可。

**4. 运行查询**

查询创建完成后,将保存在数据库中。运行查询后才能看到查询结果,运行查询的方法有以下几种方式。

① 在"查询工具/设计"上下文选项卡的"结果"命令组中单击"运行"按钮。
② 在"查询工具/设计"上下文选项卡的"结果"命令组中单击"视图"按钮。
③ 在导航窗格中选择要运行的查询并双击。
④ 在导航窗格中选择要运行的查询并右击,在快捷菜单中选择"打开"命令。
⑤ 在查询设计视图窗口的标题栏中右击,在快捷菜单中选择"数据表视图"命令。

无论是利用向导创建的查询,还是利用设计视图建立的查询,建立后均可以对查询进行编辑修改。

【例 3.5】 在"教学管理"数据库中,分别创建以下查询。
① 查询 1995 年以后出生的学生的学号、姓名和出生日期。
② 查询"李"姓学生的学号、姓名和出生日期。
③ 查询学号第 7 位是 3 或者是 5 的学生的学号、姓名和入学成绩。
④ 查询计算机应用基础分数在 70~80 之间的学生的学号、姓名、课程名称和成绩。
⑤ 查询未婚的教师的姓名、性别、学历、工作时间和婚姻状况。

操作步骤如下。

打开"教学管理"数据库,选择"创建"选项卡的"查询"命令组,单击"查询设计"按钮,打开查询设计视图窗口,将所需的"学生表"添加到查询设计视图的数据源窗格中。

① 查询 1995 年以后出生的学生的学号、姓名和出生日期。

打开"教学管理"数据库,选择"创建"选项卡的"查询"命令组,单击"查询设计"按钮,打开查询设计视图窗口,将所需的"学生表"添加到查询设计视图的数据源窗格中。

将"学号"、"姓名"和"出生日期"字段添加到查询定义窗格中,对应"出生日期"字段,在"条件"行输入">=♯1995-12-31♯",如图 3-21 所示。运行并保存查询,结果如图 3-22 所示。

图 3-21 例 3.5 设置查询字段和条件(1)

② 查询"李"姓学生的学号、姓名和出生日期。
打开"教学管理"数据库,选择"创建"选项卡的"查询"命令组,单击"查询设计"按钮,打开

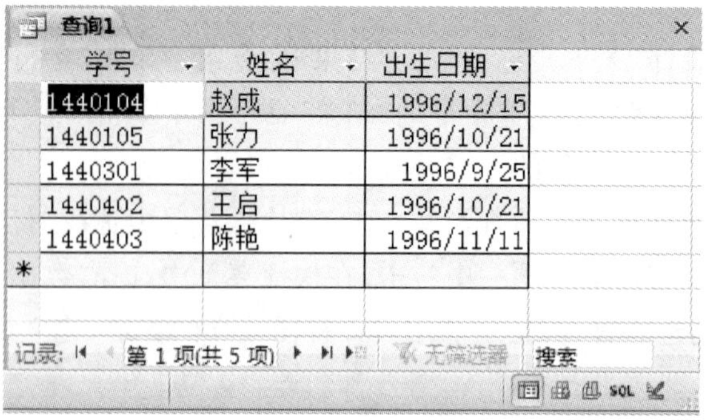

图 3-22 例 3.5 的查询结果(1)

查询设计视图窗口,将所需的"学生表"添加到查询设计视图的数据源窗格中。

将"学号"、"姓名"和"出生日期"字段添加到查询定义窗格中,对应"姓名"字段,在"条件"行输入"Like "李＊"",如图 3-23 所示。运行并保存查询,结果如图 3-24 所示。

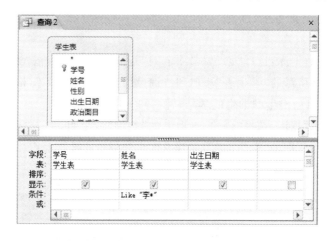

图 3-23 例 3.5 设置查询字段和条件(2)

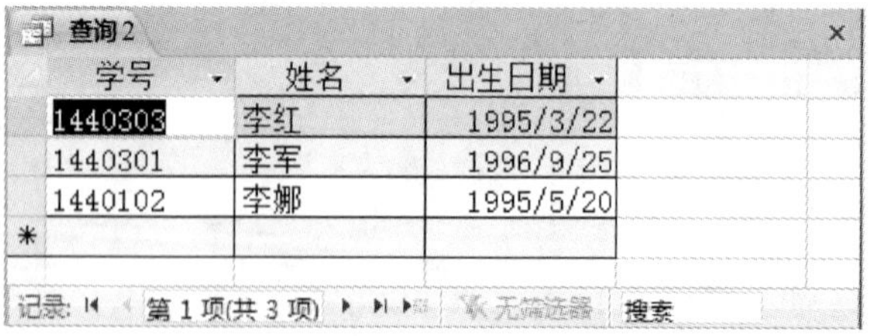

图 3-24 例 3.5 的查询结果(2)

③ 查询学号第 7 位是 3 或者是 5 的学生的学号、姓名和入学成绩。

打开"教学管理"数据库,选择"创建"选项卡的"查询"命令组,单击"查询设计"按钮,打开查询设计视图窗口,将所需的"学生表"添加到查询设计视图的数据源窗格中。

将"学号"、"姓名"和"入学成绩"字段添加到查询定义窗格中,对应"学号"字段,在"条件"行输入"Mid([学号],7,1)＝3 Or Mid([学号],7,1)＝5",如图 3-25 所示。运行并保存查询,结果如图 3-26 所示。

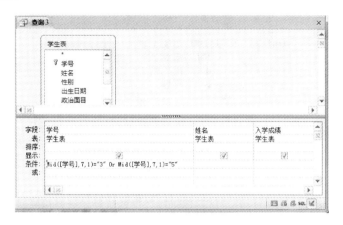

图 3-25　例 3.5 设置查询字段和条件(3)

④ 查询计算机应用基础分数在 70~80 分之间的学生的学号、姓名、课程名称和成绩。

打开查询设计视图窗口,将"学生表"、"成绩表"和"课程表"添加到查询设计视图的数据源窗格中。再将"学生表"中的"学号"、"姓名"字段,"课程表"中的"课程名称"字段,"成绩表"中的"成绩"字段添加到查询定义窗格中,在对应"课程名称"字段的"条件"行输入"计算机应用基础",对应

图 3-26　例 3.5 的查询结果(3)

"成绩"字段的"条件"行输入"Between 70 And 80",如图 3-27 所示。运行并保存查询,结果如图 3-28 所示。

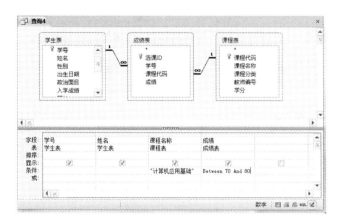

图 3-27　例 3.5 设置查询字段和条件(4)

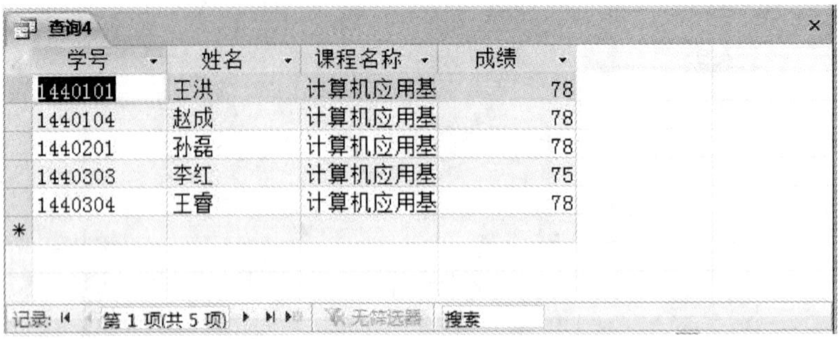

图 3-28　例 3.5 的查询结果(4)

⑤ 查询未婚的教师的姓名、性别、学历、工作时间和婚姻状况。

打开查询设计视图窗口,将"教师表"添加到数据源窗格中。将"教师表"中的"姓名"、"性别"、"学历"、"工作时间"和"婚否"字段添加到查询定义窗格中,在对应"婚否"字段的"条件"行输入"off",如图 3-29 所示。运行并保存查询,结果如图 3-30 所示。

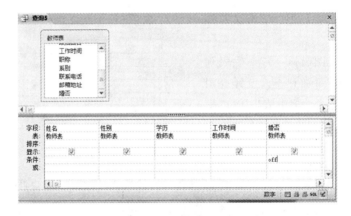

图 3-29　例 3.5 设置查询字段和条件(5)

图 3-30　例 3.5 的查询结果(5)

### 3.3.3　设置查询中的计算

所谓查询中的计算,就是可以在查询过程中,通过设计的数学表达式计算得到查询结果。

也可以利用"查询工具/设计"上下文选项卡的"显示/隐藏"命令组中的"总汇"按钮提供的各种统计、计算功能设置查询中的计算。单击"总汇"按钮,会在查询定义窗格插入一个"总计"行,参数均为"Group By"。"总计"行中的参数标明各字段是属于分组字段还是总计字段,一个总计查询至少包含一个分组字段和一个总计字段。

"总计"行提供的操作选项有 12 个。
- Group By:定义分组。
- 合计:分组计算字段所有值的和。
- 平均值:分组计算该字段所有值的平均值。
- 最大值:返回分组字段最大值。
- 最小值:返回分组字段最小值。
- 计数:分组计算该字段的个数。
- StDev:分组计算该字段所有值的标准偏差。
- 变量:通过变量赋值进行计算。
- First:返回该字段的第一个值。
- Last:返回该字段的最后一个值。
- Expression:字段值由表达式计算获得。
- Where:指定该字段的条件表达式。

【例 3.6】 在"教学管理"数据库中,分别创建以下查询。
① 查询学生的学号、姓名、出生日期并计算年龄。
② 统计各班学生的平均年龄。
③ 统计每个学生的课程总分和平均分。

操作步骤如下。
① 查询学生的学号、姓名、出生日期并计算年龄。

打开"教学管理"数据库,选择"创建"选项卡的"查询"命令组,单击"查询设计"按钮,打开查询设计视图窗口,将查询所需的"学生表"添加到查询设计视图的数据源窗格中。

将"学生表"的"学号"、"姓名"、"出生日期"字段添加到查询定义窗格中,然后在空白列中输入"年龄:Year(Date())－Year([出生日期])",如图 3-31 所示。其中,"年龄"是计算字段标题,Year(Date())－Year([出生日期])是计算年龄的表达式。运行并保存查询,结果如图 3-32 所示。

图 3-31 例 3.6 设置查询计算字段(1)

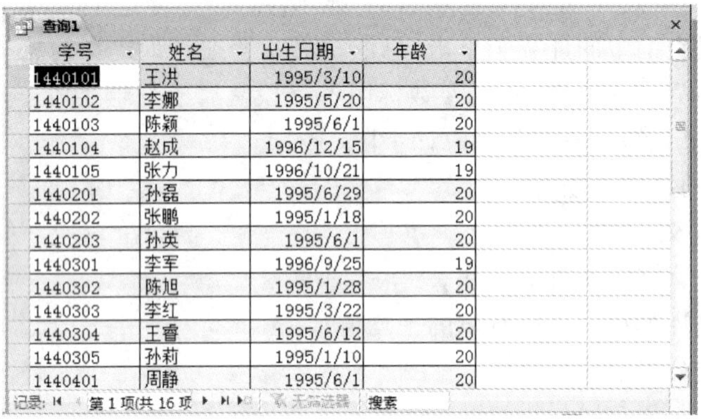

| 学号 | 姓名 | 出生日期 | 年龄 |
|---|---|---|---|
| 1440101 | 王洪 | 1995/3/10 | 20 |
| 1440102 | 李娜 | 1995/5/20 | 20 |
| 1440103 | 陈颖 | 1995/6/1 | 20 |
| 1440104 | 赵成 | 1996/12/15 | 19 |
| 1440105 | 张力 | 1996/10/21 | 19 |
| 1440201 | 孙磊 | 1995/6/29 | 20 |
| 1440202 | 张鹏 | 1995/1/18 | 20 |
| 1440203 | 孙英 | 1995/6/1 | 20 |
| 1440301 | 李军 | 1996/9/25 | 19 |
| 1440302 | 陈旭 | 1995/1/28 | 20 |
| 1440303 | 李红 | 1995/3/22 | 20 |
| 1440304 | 王睿 | 1995/6/12 | 20 |
| 1440305 | 孙莉 | 1995/1/10 | 20 |
| 1440401 | 周静 | 1995/6/1 | 20 |

记录: 第 1 项(共 16 项) 无筛选器 搜索

图 3-32　例 3.6 的查询结果(1)

② 统计各班学生的平均年龄。

打开“教学管理”数据库，选择“创建”选项卡的“查询”命令组，单击“查询设计”按钮，打开查询设计视图窗口，将所需的“学生表”添加到查询设计视图的数据源窗格中。

“学生表”中的学号的前 5 位为班级编号。在查询定义字段行第 1 列输入“班级编号：Left([学号],5)”，在第 2 列输入“平均年龄：Year(Date())－Year([出生日期])”，然后单击“查询工具|设计”上下文选项卡的“显示/隐藏”命令组的“汇总”按钮，在查询定义窗格中出现了“总计”行。对应“班级编号”列，在“总计”行下拉列表框中选择“Group By”；对应“平均年龄”列，在“总计”行下拉列表框中选择“平均值”，这表明按照班级编号分组统计年龄的平均值，如图 3-33 所示。运行并保存查询，结果如图 3-34 所示。

图 3-33　例 3.6 设置查询计算字段(2)

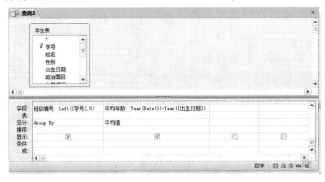

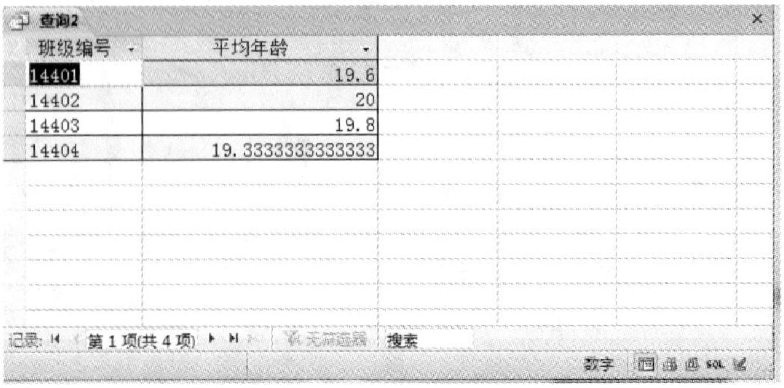

| 班级编号 | 平均年龄 |
|---|---|
| 14401 | 19.6 |
| 14402 | 20 |
| 14403 | 19.8 |
| 14404 | 19.3333333333333 |

记录: 第 1 项(共 4 项) 无筛选器 搜索

图 3-34　例 3.6 的查询结果(2)

③ 统计每个学生的课程总分和平均分。

打开查询设计视图窗口，将“学生表”、“成绩表”添加到数据源窗格中。

将“学生表”的“学号”、“姓名”字段及“成绩表”的“成绩”字段添加到查询定义窗格中。注意，将“成绩”字段添加两次。单击“显示/隐藏”命令组的“汇总”按钮，添加的“总计”行中。对应“学号”和“姓名”字段，选择“Group By”；对应第 1 个“成绩”字段，选择“合计”并添加标题“总分：成绩”；对应第 2 个“成绩”字段，选择“平均值”并添加标题“平均分：成绩”，如图 3-35 所示。运行并保存查询，结果如图 3-36 所示。

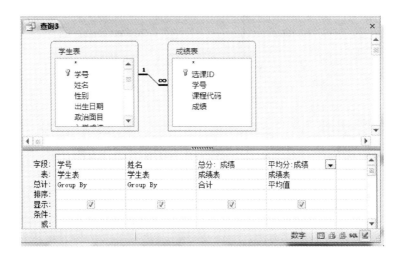

图 3-35 例 3.6 的设置查询计算字段(3)

| 学号 | 姓名 | 总分 | 平均分 |
|---|---|---|---|
| 1440101 | 王洪 | 420 | 84 |
| 1440102 | 李娜 | 393 | 78.6 |
| 1440103 | 陈颖 | 209 | 69.6666666666667 |
| 1440104 | 赵成 | 252 | 63 |
| 1440105 | 张力 | 447 | 89.4 |
| 1440201 | 孙磊 | 353 | 70.6 |
| 1440202 | 张鹏 | 328 | 82 |
| 1440203 | 孙英 | 316 | 79 |
| 1440301 | 李军 | 398 | 79.6 |
| 1440302 | 陈旭 | 211 | 70.3333333333333 |
| 1440303 | 李红 | 437 | 87.4 |
| 1440304 | 王睿 | 212 | 70.6666666666667 |
| 1440305 | 孙莉 | 391 | 78.2 |
| 1440401 | 周静 | 357 | 71.4 |



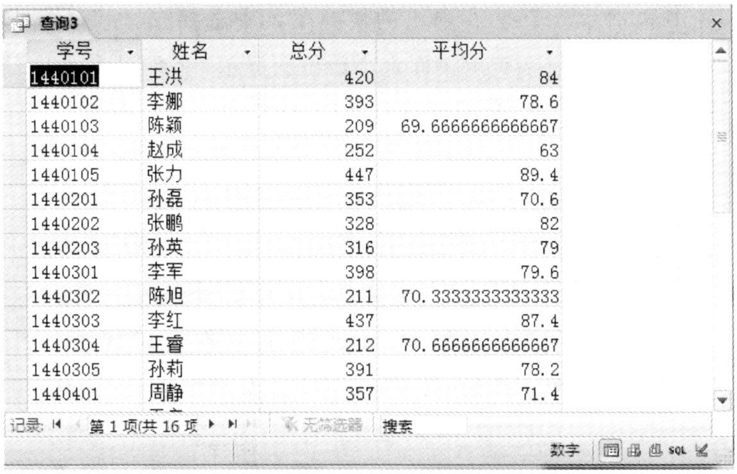

图 3-36 例 3.6 的查询结果(3)

**【例 3.7】** 使用“教师表”、“课程表”和“成绩表”查询各门课程的选修人数和平均分，查询结果包含“课程代码”、“任课教师”、“课程名称”字段及两个计算列“选课人数”和“平均分”，并按课程代码升序排列。

操作步骤如下。

① 打开"教学管理"数据库和查询设计视图添加"教师表"、"课程表"和"成绩表"。

② 在"字段"行第 1 列添加"课程代码",第 2 列添加"任课教师:姓名",第 3 列添加"课程名称",第 4 列添加"选课人数:学号",第 5 列添加"平均分:成绩"。

③ 单击"显示/隐藏"命令组的"汇总"按钮,在"选课人数:学号"列的"总计"行选择"计数"选项;在"平均分:成绩"列的"总计"行选择"平均值"选项;在"课程代码"列的"排序"行中选择"升序",如图 3-37 所示。

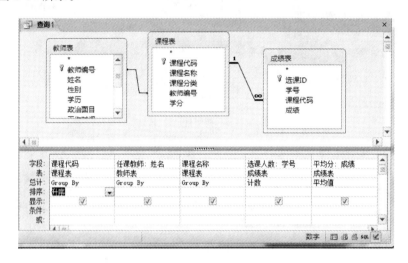

图 3-37　例 3.7 设置查询计算字段

④ 由于平均分计算结果保留的小数位过长,所以要对平均分的显示格式进行重新设置。右击查询设计视图中的"平均分"列,在弹出的快捷菜单中选择"属性"命令,弹出"属性表"窗格。设置"格式"属性值为"固定",表示按固定小数位数显示,设置"小数位数"属性值为"1",如图 3-38 所示。关闭"属性表"窗格,运行并保存查询,结果如图 3-39 所示。

图 3-38　字段属性设置

图 3-39　例 3.7 的查询结果

## 3.4 创建交叉表查询

交叉表查询将数据重新组合成表,通常以一个字段作为表的行标题,以另一个字段的取值作为列标题,在行和列的交叉点单元格处获得数据的汇总信息,以达到数据统计的目的。

交叉表查询既可以通过交叉表查询向导来创建,也可以在设计视图中创建。

### 3.4.1 使用向导创建

使用交叉表查询向导建立交叉表查询时,使用的字段必须属于同一个表或同一个查询。如果使用的字段不在同一个表或同一个查询中,则应先建立一个查询,将它们集中在一起。

【例 3.8】 在"教学管理"数据库中,从"教师表"中统计各个系的教师人数及其职称分布情况。

操作步骤如下。

① 选择"创建"选项卡的"查询"命令组,单击"查询向导"按钮,打开"新建查询"对话框。

② 在"新建查询"对话框中,选择"交叉表查询向导",单击"确定"按钮,将出现"交叉表查询向导"对话框。选择"表:教师表",如图 3-40 所示,然后单击"下一步"按钮。

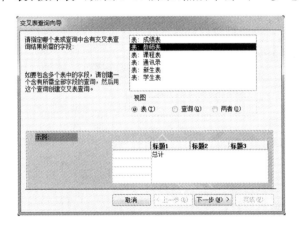

图 3-40 "交叉表查询向导"对话框(1)

③ 选择作为行标题的字段,行标题最多可选择 3 个字段。为了在交叉表的每一行上显示教师所属系别,这里应双击"可用字段"列表框中的"系别"字段,将它添加到"选定字段"列表框中,如图 3-41 所示,然后单击"下一步"按钮。

④ 选择作为列标题的字段,列标题只能选择一个字段。为了在交叉表的每一列的上面显示职称情况,单击"职称"字段,如图 3-42 所示,然后单击"下一步"按钮。

⑤ 确定行、列交叉处的显示内容的字段。为了让交叉表统计每个系的教师职称,应单击"字段"列表框中的"姓名"字段,然后在"函数"列表框中选择"Count"(计数)函数。若要在交叉表的每行上显示总计数,还应选中"是,包括各行小计"复选框,如图 3-43 所示,然后单击"下一步"按钮。

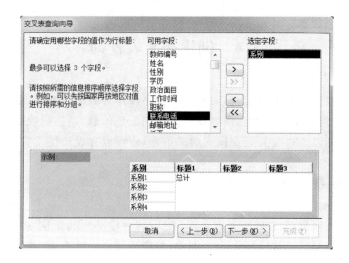

图 3-41 "交叉表查询向导"对话框(2)

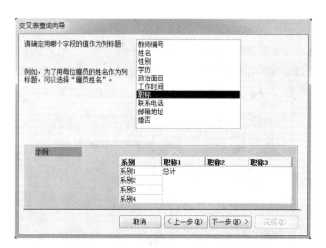

图 3-42 "交叉表查询向导"对话框(3)

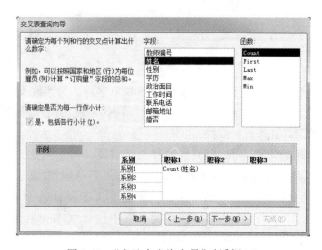

图 3-43 "交叉表查询向导"对话框(4)

⑥ 在弹出的对话框的"请指定查询的名称"文本框中输入所需的查询名称。这里输入"统计各系教师职称人数交叉表查询",如图 3-44 所示。然后选中"查看查询"单选按钮,再单击"完成"按钮,查询结果如图 3-45 所示。

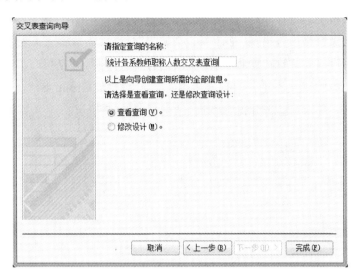

图 3-44 "交叉表查询向导"对话框(5)

图 3-45 例 3.8 的查询结果

## 3.4.2 使用设计视图创建

【例 3.9】 在"教学管理"数据库中,创建以下交叉表查询。
① 查询学生的各门课成绩。
② 查询各系男、女教师的人数。
操作步骤如下。
① 查询学生的各门课成绩。
打开"教学管理"数据库,选择"创建"选项卡的"查询"命令组,单击"查询设计"按钮,打开

查询设计视图窗口，将查询所需要的“学生表”、“成绩表”和“课程表”添加到查询设计视图的数据源窗格中。

将“学生表”的“学号”、“姓名”字段，“课程表”的“课程名称”字段及“成绩表”的“成绩”字段添加到查询定义窗格中。选择“查询工具/设计”上下文选项卡的“查询类型”命令组，单击“交叉表”按钮，查询定义窗格中将出现“总计”和“交叉表”行。首先，在“交叉表”行，对应“学号”和“姓名”字段选择“行标题”，对应“课程名称”字段选择“列标题”，对应“分数”字段选择“值”。然后，在“总计”行，对应“学号”、“姓名”和“课程名称”字段选择“Group By”，对应“成绩”字段选择“First”，如图 3-46 所示。运行并保存查询，结果如图 3-47 所示。

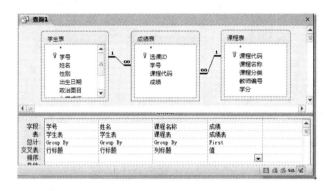

图 3-46　例 3.9 设置交叉表的行标题、列标题和值(1)

| 学号 | 姓名 | c语言程序i | 高等数学 | 公共英语 | 计算机应用 | 数据结构 |
|---|---|---|---|---|---|---|
| 1440101 | 王洪 | 83 | 80 | 89 | 78 | 90 |
| 1440102 | 李娜 | 92 | 89 | 87 | 30 | 95 |
| 1440103 | 陈颖 | | | 70 | 67 | 72 |
| 1440104 | 赵成 | 80 | | 23 | 78 | 71 |
| 1440105 | 张力 | 89 | 90 | 93 | 88 | 87 |
| 1440201 | 孙磊 | 69 | 73 | 47 | 78 | 86 |
| 1440202 | 张鹏 | | 86 | 90 | 89 | 63 |
| 1440203 | 孙英 | 83 | 80 | | 61 | 92 |
| 1440301 | 李军 | 76 | 86 | 83 | 90 | 63 |
| 1440302 | 陈旭 | 64 | | | 60 | 87 |
| 1440303 | 李红 | 92 | 89 | 90 | 75 | 91 |
| 1440304 | 王睿 | 65 | | | 78 | 69 |
| 1440305 | 孙莉 | 92 | 90 | 37 | 89 | 83 |
| 1440401 | 周静 | 79 | 52 | 78 | 67 | 81 |
| 1440402 | 王启 | 69 | | | 69 | 75 |
| 1440403 | 陈艳 | 73 | 70 | 44 | 66 | 80 |



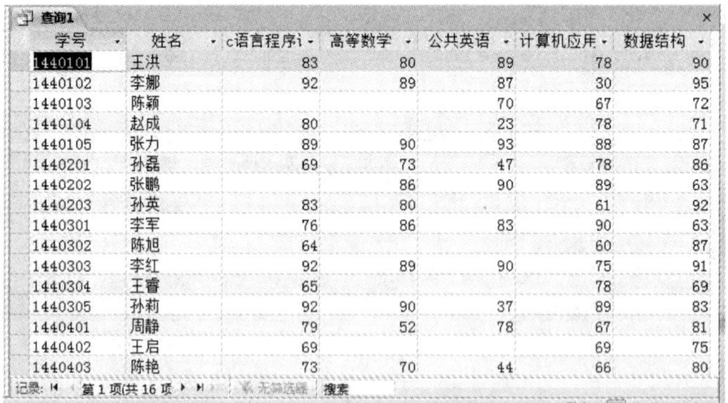

图 3-47　例 3.9 的查询结果(1)

② 查询各系男、女教师的人数。

将“教师表”添加到数据源窗格中，再将“系别”、“性别”和“教师编号”字段添加到查询定义窗格中。单击“查询类型”命令组中的“交叉表”按钮，添加“总计”和“交叉表”行。在“总计”行，对应“系别”和“性别”字段选择“Group By”，对应“教师编号”字段选择“计数”。在“交叉表”行，对应“系别”字段选择“行标题”，对应“性别”字段选择“列标题”，对应“教师编号”字段选择“值”，如图3-48所示。运行并保存查询，结果如图 3-49 所示。

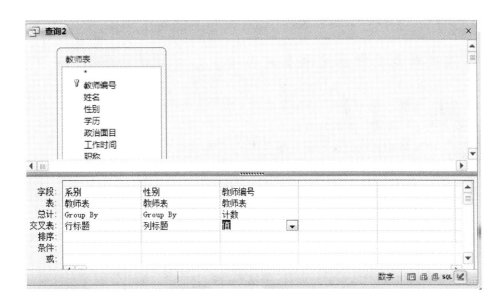

图 3-48　例 3.9 设置交叉表的行标题、列标题和值(2)

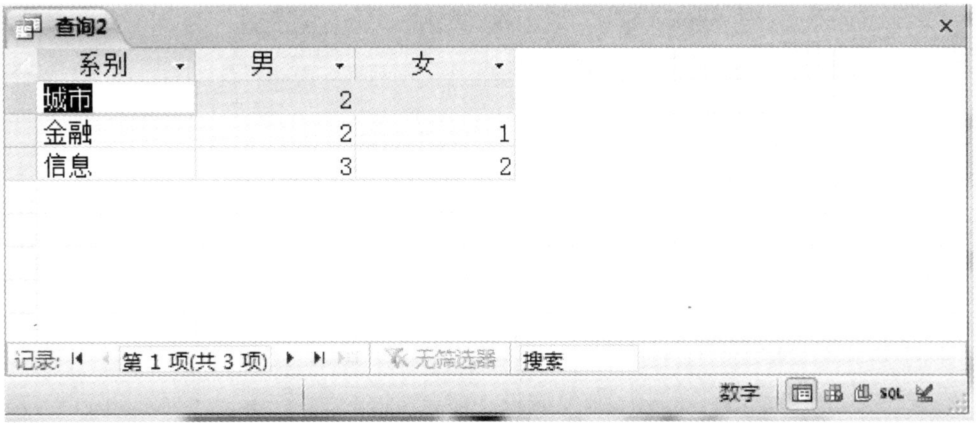

图 3-49　例 3.9 的查询结果(2)

## 3.5　创建参数查询

　　参数查询是一种动态查询,可以在每次运行查询时输入不同的条件值,系统根据给定的参数值确定查询结果,而参数值在创建查询时不用定义。参数查询完全由用户控制,能在一定程度上适应应用的变化需求,提高查询效率。参数查询一般建立在选择查询的基础上,在运行查询时会出现一个或多个对话框,要求输入查询条件。根据查询中参数个数的不同,参数查询可以分为单参数查询和多参数查询。

　　要创建参数查询,必须在查询列的"条件"单元格中输入参数表达式(括在方括号中),而不是输入具体特定的条件。运行该查询时,Access 将显示包含参数表达式文本的参数提示框,要求输入数据,并作为查询条件进行查询。

### 3.5.1 在设计视图中创建单参数查询

【例 3.10】 在"教学管理"数据库中创建以下单参数查询。
① 按输入的学号查询学生的所有信息。
② 按输入的教师姓名查询该教师的授课情况,显示教师姓名和课程名称。
操作步骤如下。
① 按输入的学号查询学生的所有信息。

打开"教学管理"数据库,选择"创建"选项卡的"查询"命令组,单击"查询设计"按钮,打开查询设计视图窗口,将查询所需要的"学生表"添加到查询设计视图的数据源窗格中。

将"学生表"的所有字段添加到查询定义窗格中(选择所有字段可直接在表中双击"＊")。对应"学号"字段的下面,在"条件"行输入"[请输入学生学号:]",如图 3-50 所示。保存并运行查询,显示"输入参数值"对话框,输入学号"1440102",如图 3-51 所示,单击"确定"按钮,系统将显示学号为"1440102"的学生的信息。

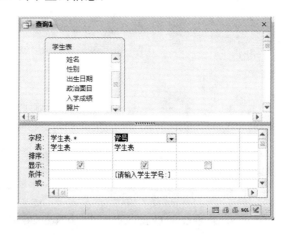

图 3-50　例 3.10 设置参数查询(1)

图 3-51　"输入参数值"对话框

② 按输入的教师姓名查询该教师的授课情况,显示教师姓名、职称和课程名称。

将"教师表"和"课程表"添加到数据源窗格中。

将"教师表"的"姓名"和"职称"字段,以及"课程表"的"课程名称"字段添加到查询定义窗格中。在对应"姓名"字段的"条件"行输入"[请输入教师姓名:]",如图 3-52 所示。保存并运行查询,在"输入参数值"对话框中输入教师姓名,即可显示该教师的相关信息。

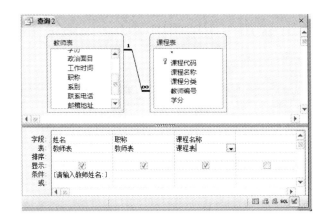

图 3-52 例 3.10 设置参数查询(2)

## 3.5.2 在设计视图中创建多参数查询

【例 3.11】 在"教学管理"数据库中创建以下多参数查询。

① 按输入的最低分和最高分,查询学生的姓名及"数据结构"课程成绩。

② 按输入的性别和姓氏查询学生的所有信息。

操作步骤如下。

① 按输入的最低分和最高分,查询学生的姓名及"数据结构"课程成绩。

打开"教学管理"数据库,选择"创建"选项卡的"查询"命令组,单击"查询设计"按钮,打开查询设计视图窗口,将查询所需要的"学生表"、"成绩表"和"课程表"添加到查询设计视图的数据源窗格中。

将"学生表"的"姓名"字段,"课程表"的"课程名称"字段,"成绩表"的"成绩"字段添加到查询定义窗格中。在"课程名称"字段的"条件"行输入"数据结构",在"成绩"字段的"条件"行输入"Between[最低分:]And[最高分:]",如图 3-53 所示。

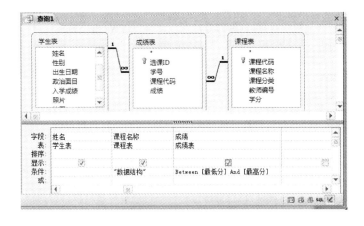

图 3-53 例 3.11 设置参数查询(1)

保存并运行查询,显示第 1 个"输入参数值"对话框,输入最低分"80",如图 3-54 所示,单击"确定"按钮,打开第 2 个"输入参数值"对话框,输入最高分"90",如图 3-55 所示,单击"确定"按钮。

图 3-54 "输入参数值"对话框(1)　　　　图 3-55 "输入参数值"对话框(2)

系统会显示"数据结构"课程成绩介于 80~90 分之间的学生信息。

② 按输入的性别和姓氏查询学生的所有信息。

将"学生表"添加到数据源窗格中,再将"学生表"的所有字段添加到查询定义窗格中。对应"性别"和"姓名"字段,分别在"条件"行输入"[请输入性别:]"、"Like [请输入姓氏:]&"*"",如图 3-56 所示。保存并运行查询,在"输入参数值"对话框中分别输入性别和姓氏,单击"确定"按钮。

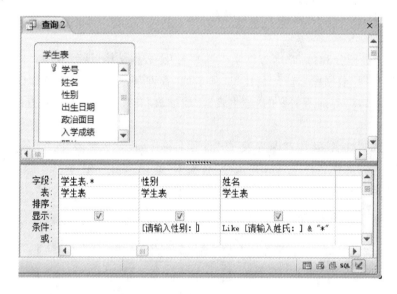

图 3-56 例 3.11 设置参数查询(2)

## 3.6 创建操作查询

前面介绍的查询是按照用户的需求,根据一定的条件从已有的数据源中选择满足特定查询规则的数据形成一个动态记录集,将已有的数据源再组织或增加新的统计结果,这种查询方式不改变数据源中原有的数据状态。

操作查询是在选择查询的基础上创建的,利用操作查询,可以对表中的记录进行追加、修改、删除和更新。操作查询包括生成表查询、更新查询、追加查询和删除查询。

## 3.6.1 生成表查询

如果希望查询所形成的动态记录集能够被固定地保存下来,就需要设计生成表查询。若用户需要经常使用从几个表中提取的数据,就可以通过生成表查询将这些数据保存到一个新表中,从而提高数据的使用效率。此外,生成表查询也是数据进行备份的一种形式。

设计完成一个生成表查询后,就可以打开运行它。与打开选择查询和交叉表查询的情况不同,生成表查询并不显示查询运行视图,而是在数据库中新建了一个表对象,其中的数据即为生成表查询运行的结果。

【例 3.12】 在"教学管理"数据库中,创建以下生成表查询。

① 查询学生的学号、姓名、性别、课程名称和成绩并生成"学生成绩生成表"。

② 将"学生成绩生成表"中不及格的记录生成一个"不及格名单表"。

操作步骤如下。

① 查询学生的学号、姓名、性别、课程名称和成绩并生成"学生成绩生成表"。

打开"学生管理"数据库,选择"创建"选项卡的"查询"命令组,单击"查询设计"按钮,打开查询设计视图窗口,将查询所需要的"学生表"、"成绩表"和"课程表"添加到查询设计视图的数据源窗格中。

将"学生表"的"学号"、"姓名"、"性别"字段,"课程表"的"课程名称"字段和"成绩表"的"成绩"字段添加到查询定义窗格中。选择"查询工具/设计"上下文选项卡的"查询类型"命令组,单击"生成表"按钮,打开"生成表"对话框,如图 3-57 所示。在"表名称"文本框中输入"学生成绩生成表",单击"确定"按钮,查询设置完成。运行查询,结果生成了"学生成绩生成表",如图 3-58 所示。

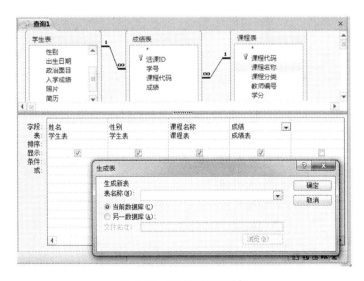

图 3-57 "生成表"对话框

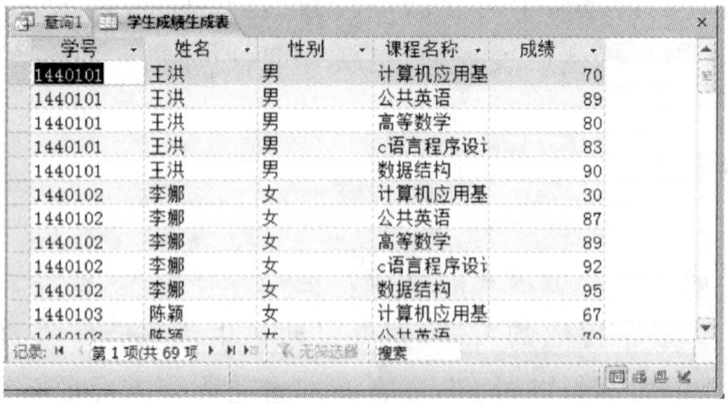

图 3-58　例 3.12 的生成表查询结果

② 将"学生成绩生成表"中的不及格记录生成一个"不及格名单表"。

将"学生成绩生成表"添加到数据源窗格中,并将所有字段添加到查询定义窗格中。对应"成绩"字段,在"条件"行输入"<60",然后选择"查询工具/设计"上下文选项卡的"查询类型"命令组,单击"生成表"按钮,打开"生成表"对话框。在"表名称"文本框中输入"不及格名单表",单击"确定"按钮,查询设置完成。运行查询,完成"不及格名单表"生成表查询。

### 3.6.2　更新查询

在数据库操作中,如果只对表中少量数据进行修改,可以直接在表的数据表视图下通过手工进行修改。如果需要成批修改数据,可以使用 Access 提供的更新查询功能来实现。更新查询可以对一个或多个表中符合查询条件的数据进行批量的修改,或筛选出要更改的记录。

【例 3.13】　在"教学管理"数据库中,将"课程表"所有必修课的学分增加 2 学分。

操作步骤如下。

① 打开"教学管理"数据库,选择"创建"选项卡的"查询"命令组,单击"查询设计"按钮,打开查询设计视图窗口,将"课程表"添加到查询设计视图的数据源窗格中。

② 将"课程分类"和"学分"字段添加到查询定义窗格中,然后选择"查询工具/设计"上下文选项卡的"查询类型"命令组,单击"更新"按钮,则在查询定义窗格中出现"更新到"行。对应"课程分类"字段,在"条件"行输入"必修课";对应"学分"字段,在"更新到"行输入"学分+2",如图 3-59 所示。保存查询,查询名为"增加必修课的学分"。运行查询,弹出提示对话框,如图 3-60 所示,单击"是"按钮,完成更新查询操作。

图 3-59　更新查询设计视图

图 3-60　更新查询提示对话框

## 3.6.3 追加查询

追加查询可以从一个或多个表将一组记录追加到一个或多个表的尾部,可以大大提高数据输入的效率。追加记录时只能追加匹配的字段,其他字段将被忽略。其次,被追加的表必须是存在的表,否则无法实现追加,系统将显示相应的错误信息。

【例 3.14】 先根据"教师表",通过生成表查询在"教学管理"数据库中建立一个新表,表名为"全校师生党员信息表",表结构包括"教师编号"、"性别"、"姓名"和"政治面目"字段,表内容为所有政治面目为"党员"的教师信息。然后通过追加查询,将"学生表"中所有政治面目为"党员"的学生信息追加到"全校师生党员信息"表中。

操作步骤如下。

① 首先,通过生成表查询创建"全校师生党员信息"表,查询设置如图 3-61 所示,保存并运行完成生成表查询。

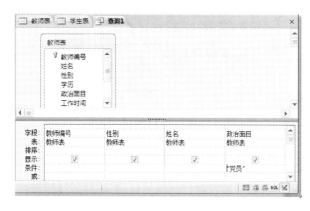

图 3-61　创建"全校师生党员信息表"

② 将"学生表"添加到查询设计视图的数据源窗格中,再将"学号"、"姓名"、"性别"和"政治面貌"字段添加到查询定义窗格中。选择"查询工具/设计"上下文选项卡的"查询类型"命令组,单击"追加"按钮,在弹出的"追加"对话框的"表名称"文本框中输入"全校师生党员信息表",如图 3-62 所示。单击"确定"按钮,则在查询定义窗格中出现"追加到"行。

图 3-62　"追加"对话框

③ 对应"学号"字段,在"追加到"行中选择"教师编号";对应"政治面目"字段,在"条件"行输入"党员",如图 3-63 所示。保存并运行查询,弹出追加提示对话框,如图 3-64 所示,单击

"是"按钮,完成追加操作。

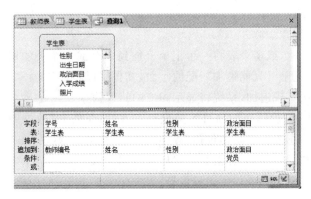

图 3-63　追加查询设计视图

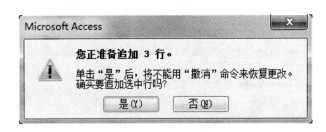

图 3-64　追加查询提示对话框

### 3.6.4　删除查询

删除查询又称为删除记录的查询,可以从一个或多个表中删除记录。使用删除查询,将删除整条记录,记录一经删除将不能恢复,因此在删除记录前要做好数据备份。删除查询设计完成后,需要运行查询才能将需要删除的记录删除。

如果要从多个表中删除相关记录,必须满足以下几点:已经定义了相关表之间的关系;在相应的"编辑关系"对话框中选择了"实施参照完整性"复选框和"级联删除相关记录"复选框。

图 3-65　删除查询设计视图

【例 3.15】　在"教学管理"数据库中,删除"学生成绩生成表"中不及格的学生信息。

操作步骤如下。

① 打开"教学管理"数据库,选择"创建"选项卡的"查询"命令组,单击"查询设计"按钮,打开查询设计视图窗口,将查询所需要的"学生成绩生成表"添加到查询设计视图的数据源窗格中。

② 选择"查询工具/设计"上下文选项卡的"查询类型"命令组,单击"删除"按钮。

③ 将"成绩"字段添加到查询定义窗格中,在对应的"条件行"中输入"<60",如图 3-65 所示。保存并运行查询,弹出提示对话框,如图 3-66 所示。

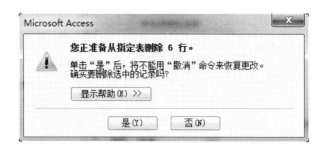

图 3-66　删除查询提示对话框

## 3.7　SQL 查 询

SQL 查询是使用 SQL 创建的一种查询。在 Access 中，每个查询都对应着一个 SQL 查询命令。当用户使用查询向导或查询设计视图创建查询时，系统会自动生成对应的 SQL 命令，可以在 SQL 视图中查看。除此之外，用户还可以直接通过在 SQL 视图窗口中输入 SQL 命令来创建查询。

### 3.7.1　SQL 简介

SQL 是标准的关系数据库语言。SQL 的功能包括数据定义、数据查询、数据操纵和数据控制 4 个部分。SQL 具有以下特点。

**1. 高度的综合**

SQL 集数据定义、数据操纵和数据控制于一体，语言风格统一，可以实现数据库的全部操作。

**2. 高度非过程化**

SQL 在进行数据操作时，只需说明"做什么"，而不必指明"怎么做"，其他工作由系统完成。用户无须了解对象的存取路径，大大减轻了用户负担。

**3. 交互式与嵌入式相结合**

用户可以将 SQL 语句当作一条命令直接使用，也可以将 SQL 语句当作一条语句嵌入到高级语言程序中。两种方式的语法结构一致，为程序员提供了方便。

**4. 语言简洁，易学易用**

SQL 结构简洁，只用了 9 个动词就可以实现数据库的所有功能，使用户易于学习和使用。SQL 的核心命令如表 3-11 所示。

表 3-11  SQL 的核心命令

| 功能分类 | 命令动词 | 功能作用 |
|---|---|---|
| 数据查询 | SELECT | 数据查询 |
| 数据定义 | CREATE | 创建对象 |
| 数据定义 | ALTER | 修改对象 |
| 数据定义 | DROP | 删除对象 |
| 数据操纵 | UPDATE | 更新数据 |
| 数据操纵 | INSERT | 插入数据 |
| 数据操纵 | DELETE | 删除数据 |
| 数据控制 | GRANT | 定义访问权限 |
| 数据控制 | REVOKE | 回收访问权限 |

## 3.7.2 数据查询语句

数据查询是 SQL 的核心功能。SQL 提供了 SELECT 语句用于检索和显示数据库中表的信息,该语句功能强大,使用方式灵活,可用一条语句实现多种方式的查询。

**1. SELECT 语句的格式**

格式:

SELECT [ALL|DISTINCT] [TOP <数值> [PERCENT]] <目标列表达式 1> [AS <列标题 1>]
[,<目标列表达式 2> [AS <列标题 2>]...]
FROM <表或查询 1> [[AS] <别名 1>] [,<表或查询 2> [[AS] <别名 2>]] [[INNER|LEFT
[OUTER]|RIGHT[OUTER] JOIN <表或查询 3> [[AS] <别名 3>] ON <连接条件>]...]
[WHERE <条件表达式 1> [AND|OR <条件表达式 2>...]]
[GROUP BY <分组项> [HAVING <分组筛选条件>]]
[ORDER BY <排序项 1> [ASC|DESC] [,<排序项 2> [ASC|DESC]...]]

**2. 语法描述的约定说明**

"[ ]"内的内容为可选项;"< >"内的内容为必选项;"|"表示或,即前后的两个值二选一。

**3. SELECT 语句中各子句的意义**

● SELECT 子句:指定要查询的数据,一般是字段名或表达式。其中,ALL 表示查询结果中包括所有满足查询条件的记录,也包括值重复的记录(默认为 ALL);DISTINCT 表示在查询结果中内容完全相同的记录只能出现一次;TOP <数值> [PERCENT]用于限制查询结果中包括的记录条数为当前"数值"条或占记录总数的百分比为"数值";AS <列标题 1>用于指定查询结果中列的标题名称。

● FROM 子句:指定数据源,即查询所涉及的相关表或已有的查询。如果这里出现 JOIN…ON 子句,则表示要为多表查询指定多表之间的连接方式。

● WHERE 子句:指定查询条件,在多表查询的情况下也可用于指定连接条件。

● GROUP BY 子句:对查询结果进行分组。可选项 HAVING 表示要提取满足 HAVING 子句指定条件的那些组。
- ORDER BY 子句：对查询结果进行排序。ASC 表示升序排列，DESC 表示降序排列。

SELECT 语句各子句与查询设计视图中各选项间的对应关系如表 3-12 所示。

表 3-12 SELECT 语句各子句与查询设计视图中各选项间的对应关系

| SELECT 子句 | 查询设计视图中的选项 |
| --- | --- |
| SELECT＜目标列＞ | "字段"行 |
| FROM＜表或查询＞ | "显示表"对话框 |
| WHERE＜筛选条件＞ | "条件"行 |
| GROUP BY＜分组项＞ | "总计"行 |
| ORDER BY＜排序项＞ | "排序"行 |

**4. SQL 命令的书写规则**

① 在 SQL 视图窗口中一次只能编辑执行一条 SQL 语句。
② 动词必须书写完整，如"SELECT"不能写成"SELE"。
③ 当 SQL 命令较长时，用 Enter 键直接换行即可，无须加分行符。
④ 输入 SQL 命令要遵守格式规则，尽可能一个子句写一行。

### 3.7.3 创建 SQL 查询视图

**1. SQL 命令的输入与编辑**

① 单击"创建"选项卡的"查询"命令组中的"查询设计"按钮，进入查询设计视图窗口，关闭"显示表"对话框，不添加任何表或查询。
② 单击"结果"命令组中的"SQL 视图"按钮，进入 SQL 视图窗口，如图 3-67 所示。

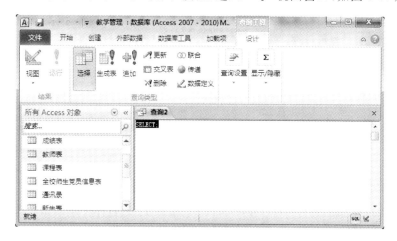

图 3-67 SQL 视图窗口

③ 在打开的 SQL 视图窗口中输入、修改 SQL 命令。SQL 命令的输入要严格遵循其定义规则，否则在执行时将出错。

**2. SQL 命令的执行**

SQL 命令输入完成后，单击"结果"命令组中的"运行"按钮，即可执行 SQL 命令。命令中如有错误，系统将给出相关提示，可以重新编辑修改，直至命令正确运行。

**3. SQL 命令的保存**

根据需要，单击"保存"按钮，可以将 SQL 命令以一个查询对象的形式保存，也可以在关闭 SQL 视图窗口时对 SQL 命令进行保存。

**4. SQL 命令的修改**

对于用 SQL 命令建立的查询，可以在打开查询的状态下，单击"视图"下拉按钮，在下拉列表中选择"SQL 视图"命令，再次打开 SQL 视图窗口，然后对其进行修改。

### 3.7.4 单表查询

**1. 简单查询**

简单查询是指只含有 SELECT…FROM 基本子句，目标字段为全部字段的查询。

【例 3.16】 查询"学生表"中的所有记录。

  SELECT ＊ FROM 学生表

打开 SQL 视图窗口，输入 SQL 命令，如图 3-68 所示，单击"运行"按钮。

图 3-68　在 SQL 视图窗口中输入 SQL 命令

**2. 选择字段查询**

选择字段查询是指只含有 SELECT…FROM 基本子句，目标字段为指定字段的查询。

【例 3.17】 从"教师表"中查询教师编号、姓名、系别、职称信息。

  SELECT 教师编号,姓名,系别,职称 FROM 教师表

【例 3.18】 查找学生的学号、姓名和年龄。

  SELECT 学号,姓名,Year(Date())－Year([出生日期]) AS 年龄 FROM 学生表

**3. 带有条件的查询**

带有条件的查询是指在查询中带有简单条件的 WHERE 子句的查询。

【例 3.19】 从"学生表"中查询出学号后两位是"02"的学生的学号、姓名、出生日期,并将结果按出生日期从大到小的顺序排列。

  SELECT 学号,姓名,出生日期 FROM 学生表
  WHERE Right([学号],2)="02" ORDER BY 出生日期 DESC

【例 3.20】 在"成绩表"中查找课程代码为"005"且分数在 80~90 分之间的学生的学号和成绩。

  SELECT 学号,成绩 FROM 成绩表
  WHERE 课程代码="005" AND 成绩>=80 And 成绩<=90

【例 3.21】 查找课程代码为"001"和"003"的两门课的学生的学号和成绩,并将结果按课程代码从小到大的顺序排列。

  SELECT 学号,课程代码,成绩 FROM 成绩表
  WHERE 课程代码 In ("001","003")
  ORDER BY 课程代码

【例 3.22】 在"学生表"中查找姓"李"的且全名为两个汉字的学生的学号、姓名、性别和出生日期。

  SELECT 学号,姓名,性别,出生日期 FROM 学生表
  WHERE 姓名 Like "李?"

【例 3.23】 在"教师表"中查找有邮箱地址的教师的教师编号、姓名、性别、职称和邮箱地址。

  SELECT 教师编号,姓名,性别,职称,邮箱地址 FROM 教师表
  WHERE ((Len([邮箱地址])<>"0"))

**4. 统计查询**

统计查询指使用聚合函数进行统计计算的查询。

【例 3.24】 从"教师表"中统计教师人数。

  SELECT Count(教师编号) AS 教师总数 FROM 教师表

【例 3.25】 查询课程代码为"002"的学生的平均分。

  SELECT Avg(成绩) AS 平均分 FROM 成绩表
  WHERE 课程代码="002"

【例 3.26】 查询课程代码为"002"的学生人数。

  SELECT Count(*) FROM 成绩表 WHERE 课程代码="002"

**5. 分组统计查询**

分组统计查询可以根据指定的某个(或多个)字段将查询结果进行分组,使指定字段上有相同值的记录分在一组,再通过聚合函数等函数对查询结果进行统计计算。

**【例 3.27】** 统计"成绩表"中每个学生的所有课程的平均分。

    SELECT 学号,Avg(成绩) AS 平均分 FROM 成绩表 GROUP BY 学号

**【例 3.28】** 统计"成绩表"中每个学生的所有课程的平均分,并且只列出平均分大于 85 分的学生的学号和平均分。

    SELECT 学号,Avg(成绩) AS 平均分 FROM 成绩表
    GROUP BY 学号 HAVING Avg(成绩)>=85

**【例 3.29】** 求每门课程的平均分。

    SELECT 课程代码,Avg(成绩) AS 平均分 FROM 成绩表
    GROUP BY 课程代码

**【例 3.30】** 查找选修课程超过 3 门的学生的学号。

    SELECT 学号 FROM 成绩表
    GROUP BY 学号 HAVING COUNT(*)>3

**6. 查询排序**

查询排序指按指定的某个(或多个)字段对查询结果进行排序。

**【例 3.31】** 查询"学生表"的学生信息,查询结果按出生日期升序排序。

    SELECT * FROM 学生表 ORDER BY 出生日期

**【例 3.32】** 查询"成绩表"中课程代码为"003"的学生的学号和成绩,并按成绩降序排序。

    SELECT 学号,成绩 FROM 成绩表
    WHERE 课程代码="003" ORDER BY 成绩 DESC

**【例 3.33】** 查询"学生表"中入学成绩在 450~500 分之间的记录。并按性别排序,同性别同学按入学成绩降序排序。

    SELECT * FROM 学生表
    WHERE 入学成绩 BETWEEN 450 AND 500
    ORDER BY 性别,入学成绩 DESC

**7. 包含 DISTINCT 的查询**

**【例 3.34】** 从"成绩表"中查询所有选修课程的学生的学号(要求同一个学生只列出一次)。

    SELECT DISTINCT 学号 FROM 成绩表

### 3.7.5 多表查询

若查询涉及两个以上的表,即当要查询的数据来自多个表时,必须采用多表查询方法。多

表查询也称为连接查询。多表查询是关系数据库最主要的查询功能。多表查询可以是两个表的连接,也可以是两个以上的表的连接,也可以是一个表自身的连接。

使用多表查询时必须注意以下几点。

① 在 FROM 子句中列出参与查询的表。

② 如果参与查询的表中存在同名的字段,并且这些字段都要参与查询,必须在字段名前加表名,格式为"表名.字段名"。

③ 必须在 FROM 子句中用 JOIN 或 WHERE 子句将多个表用某些字段或表达式连接起来,否则将会产生笛卡儿积。

有两种方法可以实现多表查询。

**1. 用 WHERE 子句写连接条件**

格式:

> SELECT <目标列> FROM <表名 1> [[AS] <别名 1>],<表名 2> [[AS] <别名 2>],<表名 3> [[AS] <别名 3>] WHERE <连接条件 1> AND <连接条件 2> AND <筛选条件>

【例 3.35】 查找学生信息,字段包括"学号"、"姓名"、"性别"、"课程名称"及"成绩"。

> SELECT  A.学号,A.姓名,A.性别,B.课程名称,C.成绩
> FROM 学生表 AS A,课程表 AS B,成绩表 AS C
> WHERE B.课程代码=C.课程代码 AND A.学号=C.学号

**2. 用 JOIN 子句写连接条件**

在 Access 中,JOIN 连接主要分为 INNER JOIN 和 OUTER JOIN。

INNER JOIN 是最常用的连接类型,此连接通过匹配表之间共有的字段值来从两个或多个表中检索行。

OUTER JOIN 用于从多个表中检索记录,同时保留其中一个表中的记录,即使其他表中没有匹配的记录。Access 数据库引擎支持的 OUTER JOIN 有两种类型:LEFT OUTER JOIN 和 RIGHT OUTER JOIN。LEFT OUTER JOIN 选择右表中与关系比较条件匹配的所有行,同时也选择左表中的所有行,即使右表中不存在匹配项。RIGHT OUTER JOIN 恰好与 LEFT OUTER JOIN 相反,右表中的所有行都被保留。

格式:

> SELECT <目标列> FROM <表名 1> [[AS] <别名 1>] INNER|LEFT[OUTER]|RIGHT JOIN [OUTER] <表名 2> [[AS] <别名 2>] ON <表名 1>.<字段名 1>=<表名 2>.<字段名 2> WHERE <筛选条件>

【例 3.36】 根据"教师表"和"课程表",查询有授课信息的教师的教师编号、姓名及所授课程的课程代码和课程名称。

> SELECT 教师表.教师编号,教师表.姓名,课程表.课程代码,课程表.课程名称 FROM 教师表 INNER JOIN 课程表 ON 教师表.教师编号=课程表.教师编号

查询结果如图 3-69 所示。

图 3-69　例 3.36 的查询结果(1)

如果没有授课信息的教师也显示其教师编号和姓名信息,则需用左连接,语句如下。

　　SELECT 教师表.教师编号,教师表.姓名,课程表.课程代码,课程表.课程名称 FROM 教师表
　　LEFT OUTER JOIN 课程表 ON 教师表.教师编号＝课程表.教师编号

查询结果如图 3-70 所示。

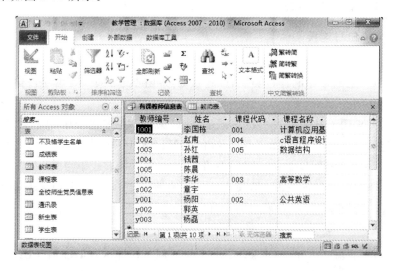

图 3-70　例 3.36 的查询结果(2)

### 3.7.6　嵌套查询

　　在 SQL 中,当一个查询是另一个查询的条件时,即在一个 SELECT 语句的 WHERE 子句中出现另一个 SELECT 语句时,这种查询被称为嵌套查询。通常把内层的查询语句称为子查询,外层查询语句称为父查询。

　　嵌套查询的运行方式是由里向外。也就是说,每个子查询都先于它的父查询执行,而子查询的结果作为其父查询的条件。

子查询的 SELECT 语句中不能使用 ORDER BY 子句,ORDER BY 子句只能对最终的查询结果排序。

**1. 带关系运算符的嵌套查询**

带关系运算符的嵌套查询是指父查询与子查询之间用关系运算符(>,<,=,>=,<=,<>)进行连接。

【例 3.37】 根据"学生表",查询入学成绩大于所有学生的平均入学成绩的学生,并显示其学号、姓名、性别和入学成绩。

  SELECT 学号,姓名,性别,入学成绩 FROM 学生表
    WHERE 入学成绩>(SELECT AVG(入学成绩) FROM 学生表)

**2. 带有 IN 的嵌套查询**

【例 3.38】 根据"学生表"和"成绩表",查询没有选修课程编号为"004"的课程的学生的学号和姓名。

  SELECT 学号,姓名 FROM 学生表 WHERE 学号 NOT IN
    (SELECT 学号 FROM 成绩表 WHERE 课程代码 ="004")

**3. 带有 ANY 或 ALL 的嵌套查询**

使用 ANY 或 ALL 谓词时,必须同时使用比较运算符,即"<比较运算符>[ANY|ALL]"。

【例 3.39】 根据"学生表",查询比所有男生入学成绩都高的女生的学号、姓名、性别、出生日期和入学成绩。

  SELECT 学号,姓名,性别,出生日期,入学成绩 FROM 学生表
    WHERE 入学成绩>ALL(SELECT 入学成绩 FROM 学生表 WHERE 性别="男") AND 性别="女"

**4. 带有 EXISTS 的嵌套查询**

EXISTS 强调的是是否返回结果集,不要求知道返回什么内容。

【例 3.40】 根据"学生表"和"成绩表",查询所有选修了"004"课程的学生的学号和姓名。

  SELECT 学号,姓名 FROM 学生表 WHERE EXISTS(SELECT * FROM 成绩表
    WHERE 成绩表.学号=学生表.学号 AND 课程代码="004")

## 3.7.7 联合查询

联合查询可以将两个或多个独立的查询结果组合在一起。使用 UNION 连接的两个或多个由 SELECT 语句产生的查询结果要有相同的字段数目,但是这些字段的大小或数据类型不必相同。另外,如果需要使用别名,则仅在第一个 SELECT 语句中使用别名,别名在其他语句中将被忽略。

如果在查询中有重复记录,即所选字段值完全一样的记录,则联合查询只显示重复记录中的第一条记录。若要显示所有的重复记录,需要在 UNION 后加上关键字 ALL,即写成"UNION ALL"。

**【例 3.41】** 查询所有学生的学号和姓名及所有教师的教师编号和姓名。

SELECT 学号,姓名 FROM 学生表 UNION SELECT 教师编号,姓名 FROM 教师表

## 3.8 其他 SQL 语句

### 3.8.1 数据定义语句

数据定义功能是 SQL 的主要功能之一。利用数据定义功能,可以完成建立、修改、删除表结构及建立、删除索引等操作。

**1. 创建表**

表定义包含定义表名、字段名、字段的数据类型、字段的属性、主键、表约束规则等。

在 SQL 中,使用 CREATE TABLE 语句来创建表。使用 CREATE TABLE 语句定义表的格式为

CREATE TABLE <表名>(<字段名 1><字段数据类型>[(<大小>)][NOT NULL][PRIMARY KEY|UNIQUE][REFERENCES <参照表名>[(<外部关键字>)]][,<字段名 2>[…][,…]][,主键])

说明:

① PRIMARY KEY 将该字段创建为主键,被定义为主键的字段其取值唯一;UNIQUE 为该字段定义无重复索引。

② NOT NULL 不允许字段取空值。

③ REFERENCES 子句定义外键并指明参照表及其参照字段。

④ 当主键由多个字段组成时,必须在所有字段都定义完毕后再通过 PRIMARY KEY 子句定义主键。

⑤ 所有这些定义的字段或项目用逗号隔开,同一个项目内用空格分隔。

⑥ 字段的数据类型是用 SQL 标识符表示的。

**【例 3.42】** 在"教学管理"数据库中,使用 SQL 命令定义一个名为"Student"的表,结构为:学号(文本,10)、姓名(文本,6)、性别(文本,2)、出生日期(日期/时间)、简历(备注)、照片(OLE)。其中,学号为主键,姓名不允许为空值。

CREATE TABLE Student(学号 TEXT(106) PRIMARY KEY NOT NULL,姓名 TEXT(6) NOT NULL,性别 TEXT(2),出生日期 DATE,简历 MEMO,照片 OLEOBJECT)

**2. 修改表结构**

ALTER TABLE 语句用于修改表的结构,主要包括增加字段、删除字段、修改字段的数据类型和大小等。

(1) 修改字段的数据类型及大小,格式为

**ALTER TABLE** <表名> **ALTER** <字段名><数据类型>(<大小>)

(2) 添加字段,格式为

**ALTER TABLE** <表名> **ADD** <字段名><数据类型>(<大小>)

(3) 删除字段,格式为

**ALTER TABLE** <表名> **DROP** <字段名>

【例3.43】 使用SQL命令修改表,为Student表增加一个"电子邮件"字段(文本,20)。

ALTER TABLE Student ADD 电子邮件 TEXT(20)

【例3.44】 使用SQL命令修改表,修改Student表的"电子邮件"字段,将该字段的长度改为25个字符,并将该字段设置成唯一索引。

ALTER TABLE Student ALTER 电子邮件 TEXT(25) UNIQUE

【例3.45】 使用SQL命令修改表,删除Student表的"简历"字段。

ALTER TABLE Student DROP 简历

**3. 删除表**

DROP TABLE 语句用于删除表,格式为

**DROP TABLE** <表名>

**4. 建立索引**

CREATE INDEX 语句用于建立索引,格式为

**CREATE [UNIQUE] INDEX** <索引名称> **ON** <表名>
(<索引字段1>[**ASC**|**DESC**][,<索引字段2>[**ASC**|**DESC**][,…]])
[**WITH PRIMARY**]

使用可选项 UNIQUE 子句将建立无重复索引。可以定义多字段索引。ASC 表示升序,DESC 表示降序。WITH PRIMARY 子句将索引指定为主键。

**5. 删除索引**

DROP INDEX 用于删除索引,格式为

**DROP INDEX** <索引名称> **ON** <表名>

### 3.8.2 数据更新语句

SQL 中的数据更新包括插入数据、修改数据和删除数据3条语句。

**1. 插入数据**

INSERT INTO 语句用于在数据库表中插入数据。通常有两种形式,一种是插入一条记录,另一种是插入子查询结果。后者可以一次插入多条记录。

(1) 插入一条记录,格式为

**INSERT INTO** <表名>[(<字段名 1>[,<字段名 2>[,…]])] **VALUES** (<表达式 1>[,<表达式 2>[,…]])

(2) 插入子查询结果,格式为

**INSERT INTO** <表名>[(<字段名 1>[,<字段名 2>[,…]])] <**SELECT** 查询语句>

【例 3.46】 使用 SQL 命令向"课程表"中插入一条课程记录。

INSERT INTO 课程表 VALUES("Cj006","大学语文",3)

**2. 修改数据**

UPDATE 语句用于修改记录的字段值。

修改数据的格式为

**UPDATE** <表名> **SET** <字段名 1>=<表达式 1>[,<字段名 2>=<表达式 2>[,…]] [**WHERE** <条件>]

【例 3.47】 使用 SQL 命令将"课程表"中课程代码为"005"的学分字段值改为"6"。

UPDATE 课程表 SET 学分=6 WHERE 课程代码="005"

**3. 删除数据**

DELETE 语句用于将记录从表中删除,删除的记录数据将不可恢复。

删除数据的格式为

**DELETE FROM** <表名> [**WHERE** <条件>]

## 3.9 课后习题

**一、选择题**

1. 以下的 SQL 命令中,(　　)语句用于创建表。
   A. CREATE TABLE　　　　　　B. CREATE INDEX
   C. ALTER TABLE　　　　　　　D. DROP

2. 在 Access 中已建立了"学生表",表中有"学号"、"姓名"、"性别"和"入学成绩"等字段。执行 SQL 命令:

SELECT 性别,Avg(入学成绩) FROM 学生 GROUP BY 性别

其结果是(　　)。
   A. 计算并显示所有学生的性别和入学成绩的平均值
   B. 按性别分别计算并显示性别和入学成绩的平均值
   C. 计算并显示所有学生的入学成绩的平均值
   D. 按性别分组计算并显示所有学生的入学成绩的平均值

3. 关于 SQL 查询,以下说法不正确的是( )。
A. SQL 查询是用户使用 SQL 命令创建的查询
B. 在查询设计视图中创建查询时,Access 将在后台构造等效的 SQL 命令
C. SQL 查询可以用结构化的查询语言来查询、更新和管理关系数据库
D. 修改 SQL 查询,可以在设计视图中进行

4. 将表 A 的记录添加到表 B 中,要求保持表 B 中原有的记录,可以使用的查询是( )。
A. 选择查询　　　B. 生成表查询　　　C. 追加查询　　　D. 更新查询

5. 若要查询成绩为 85～100 分(包括 85 分,不包括 100 分)的学生的信息,查询条件设置正确的是( )。
A. ＞84 Or＜100　　　　　　　　B. Between 85 With 100
C. In(85,100)　　　　　　　　　D. ＞＝85 And＜100

6. 用于获得字符串 S 从第 3 个字符开始的 2 个字符的函数是( )。
A. Mid(S,3,2)　　B. Middle(S,3,2)　　C. Left(S,3,2)　　D. Right(S,3,2)

7. 表达式"1＋3\2＞1 Or 6 Mod 4＜3 And Not 1"的运算结果是( )。
A. －1　　　　　B. 0　　　　　　C. 1　　　　　　D. 其他

8. 在 SQL 查询中可直接将命令发送到 ODBC 数据库服务器中的查询是( )。
A. 传递查询　　　B. 联合查询　　　C. 数据定义查询　　　D. 子查询

9. 下列统计函数中不能忽略空值(Null)的是( )。
A. Sum　　　　　B. Avg　　　　　C. Max　　　　　D. Count

10. 简单、快捷地创建表结构的视图形式是( )。
A. 数据库视图　　　　　　　　　B. 表向导视图
C. 设计视图　　　　　　　　　　D. 数据表视图

二、填空题

1. 在创建交叉表查询时,用户需要指定_____种字段。
2. _____查询与选择查询相似,都是由用户指定查找记录的条件。
3. 采用_____语句可将"学生表"中性别是"女"的各科成绩加上 10 分。
4. 操作查询共有删除查询、_____、_____和_____。
5. 数值函数 Abs()返回数值为_____。

三、操作题

1. 使用简单查询向导,对"学生表"创建一个名为"学生单表简单查询"的查询,只要显示"学号"、"姓名"、"性别"、"出生日期"等字段。
2. 使用查找不匹配项查询,在"学生表"和"成绩表"中查找没有成绩的学生。此查询命名为"缺考学生查询"。
3. 在"学生表"中,查询出生日期是 1992 年的中共党员。
4. 在"学生表"中,查询姓"张"的学生。
5. 查询 1993 年出生的男学生,并按出生日期升序排序。
6. 在"教师表"中,通过输入的姓氏查找同姓的教师。

7. 创建一个统计每位学生总分和平均分的总计查询。

8. 创建一个查询,计算每名学生所选课程的学分总和,结果按总分降序排列,并显示总学分最多的 10% 的学生的学号、姓名和总学分。

9. 将姓"陈"的男同学的计算机文化基础成绩减 5 分。

10. 将分数在 90 分以上的学生单独列出生成一个"高分学生表"。

11. 将"成绩表"中微积分小于 50 分的记录删除。

# 第 4 章 窗 体 设 计

通过电子表格方式的数据表视图查看数据,友好性不高。虽然查询对象能够按照用户的需要输出满足特定条件的数据记录,但是展现的形式缺乏亲和力。不仅如此,在对数据进行增加、删除或者修改操作时,也不便于让每一位用户直接面向整个表,这也不符合数据访问控制的需要,容易带来数据操作的风险。窗体对象的作用在于,能够以自定义方式定制窗体,定义输出或者操纵的字段和数据记录,按照用户需求呈现,提供用户与数据进行交互的界面,如学生基本信息浏览界面、信息检索界面等。那么,如何设计这些窗体?数据源是怎样与窗体建立联系的?窗体提供了哪些显示数据的方式?为什么通过窗体可以展示甚至操纵数据记录?

本章主要介绍窗体的基本概念、作用、类型,窗体的组成,窗体与控件的重要属性,窗体与控件的设计方法等内容。

## 4.1 窗 体 概 述

窗体是 Access 数据库中的一个重要对象,通过对窗体的设计和设置,可以创建出外形美观、操作方便的操作界面,从而可以轻松访问数据库中的表、查询、报表等,也可以对表中的数据进行操作。

### 4.1.1 窗体的概念

窗体(form)是 Access 中实现人机交互的数据库对象。窗体由各种控件构成,这些控件既可以用于显示、输入或编辑数据,也可以执行用户的指令从而打开其他窗体、报表、查询及执行宏或 VBA 程序。利用窗体,可以将整个应用程序组织起来,形成一个完整的应用系统。如图 4-1 所示的是一个"学生信息"窗体,可以通过该窗体浏览"学生表"中的数据,并方便、快捷地编辑学生记录。

窗体与表不同,它本身不存储数据,数据存储在表中,表和查询可以是窗体的数据源。

### 4.1.2 窗体的作用

窗体具有以下 4 个方面的功能。

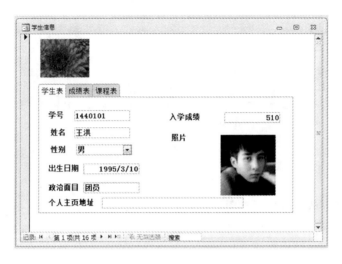

图 4-1 "学生信息"窗体

(1) 输入和编辑数据

用户通过窗体可以对数据库中的相关数据进行添加、修改、删除及设置有关属性等各种基本操作。

(2) 显示和打印数据

通过窗体,可以美观、灵活地显示或打印来自一个或多个表或查询中的数据。窗体也可以避免直接操作数据而导致对数据的破坏(设置窗体对数据只读就可以了)。

(3) 控制应用程序执行流程

在数据库系统中,窗体提供了后台程序与用户进行交互的操作界面,实际工作由程序代码完成。以窗体作为操作界面,通过编写宏或 VBA 代码能够实现各种复杂的处理功能及控制程序的执行流程。例如,为窗体的加载事件添加一段设置窗体背景图片、弹出信息提示对话框的代码,在运行该窗体时,Access 会执行加载事件过程,将指定的图片设置为窗体背景,同时弹出信息提示对话框。

(4) 提供程序的导航

窗体对象提供导航窗体类型,功能与 Word 中的目录相似,单击导航窗体上的按钮就可以进入不同的程序模块,执行不同的程序。例如,"教务管理"系统中包括"课程信息管理"、"学生信息管理"和"课程管理"3 个子系统,可以在导航窗体上添加指向这 3 个子系统的按钮,单击按钮进入各个子系统的窗体界面。

### 4.1.3 窗体的类型

Access 中的窗体有多种分类方法。

**1. 按功能划分**

按功能可将窗体分为以下 4 类。

- 数据操作窗体:主要用来对表或查询中的数据进行显示、浏览、输入和修改。

- 控制窗体：主要用来操作、控制程序的运行，它是通过按钮、选项按钮等控件对象来响应用户请求的。
- 信息显示窗体：主要用来以数值或图表的形式显示信息。
- 交互信息窗体：主要用来进行系统提示和接收程序参数输入。

**2. 按显示方式划分**

- 标准窗体：把 Access 提供的固定形式的窗体统一称为标准窗体，包括纵栏式窗体、表格式窗体、数据表窗体、多项目窗体、分割窗体、模式对话框窗体、数据透视表窗体、数据透视图窗体及导航窗体。标准窗体都可以通过 Access 窗体提供的快捷工具或向导进行创建。
- 自定义窗体：把由用户通过窗体设计视图，自行添加控件、设置属性及编写 VBA 代码而创建的窗体称为自定义窗体。

## 4.1.4 窗体的组成

一个完整的窗体对象包含 5 个部分，5 个部分表现为窗体界面上的 5 个区域，每个区域又称为"节"。它们的名称分别是"窗体页眉"节、"页面页眉"节、"主体"节、"页面页脚"节及"窗体页脚"节，如图 4-2 所示。在设计视图中打开一个空白窗体，默认情况下只有"主体"节，其他节都可以根据需要，通过在"主体"节空白部分右击，在弹出的快捷菜单中选择设置，确定是否有无。在一般情况下，一个应用型窗体对象都只使用"窗体页眉"节、"主体"节、"窗体页脚"节，其中，"主体"节是用于操作数据的主要窗体节。

图 4-2　窗体设计视图

### 1. "窗体页眉"节

"窗体页眉"节位于窗体的顶部,通常用于显示窗体标题、窗体使用说明或放置窗体任务按钮等。在窗体视图中,"窗体页眉"节出现在屏幕的顶部;在打印窗体中,"窗体页眉"节出现在第一页的顶部。

### 2. "页面页眉"节

"页面页眉"节只用于设置窗体在打印时每页的页头信息。例如,用户要在每一打印页上方显示标题、图像、列标题等内容,均可放置于"页面页眉"节中。

### 3. "主体"节

"主体"节是窗体的主要工作使用区,大多数的控件及信息都布置在"主体"节中。通过"主体"节,可以在页面上显示一条记录,也可以根据页面的大小显示多条记录。"主体"节是数据库系统数据处理的主要工作界面。

### 4. "页面页脚"节

"页面页脚"节也只出现在打印窗体中,用于设置窗体在打印时的页脚信息,即用户要在每一打印页下方显示的内容,如日期、页码等。

### 5. "窗体页脚"节

"窗体页脚"节位于窗体底部,一般用于设置按钮或窗体的使用说明等。在窗体视图中,"窗体页脚"节出现在屏幕的底部;在打印窗体中,"窗体页脚"节出现在最后一条"主体"节下面。

## 4.1.5 窗体的视图

图 4-3 窗体"视图"下拉列表

Access 的窗体设计过程中有 6 种视图:窗体视图、数据表视图、布局视图、设计视图、数据透视表视图及数据透视图视图。其中,最常使用的是窗体视图、设计视图和布局视图。创建窗体时,需要采用各种视图来设计、执行窗体及显示窗体绑定的数据。窗体"视图"下拉列表如图 4-3 所示。

### 1. 窗体视图

窗体视图是窗体的工作视图,在设计过程中用来查看当前窗体的运行效果,是用于用户最终显示、添加、修改数据的窗口。

### 2. 设计视图

设计视图提供了设计和编辑窗体属性的窗口。在窗体的设计视图中,可以设置和更改窗体及控件的属性,包括设置显示的文本及样式,控件的添加和删除,以及数据源的绑定和取消等;还可以添加"窗体页眉"节、"窗体页脚"节、"页面页眉"

节和"页面页脚"节,并进行整体布局的设计和调整。

**3. 布局视图**

布局视图是 Access 2010 新增的一种视图,是介于设计视图和窗体视图之间的一种视图类型。在外观上,布局视图与窗体视图相同,所不同的是,在布局视图中显示的各类控件可以根据用户需要直接移动来调整位置,而窗体视图为实际运行窗体,无法在运行过程中改变控件位置。在布局视图中,可以调整控件及属性,但是无法像在设计视图中那样添加新的控件。

**4. 数据表视图**

数据表视图是以行列形式显示窗体数据源(表、查询、SQL 命令)中的数据的窗体。

**5. 数据透视表视图**

数据透视表视图是使用"Office 数据透视表"组件创建的数据透视表窗体。

**6. 数据透视图视图**

数据透视图视图使用"Office Chart"组件创建的交互式图表窗体。

## 4.2 创建标准窗体

标准窗体的基本设计步骤如下。
① 选择窗体的数据源(表、查询或 SQL 命令),即指定窗体上将要显示的数据。
② 选择窗体类型,系统将自动创建窗体。
③ 保存窗体。

### 4.2.1 自动创建窗体

Access 提供了多种方法自动创建窗体,可以在选择了数据源后,通过相应按钮或命令直接创建窗体。

**1. 使用"窗体"按钮**

【例 4.1】 在"教务管理"数据库中,以"教师表"为数据源,使用"窗体"按钮自动创建"教师信息"窗体。

操作步骤如下。
① 选择数据源。在导航窗格中,选中作为数据源的"教师表",如图 4-4 所示。
② 自动创建窗体。在"创建"选项卡的"窗体"命令组中,单击"窗体"按钮,则系统自动创建窗体,此时窗体视图为布局视图,调整窗体大小,如图 4-5 所示。
③ 单击快速访问工具栏上的"保存"按钮 ![icon],在出现的"另存为"对话框中,输入要保存的窗体名称"教师信息",单击"确定"按钮。

**2. 创建分割窗体**

分割窗体能同时提供数据的两种视图(窗体视图和数据表视图)。分割窗体不同于主窗体/子窗体的组合,它的两个视图连接到同一数据源,并且总是相互保持同步。

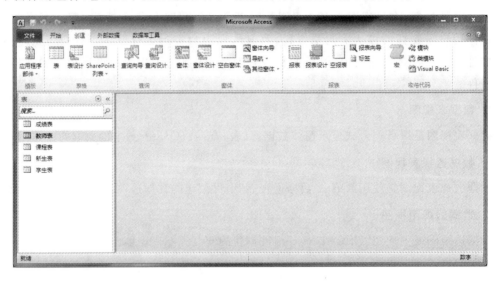

图 4-4 导航窗格

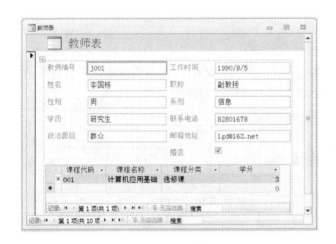

图 4-5 "教师信息"窗体

【例 4.2】 在"教务管理"数据库中,以"教师表"为数据源,使用"分割窗体"命令自动创建"教师分割窗体"。

操作步骤如下。

① 选择数据源。在导航窗格中,选中作为数据源的"教师表"。

② 自动创建窗体。在"创建"选项卡的"窗体"命令组中,单击"其他窗体"下拉按钮,在其下拉列表中选择"分割窗体"命令,则系统自动创建窗体,如图 4-6 所示。

③ 单击快速访问工具栏上的"保存"按钮,在出现的"另存为"对话框中,输入要保存的窗体名称"教师分割窗体",单击"确定"按钮。

图 4-6 "教师分割窗体"视图

**3. 创建多项目窗体**

多项目窗体布局类似于表,数据排列成行和列的形式,可以查看多条记录。

【例 4.3】 在"教务管理"数据库中,以"教师表"为数据源,使用"多个项目"命令自动创建"教师多项目窗体"。

操作步骤如下。

① 选择数据源。在导航窗格中,选中作为数据源的"教师表"。

② 自动创建窗体。在"创建"选项卡的"窗体"命令组中,单击"其他窗体"下拉按钮,在其下拉列表中选择"多个项目"命令,则系统自动创建窗体,如图 4-7 所示。

图 4-7 "教师多项目窗体"视图

③ 单击快速访问工具栏上的"保存"按钮,在出现的"另存为"对话框中,输入要保存的窗体名称"教师多项目窗体",单击"确定"按钮。

**4. 创建模式对话框窗体**

模式对话框窗体是一种交互信息窗体,带有"确定"和"取消"两个按钮。模式对话框窗体在运行时,直到退出前,不能打开或操作其他数据库对象。

【例 4.4】 在"教务管理"数据库中,以"教师表"为数据源,使用"模式对话框"工具自动创建"模式对话框窗体"。

操作步骤如下。

① 选择数据源。在导航窗格中,选中作为数据源的"教师表"。

② 自动创建窗体。在"创建"选项卡的"窗体"命令组中,单击"其他窗体"下拉按钮,在其下拉列表中选择"模式对话框"命令,则系统自动创建窗体。

③ 单击快速访问工具栏上的"保存"按钮,在出现的"另存为"对话框中,输入要保存的窗体名称"模式对话框窗体",单击"确定"按钮。创建的窗体如图 4-8 所示。

图 4-8 "模式对话框窗体"视图

## 4.2.2 创建数据透视表窗体

Access 能够创建数据透视表和数据透视图窗体,用于对数据源的选定字段进行数据汇总。通过使用数据透视表,可以实现用户选定的计算,可以动态更改表的布局,以不同的方式查看和分析数据。数据透视表是一种能用所选格式和计算方法汇总大量数据的交互式表。

数据透视表窗体查看数据的形式类似于交叉表查询,设计时窗体中的数据分为 3 种字段。

- 行字段:用于对数据分组。
- 列字段:用于对数据分组。
- 汇总或明细字段:用于对采用行、列字段分组后的数据进行计算。

【例 4.5】 使用"教师表",创建"各院系各职称教师人数"数据透视表窗体。其中,行字段为"系别",列字段为"职称",汇总与明细字段为"教师编号"。

操作步骤如下。

① 选择数据源。在导航窗格中,选中作为数据源的"教师表"。

② 进入数据透视表窗体创建界面。在"创建"选项卡的"窗体"命令组中,单击"其他窗体"下拉按钮,在其下拉列表中选择"数据透视表"命令。进入数据透视表窗体设计视图,如图 4-9 所示。

③ 设置字段。将"数据透视表字段列表"窗口中的"系别"字段拖动到"行字段"区,将"职称"字段拖动到"列字段"区。然后选中"教师编号"字段,在"数据透视表字段列表"窗口右下角的下拉列表框中选择"数据区域",单击"添加到"按钮,结果如图 4-10 所示。

图 4-9　数据透视表窗体设计视图

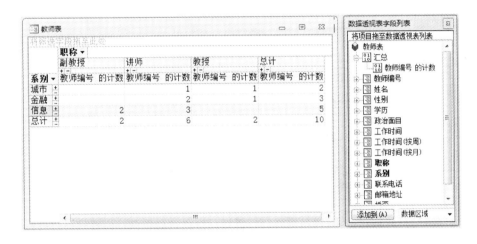

图 4-10　添加字段后的数据透视表窗体视图

此时的"数据透视表字段列表"窗口中产生了一个"汇总"字段,是对"教师编号"字段的计数值,同时在数据透视表的数据区域显示出了各系、各职称教师人数的数值。

现在的设计还存在一个不足,即汇总字段上方的标题是"教师编号的计数",而不是"教师人数"。

④ 设置汇总字段标题。在如图 4-10 所示的窗口中单击汇总标题"教师编号的计数",然后在"数据透视表工具/设计"上下文选项卡的"工具"命令组中,单击"属性表"按钮,弹出"属性"对话框。

在"属性"对话框中选择"标题"选项卡,在"标题"文本框中输入"教师人数",如图 4-11 所示,关闭"属性"对话框。此时数据透视表窗体中的汇总字段的标题变为"教师人数",如图 4-12所示。

⑤ 单击快速访问工具栏上的"保存"按钮,在出现的"另存为"对话框中,输入要保存的窗体名称"各院系各职称教师人数",单击"确定"按钮。

图 4-11 "属性"对话框

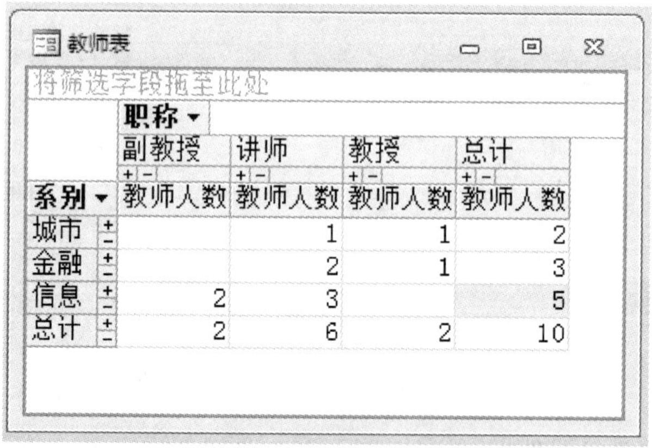

图 4-12 修改汇总字段标题后的数据透视表窗体视图

## 4.2.3 使用"空白窗体"按钮创建窗体

"空白窗体"按钮功能是 Access 2010 中新增的功能。使用该功能时,系统打开用于窗体的数据源,用户可以直接把需要的字段拖动到窗体上,实现用窗体来显示数据。

【例 4.6】 在"教务管理"数据库中,利用"教师表",创建"教师信息空白窗体",要求在窗体上显示"教师编号"、"姓名"、"职称"、"系别"、"工作时间"字段。

操作步骤如下。

① 打开空白窗体。在"创建"选项卡的"窗体"命令组中,单击"空白窗体"按钮,则打开空白窗体,同时打开"字段列表"窗口,如图 4-13 所示。

图 4-13　空白窗体及其"字段列表"窗口

② 添加字段。在"字段列表"窗口中依次双击"教师编号"、"姓名"、"职称"、"系别"、"工作时间"字段,将这些字段添加到空白窗口中。添加字段后的窗体视图如图 4-14 所示。

图 4-14　添加字段后的窗体

③ 单击快速访问工具栏上的"保存"按钮,在出现的"另存为"对话框中,输入要保存的窗体名称"教师信息空白窗体",单击"确定"按钮。

## 4.2.4　使用窗体向导创建窗体

如果用户要选择数据源中的字段及设置窗体的布局,可以使用窗体向导来创建窗体。使用窗体向导,不仅可以创建基于单表或查询的窗体,还可以创建基于多个表的窗体。

**1. 创建基于单表或查询的窗体**

使用窗体向导创建基于单表或查询的窗体,就是窗体的数据源来自一个表或一个查询。一般可创建纵栏式窗体、表格式窗体和数据表窗体。

纵栏式窗体在窗体视图中每次只显示表或查询中的一条记录,记录中的各字段纵向排列,通常每个字段的标签都放在左边,显示字段名,字段内容放在右边。纵栏式窗体通常用于输入数据。

表格式窗体可以在一个窗体中显示表或查询中的多条记录，记录中的字段名横向排列，记录纵向排列。每个字段的名称都在窗体顶部，作为窗体页眉，可通过滚动条来查看和浏览其他记录。

数据表窗体从外观上看与表和查询显示数据的界面相同，通常将这种形式的窗体作为一个窗体的子窗体。

【例 4.7】 在"教务管理"数据库中，以"学生表"为数据源，使用窗体向导分别创建"学生纵栏式窗体"、"学生表格式窗体"、"学生数据表窗体"，窗体上显示"学号"、"姓名"、"性别"、"出生日期"、"政治面目"、"入学成绩"字段。

操作步骤如下。

① 打开窗体向导。在"创建"选项卡的"窗体"命令组中，单击"窗体向导"按钮，打开"窗体向导"对话框。

② 选择数据源及字段。在"表/查询"下拉列表框中选择"表:学生表"。在"可用字段"列表框中列出了所有可用的字段，依次双击"学号"、"姓名"、"性别"、"出生日期"、"政治面目"、"入学成绩"字段，将这些字段添加到"选定字段"列表框中，如图 4-15 所示。

也可以在"可用字段"列表框中选择需要在新建窗体中显示的字段，再单击 > 按钮，将所选字段移到"选定字段"列表框中。如果要将全部字段移到"选定字段"列表框中，可单击 >> 按钮。如果要删除"选定字段"列表框中的某个字段，在"选定字段"列表框中选择该字段，然后单击 < 按钮将其删除。如果需要将所有选定字段移回到"可用字段"列表框中，可单击 << 按钮。

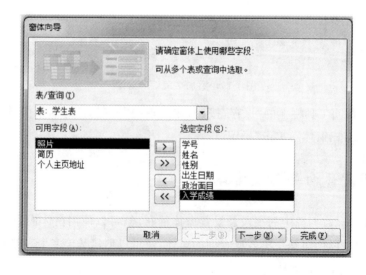

图 4-15 "窗体向导"对话框(1)

③ 确定窗体布局。单击"下一步"按钮，弹出窗体向导的布局选择对话框，选择"纵栏表"单选按钮，如图 4-16 所示。

④ 指定窗体标题与名称。单击"下一步"按钮，弹出窗体向导的指定标题对话框，在"请为

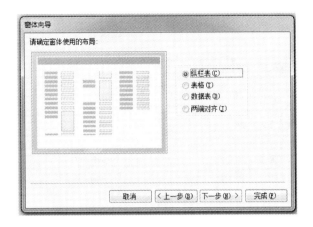

图 4-16 "窗体向导"对话框(2)

窗体指定标题"文本框中输入"学生纵栏式窗体",该标题同时也作为窗体的名称保存。如图 4-17 所示。

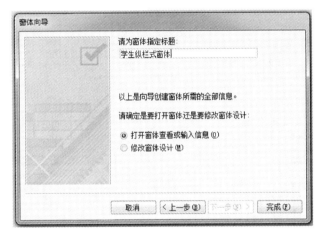

图 4-17 "窗体向导"对话框(3)

⑤ 窗体向导完成。单击"完成"按钮,系统创建并打开"学生纵栏式窗体",如图 4-18 所示。

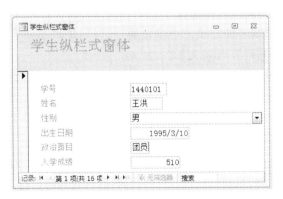

图 4-18 学生纵栏式窗体

⑥ 按照以上 5 个步骤，分别创建"学生表格式窗体"，如图 4-19 所示；"学生数据表窗体"，如图 4-20 所示。

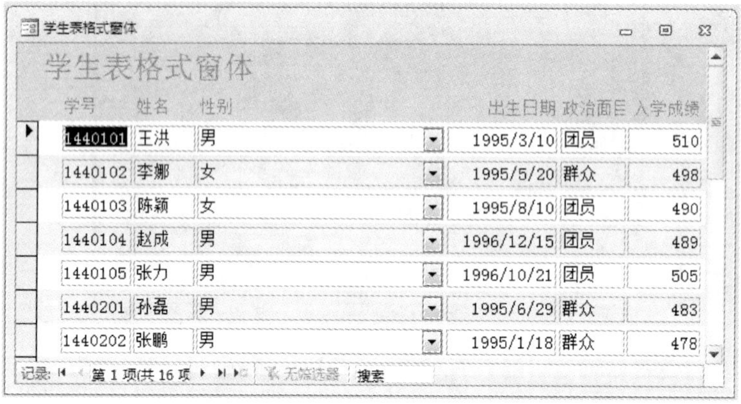

图 4-19 学生表格式窗体

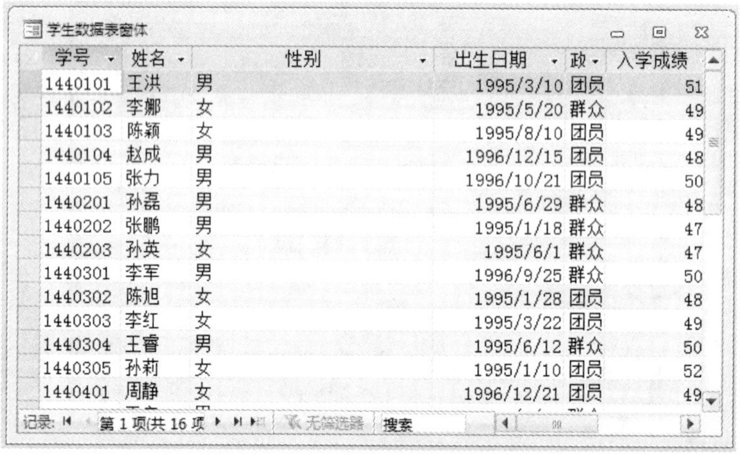

图 4-20 学生数据表窗体

**2. 创建基于多个表的单个窗体**

窗体向导不仅可以创建基于单表的单个窗体，还可以创建基于多表的单个窗体。只是要注意，在创建窗体前应该先建立表间关系。

【例 4.8】 在"教务管理"数据库中，以"学生表"和"成绩表"为数据源，使用窗体向导创建基于两个表的单个窗体"学生成绩多表窗体"，窗体上显示"学号"、"姓名"、"性别"、"入学成绩"、"课程代码"、"成绩"字段。

操作步骤如下。

① 打开窗体向导。在"创建"选项卡的"窗体"命令组中，单击"窗体向导"按钮，打开"窗体向导"对话框。

② 选择数据源及字段。在"表/查询"下拉列表框中选择"表：学生表"。在"可用字段"列表框中依次双击"学号"、"姓名"、"性别"、"入学成绩"字段，将这些字段添加到"选定字段"列表

框中。再从"表/查询"下拉列表框中选择"表:成绩表",将"可用字段"列表框中的"课程代码"和"成绩"字段移动到"选定字段"列表框中,如图 4-21 所示。

图 4-21 "窗体向导"对话框(1)

③ 确定查看数据的方式。单击"下一步"按钮,在弹出的窗体向导的确定查看数据的方式对话框中,选择"通过成绩表",如图 4-22 所示。

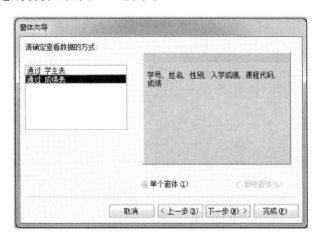

图 4-22 "窗体向导"对话框(2)

**注意:** 由于要创建单个窗体,而"学生表"和"成绩表"具有一对多的关系,所以此处需选择"通过成绩表"查看。

④ 确定窗体布局。单击"下一步"按钮,在弹出的窗体向导的布局选择对话框中,选择"纵栏表"单选按钮,如图 4-23 所示。

⑤ 指定窗体标题与名称。单击"下一步"按钮,弹出窗体向导的指定标题对话框,在"请为窗体指定标题"文本框中输入"学生成绩多表窗体",该标题同时也作为窗体的名称保存。如图 4-24 所示。

⑥ 窗体向导完成。单击"完成"按钮,系统创建并打开"学生成绩多表窗体",如图 4-25 所示。

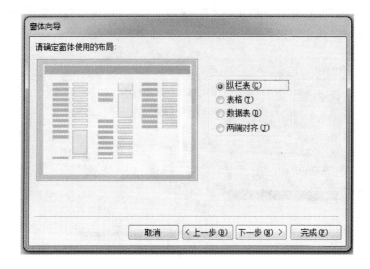

图 4-23 "窗体向导"对话框(3)

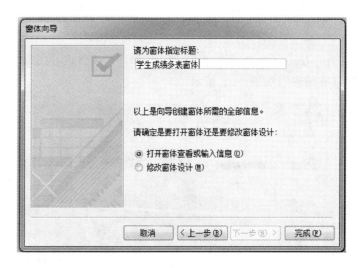

图 4-24 "窗体向导"对话框(4)

图 4-25 学生成绩多表窗体

**3. 创建基于多个表的主/子窗体**

Access 窗体对象处理多数据源的数据时,可以在主窗体对象中开设子窗体。即主窗体基于一个数据源,而其他数据源的数据处理则在为其开设的子窗体中进行。在创建窗体之前,要确保作为主窗体的数据源与作为子窗体的数据源之间建立了一对多的关系。

可以使用 3 种方法创建主/子窗体:一是利用窗体向导同时创建主窗体和子窗体;二是利用"子窗体/子报表"控件,将已有的窗体作为子窗体添加到另一个已有的窗体中;三是直接将已有的窗体作为子窗体拖动到另一个已有的窗体中。

(1) 利用窗体向导创建主/子窗体

使用窗体向导创建主/子窗体的方法与创建基于多个表的单个窗体的方法很相似,它们的主要差别是查看的方式不同。在创建基于多个表的单个窗体时,在"请确定查看数据的方式"列表框中,选择的是通过一对多关系中的"多"端查看;而在创建基于多表的主/子窗体时,需要选择通过一对多关系中的"一"端查看。

【例 4.9】 在"教务管理"数据库中,以"学生表"和"成绩表"为数据源,使用窗体向导创建主/子窗体,命名为"学生选课成绩主子窗体"。主窗体上显示"学号"、"姓名"、"性别"、"出生日期"、"入学成绩"字段,子窗体显示"成绩表"中的所有字段。

操作步骤如下。

① 打开窗体向导。在"创建"选项卡的"窗体"命令组中,单击"窗体向导"按钮,打开"窗体向导"对话框。

② 选择数据源及字段。在"表/查询"下拉列表框中选择"表:学生表"。在"可用字段"列表框中依次双击"学号"、"姓名"、"性别"、"出生日期"、"入学成绩"字段,将这些字段添加到"选定字段"列表框中。再在"表/查询"下拉列表框中选择"表:成绩表",单击 >> 按钮将"可用字段"列表框中的所有字段添加到"选定字段"列表框中,如图 4-26 所示。

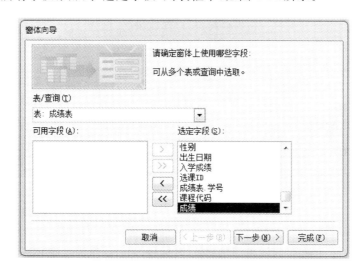

图 4-26 "窗体向导"对话框(1)

③ 确定查看数据的方式。单击"下一步"按钮,在弹出的窗体向导确定查看数据的方式对话框中,选择"通过学生表",并选中"带有子窗体的窗体"单选按钮,如图 4-27 所示。

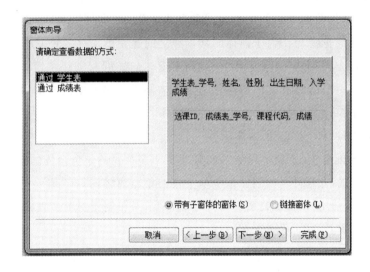

图 4-27 "窗体向导"对话框(2)

**注意**:此处如果选择"链接窗体"单选按钮,那么创建的是基于多表的主窗体和弹出式窗体。

④ 确定子窗体布局。单击"下一步"按钮,在弹出的窗体向导的布局选择对话框中,选择"数据表"单选按钮,如图 4-28 所示。

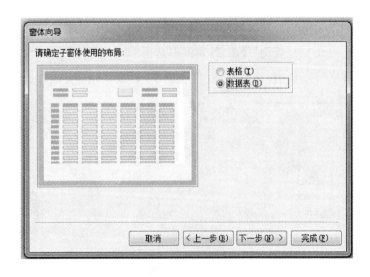

图 4-28 "窗体向导"对话框(3)

⑤ 指定窗体标题与名称。单击"下一步"按钮,弹出窗体向导的指定标题对话框,在"窗体"文本框中输入"学生选课成绩主子窗体",该标题同时也作为主窗体的名称保存。在"子窗体"文本框中输入"成绩子窗体",该标题同时也作为子窗体的名称保存。如图 4-29 所示。

第4章 窗体设计

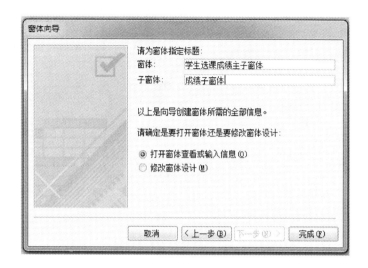

图 4-29 "窗体向导"对话框(4)

⑥ 窗体向导完成。单击"完成"按钮,系统创建并打开"学生选课成绩主子窗体"的设计视图,切换到窗体视图,如图 4-30 所示。

图 4-30 学生选课成绩主子窗体

(2) 利用"子窗体/子报表"控件创建主/子窗体

【例 4.10】 在"教务管理"数据库中,利用"子窗体/子报表"控件将"课程表子窗体"作为子窗体添加到"教师表主窗体"。

操作步骤如下。

① 创建"教师表主窗体"和"课程表子窗体"。以"教师表"为数据源建立"教师表主窗体",窗体布局为"纵栏式",如图 4-31 所示;以"课程表"为数据源建立"课程表子窗体",窗体布局为"数据表",如图 4-32 所示。

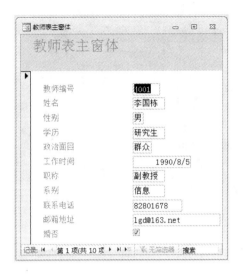

图 4-31　教师表主窗体

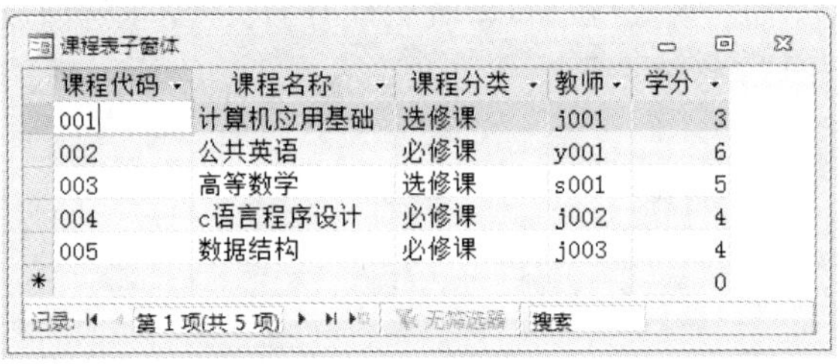

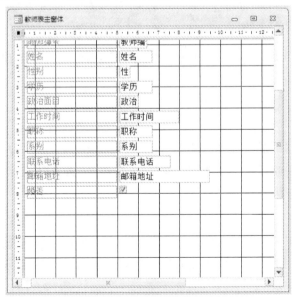

图 4-32　课程表子窗体

② 打开"教师表主窗体"的设计视图。在导航窗格中，右击"教师表主窗体"，从弹出的快捷菜单中选择"设计视图"命令，打开"教师表主窗体"的设计视图，如图 4-33 所示。

图 4-33　"教师表主窗体"的设计视图

③ 添加子窗体。调整"教师表主窗体"设计视图中的"主体"节为适当的大小,在"窗体设计工具/设计"上下文选项卡的"控件"命令组中,单击"其他"按钮,在下拉列表中确保"使用控件向导"命令处于选中状态,单击"子窗体/子报表"控件,在窗体的适当位置绘制一个矩形区域,弹出"子窗体向导"对话框。选择"使用现有的窗体"单选按钮,在列表框中选择"课程表子窗体",如图 4-34 所示。

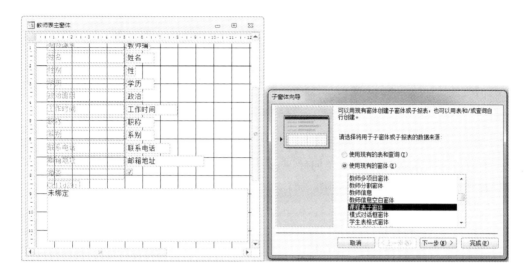

图 4-34 "子窗体向导"对话框(1)

④ 设定主窗体与子窗体的链接字段。在"子窗体向导"对话框中单击"下一步"按钮,弹出设定主窗体和子窗体的链接字段对话框。默认情况下,Access 提供"从列表中选择",如图 4-35 所示。如果列表显示的情况不符合实际情况,可以选择"自行定义"单选按钮。

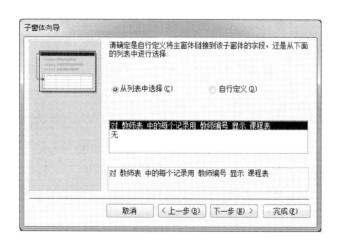

图 4-35 "子窗体向导"对话框(2)

⑤ 保存子窗体并查看窗体向导运行情况。在"子窗体向导"对话框中单击"下一步"按钮,弹出指定子窗体的名称对话框,"课程表子窗体"作为子窗体的名称自动出现在文本框中,如图 4-36 所示。

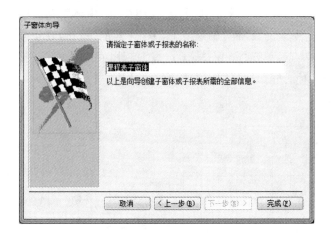

图 4-36 "子窗体向导"对话框(3)

⑥ 子窗体向导完成。在"子窗体向导"对话框中单击"完成"按钮,系统打开"教师表主窗体"的设计视图,切换到窗体视图,如图 4-37 所示。

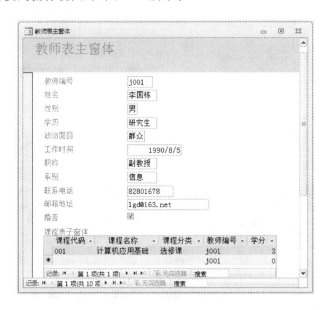

图 4-37 "教师表主窗体"的窗体视图

(3) 利用直接拖动已有窗体的方法创建主/子窗体

【例 4.11】 在"教务管理"数据库中,将"成绩子窗体"作为子窗体添加到"学生纵栏式窗体"。

操作步骤如下。

① 打开"学生纵栏式窗体"的设计视图。在导航窗格中,右击"学生纵栏式窗体",从弹出的快捷菜单中选择"设计视图"命令,打开"学生纵栏式窗体"的设计视图。

② 添加子窗体。调整"学生纵栏式窗体"设计视图中的"主体"节大小,在导航窗格中选中"成绩子窗体",并按住左键将其拖动到"学生纵栏式窗体"设计视图的"主体"节中的合适位置,释放左键,则添加成功。如图 4-38 所示。

第 4 章 窗体设计

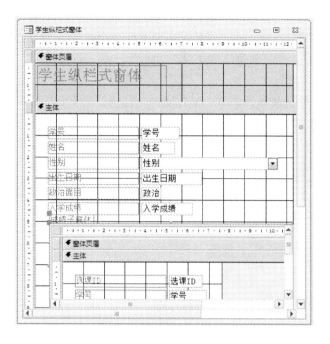

图 4-38 添加子窗体的设计视图

③ 查看窗体向导运行情况。切换到窗体视图,如图 4-39 所示。单击"学生纵栏式窗体"标题栏右侧的"关闭"按钮,弹出提示保存对话框,单击"是"按钮,完成操作。

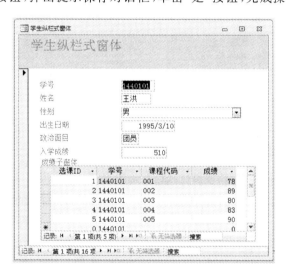

图 4-39 添加子窗体的窗体视图

## 4.2.5 创建导航窗体

导航窗体是 Access 2010 提供的一种新型窗体形式。通过创建类似菜单的导航按钮(实际上就是导航控件),能够在导航窗体中通过导航按钮浏览不同的窗体、报表,从而实现将已建立的数据库对象集成在一起,形成完整的数据库应用系统。

【例 4.12】 创建"学生导航窗体",设置导航按钮的形式为"垂直标签,左侧",添加 3 个导航标签:"学生纵栏式"、"学生表格式"、"学生数据表",分别在导航窗体中浏览"学生纵栏式窗体"、"学生表格式窗体"、"学生数据表式窗体"。

操作步骤如下。

① 打开导航窗体的创建界面。在"创建"选项卡的"窗体"命令组中,单击"导航"下拉按钮,在下拉列表中选择"垂直标签,左侧"的布局选项,打开导航窗体布局视图,如图 4-40 所示。

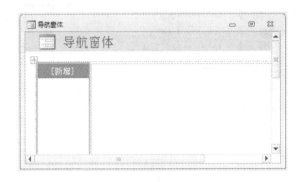

图 4-40 导航窗体布局视图

② 添加导航标签。单击布局视图上的"新增"按钮,然后输入"学生纵栏式"。使用相同的方法创建"学生表格式"和"学生数据表"标签。设置结果如图 4-41 所示。

图 4-41 添加导航标签

③ 为标签指定打开对象。切换到窗体的设计视图,单击"学生纵栏式"标签,再单击"工具"命令组中的"属性表"按钮,弹出该控件的"属性表"窗口。单击"属性表"窗口的"数据"选项卡,在"导航目标名称"下拉列表框中选择"学生纵栏式窗体"。按照相同的方法,分别设置"学生表格式"、"学生数据表"标签的导航目标名称为"学生表格式窗体"、"学生数据表窗体",如图 4-42 所示。

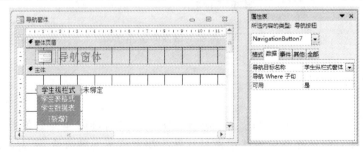

图 4-42 设置导航标签打开的对象

④ 查看窗体运行情况。切换到窗体的窗体视图,单击左侧的不同标签,将在右侧的"子窗体"区域显示不同的窗体。例如,若选中"学生数据表"标签,则右侧的"子窗体"区域显示"学生数据表窗体",如图 4-43 所示。

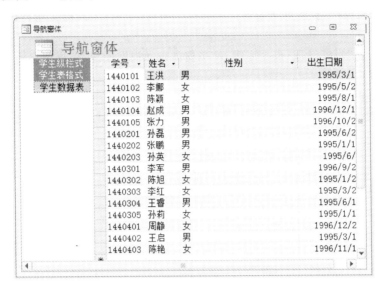

图 4-43 导航窗体视图

⑤ 保存窗体。单击窗体标题栏上的"关闭"按钮,弹出提示保存对话框,单击"是"按钮,弹出"另存为"对话框,输入要保存的窗体名称"学生导航窗体",单击"确定"按钮。

## 4.3 创建自定义窗体

在实际的开发设计中,由于应用程序的复杂性和功能要求的多样性,窗体向导不能满足窗体设计的样式及功能要求。窗体设计视图是进行窗体功能设计的主要工具,我们既可以直接在窗体设计视图中创建窗体,也可以在窗体设计视图中修改已有的窗体。窗体设计视图是创建窗体的最常用的方法,通过窗体设计视图,用户可以设计满足特殊需要的自定义窗体。

在设计视图中创建窗体主要包括以下步骤。

① 打开窗体设计视图。
② 为窗体指定数据源(表、查询、SQL 命令)。
③ 在窗体上添加控件。
④ 调整控件的相对位置及大小。
⑤ 设置控件的属性和事件。
⑥ 对控件进行相关程序设计。
⑦ 美化窗体界面。
⑧ 保存窗体。

### 4.3.1 使用设计视图创建窗体

下面结合一个实例,重点说明窗体设计视图的结构、功能、工具的使用方法和创建窗体的过程。

【例 4.13】 在"教务管理"数据库中,使用窗体设计视图创建"课程表窗体"。

操作步骤如下。

① 进入窗体设计视图。在"创建"选项卡的"窗体"命令组中,单击"窗体设计"按钮,进入窗体设计视图。默认情况下,窗体只有"主体"节,这时创建的窗体为空白窗体,窗体上没有任何控件,如图 4-44 所示。

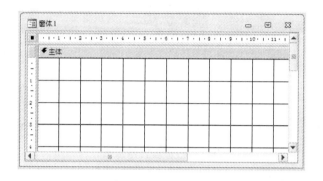

图 4-44 窗体设计视图

② 打开"字段列表"窗口。在"窗体设计工具栏/设计"上下文选项卡的"工具"命令组中,单击"添加现有字段"按钮,弹出"字段列表"窗口。单击"显示所有表"链接,等待添加指定字段进行显示输出,如图 4-45 所示。

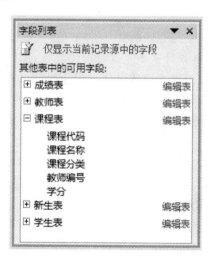

图 4-45 "字段列表"窗口

③ 添加指定字段。在"字段列表"窗口中单击"课程表"前的 ⊞ 图标,展开显示表中包含的字段,并将"课程代码"、"课程名称"、"课程分类"、"教师编号"、"学分"字段拖动到窗体设计视

图中,如图4-46所示。此外,还可以双击字段名,选中字段也会自动添加到窗体中。

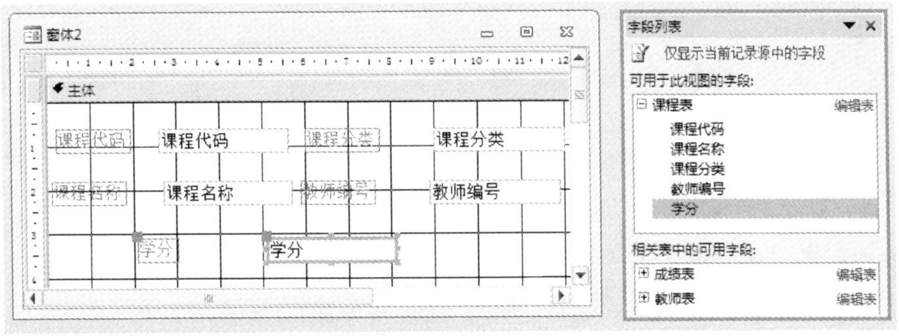

图 4-46 向窗体添加指定字段

"字段列表"窗口包括"可用于此视图的字段"列表框和"相关表中的可用字段"列表框。其中,"可用于此视图的字段"列表框显示该数据库中的所有表内容,并且可以展开任意表,显示该表所包含的字段;"相关表中的可用字段"列表框显示该表或者字段所关联的表及字段内容,并且可以添加到窗体中。

④ 查看窗体运行效果。切换到窗体视图,查看窗体运行效果,如图4-47所示。单击窗体下方的记录导航按钮,可以逐一浏览每门课程的基本信息。

图 4-47 在窗体视图中打开"课程自定义窗体"

⑤ 保存窗体。单击快速访问工具栏上的"保存"按钮,在出现的"另存为"对话框中,输入要保存的窗体名称"课程自定义窗体",单击"确定"按钮。

## 4.3.2 "窗体设计工具"上下文选项卡

通过窗体设计视图创建窗体时,"窗体设计工具"上下文选项卡是非常重要的,该上下文选项卡提供了进行窗体设计需要用到的各种工具和命令功能。

**1. "设计"选项卡**

进入窗体设计视图后,在功能区中就会出现"窗体设计工具"上下文选项卡。该上下文选项卡由"设计"、"排列"和"格式"3个选项卡组成。其中,"设计"选项卡提供了设计窗体时将用到的主要工具,包括"视图"、"主题"、"控件"、"页眉/页脚"、"工具"5个命令组,如图4-48所示。

图 4-48 "设计"选项卡

5个命令组的基本功能如表 4-1 所示。

表 4-1 "设计"选项卡中的命令组的基本功能

| 命令组名称 | 功能 |
| --- | --- |
| 视图 | 切换窗体工作的视图,从而了解窗体各种视图的显示情况 |
| 主题 | 设置整个系统的视觉外观,包括"主题"、"颜色"和"字段"3个下拉按钮,每个下拉按钮包含相应的下拉列表,用户可以选择相应的格式设置 |
| 控件 | 包含了 Access 提供的基本控件 |
| 页眉/页脚 | 用于设置"窗体页眉/窗体页脚"和"页面页眉/页面页脚" |
| 工具 | 提供设置窗体及控件的相关工具,其中最重要的是"添加现有字段"和"属性表"按钮 |

**2."排列"选项卡**

"排列"选项卡如图 4-49 所示。

图 4-49 "排列"选项卡

"排列"选项卡包括"表"、"行和列"、"合并/拆分"、"移动"、"位置"、"调整大小和排序"6个命令组,其基本功能如表 4-2 所示。

表 4-2 "排列"选项卡中的命令组的基本功能

| 命令组名称 | 功能 |
| --- | --- |
| 表 | 用于修改、删除布局类型。"堆积"和"表格"按钮便是两种布局类型 |
| 行和列 | 主要用于在已有的布局基础上添加控件 |
| 合并/拆分 | 主要用于对选中的控件进行合并或拆分操作。其中,"拆分"操作可选水平和垂直两种方向对控件进行拆分 |
| 移动 | 主要用于移动选中的控件,有"上移"和"下移"两种选择 |
| 位置 | 主要用于调整控件边距,以及设置控件填充形式和定位方式等 |
| 调整大小和排序 | 主要用于调整控件的大小和间距,以及控件对齐方式和排列次序等 |

## 3. "格式"选项卡

"格式"选项卡如图 4-50 所示。

图 4-50　"格式"选项卡

"格式"选项卡包括"所选内容"、"字体"、"数字"、"背景"、"控件格式"5 个命令组,其功能如表 4-3 所示。

表 4-3　"格式"选项卡中的命令组的基本功能

| 命令组名称 | 功　能 |
| --- | --- |
| 所选内容 | 用于选择或全选要修改格式的控件 |
| 字体 | 主要用于修改所选控件的字体类型、字体颜色、字体对齐方式等 |
| 数字 | 主要用于设置所选控件的数字格式,如显示小数位数等 |
| 背景 | 用于编辑窗体或控件的背景,可以添加图片或者设置行颜色 |
| 控件格式 | 用于设置控件格式,可以设置控件填充颜色、轮廓、视觉效果 |

## 4.3.3　控件及其类型

### 1. 控件简介

控件是窗体设计的基础,通过控件用户可以设计出美观、实用的应用程序界面。控件是窗体上用于显示数据、执行操作和装饰窗体的对象。Access 中的常用控件及其功能如表 4-4 所示。

表 4-4　常用控件及其功能

| 按钮名称 | 按钮图标 | 功　能 |
| --- | --- | --- |
| 选择 |  | 选取控件、窗体或节 |
| 使用控件向导 |  | 设置打开或关闭控件向导。当打开控件向导,创建相关控件时,采用向导引导辅助的形式来创建 |
| 标签 | Aa | 显示说明信息,如字段信息,或输入文本内容 |
| 文本框 | ab | 用于显示、输入或编辑数据 |
| 按钮 | xxxx | 完成各种用户指定的操作命令 |
| 切换按钮 |  | 表示是/否两种状态 |
| 选项按钮 |  | 用于单项选择 |
| 复选框 |  | 用于多项选择 |
| 选项组 | XYZ | 与复选框、选项按钮或切换按钮配合使用,显示一组可选值 |

续表

| 按钮名称 | 按钮图标 | 功　能 |
| --- | --- | --- |
| 组合框 |  | 结合型或非结合型，既可选择其列表中的值，也可输入特定的值 |
| 列表框 |  | 结合型或非结合型，仅可选择其列表中的值 |
| 图表 |  | 插入图表，利用图表的方式直观地显示汇总的信息，方便进行数据的对比，显示数据的变化趋势 |
| 图像 |  | 显示静态图像，且不能再进行编辑 |
| 未绑定对象框 |  | 显示非结合型OLE对象。该框架保留了一个与窗体字段无关的OLE对象或导入的图像，包括图表、图像、声音文件和视频文件 |
| 绑定对象框 |  | 显示结合型OLE对象，如照片等，对象内容跟随记录变化而变化 |
| 附件 |  | 结合型或非结合型，用来显示附件信息 |
| 子窗体/子报表 |  | 显示来自多个表的数据 |
| 选项卡控件 |  | 创建多页选项卡窗体，每个选项卡内可以复制或添加其他控件 |
| 插入分页符 |  | 打印窗体时在当前位置插入下一个页面 |
| 直线 |  | 绘制一条直线，可用于分隔窗体的不同区块 |
| 矩形 |  | 显示矩形效果，可用于界定窗体部分区域，突出相关矩形内的内容 |
| 超链接 |  | 插入超链接，创建指向网页、图片、电子邮件地址或程序的链接 |
| Web浏览器控件 |  | 在窗体上打开Web浏览器 |
| 导航控件 |  | 访问和使用所需的常用窗体和报表 |
| ActiveX控件 |  | 从中可选择其他控件，并在当前窗体上使用 |

向窗体添加上述控件以完成相关功能时，可以利用"窗体设计工具/设计"上下文选项卡上的"控件"命令组来进行，只需单击其上的某个控件后，在窗体设计视图的合适位置画出即可。"控件"命令组如图4-51所示。

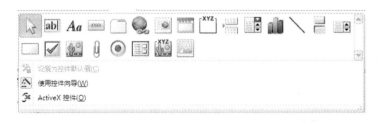

图4-51　"控件"命令组

### 2. 控件的基本类型

在窗体上可以添加3种不同类型的控件：绑定型控件、未绑定型控件和计算型控件，如图4-52所示。

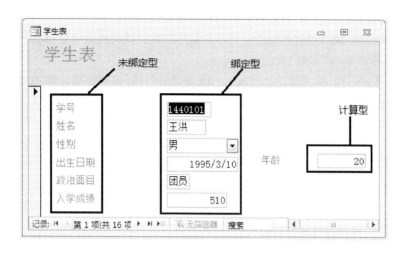

图 4-52 控件类型

● 绑定型(又称结合型)控件：源于窗体数据源(表或查询)的某个数据字段。使用这种控件可以显示、输入或更新数据库中的字段值。在图 4-52 中，显示学号、姓名、出生日期、政治面目、入学成绩的都是绑定型文本框，显示性别的是绑定型组合框。

● 未绑定型(又称非结合型)控件：没有数据源。使用这种控件可以显示信息、线条、矩形和图片。在图 4-52 中，显示各字段名称的标签控件就是未绑定型控件，显示内容来自直接输入，或者首次生成时来自字段名称，但是一旦生成后不会随着数据记录的跳转而自动变化。也就是说，未绑定型控件的内容一般不随着记录浏览的顺序而变化。

● 计算型控件：计算型控件根据窗体上的一个或多个字段中的数据，使用表达式计算其值。表达式总是以"="开始，并使用最基本的运算符。添加计算型控件有两种方式：如果控件是文本框，可直接在控件中输入计算表达式；另一种方式是用表达式生成器来完成。在图 4-52 中，显示年龄的文本框就是计算型控件，文本框内显示的 20 为计算结果，在该控件的数据源中设置为"=Year(Date())－Year([出生日期])"，由此表达式指定控件数据源的值。

## 4.3.4 常用控件的应用

**1. 标签控件的使用**

标签主要用来在窗体上显示一些说明性文字。标签有两种用法：一种是用作独立标签，独立标签用于显示标题或其他说明性文本；另一种是用作关联标签，可以将标签附加到其他控件的旁边，如在创建文本框时，会同时创建一个附加标签，该标签在数据表视图中作为标题显示。标签不能显示字段或表达式的值，它没有数据源。当从一条记录转到另一条记录时，标签的内容不变。

在默认情况下，当把文本框、组合框或列表框放置到窗体上时，它们都带有一个与之关联的标签，称为"组合控件"。

在窗体设计视图中，右击标签，在快捷菜单中选择"属性"命令，打开标签"属性表"窗口。也可以单击"窗体设计工具/设计"上下文选项卡的"工具"命令组的"属性表"按钮。

标签的重要属性包括以下几种。

- 名称(Name)："名称"属性指定标签的对象名称。
- 标题(Caption)：标签的"标题"属性值将成为标签中显示的文字信息。

**注意**：不要与标签的"名称"属性相混淆。

- 背景色(BackColor)、前景色(ForeColor)：它们分别表示标签显示时的底色与标签中文字的颜色。设定颜色的操作可以通过调色板进行。
- 特殊效果(SpecialEffect)：特殊效果属性用于设定标签的显示效果。Access 2010 提供"平面"、"凸起"、"凹陷"、"蚀刻"、"阴影"、"凿痕"等几种特殊效果属性值供选择。
- 字体名称(FontName)、字号(FontSize)、字体粗细(FontWeight)、斜体字体(FontItalic)：这些属性用于设定标签中显示文字的字体、字号、字形等参数。
- 左边距(Left)、上边距(Top)：用于设定标签左边缘距窗体左边缘之间的距离及标签上边缘与所在节的上边缘之间的距离。

【例 4.14】 创建名称为"标签控件示例"的窗体，添加一个标签，如图 4-53 所示。

图 4-53 标签控件示例

标签的设置要求如下。

① 标题：欢迎使用 Access 标签控件。
② 名称：Label 示例。
③ 左边距 1 cm，上边距 1 cm，宽 10 cm，高 1.5 cm。
④ 隶书，24 号，加粗，居中对齐。
⑤ 前景色为红色，背景色为中灰。
⑥ 边框样式为虚线，边框颜色为深蓝色，边框宽度为 2 pt。

操作步骤如下。

① 进入窗体设计视图。在"创建"选项卡的"窗体"命令组中，单击"窗体设计"按钮，进入窗体设计。

② 添加标签。在"窗体设计工具/设计"上下文选项卡的"控件"命令组中单击"标签"按钮，鼠标移到窗体设计视图上时变成"+A"形式，按住鼠标左键在窗体上绘制一个标签的区域，在区域内出现输入光标。输入"欢迎使用 Access 标签控件"，按 Enter 键或单击窗体空白处，则创建了标题为"欢迎使用 Access 标签控件"的标签。

③ 设置标签标题。单击"窗体设计工具/设计"上下文选项卡的"工具"命令组中的"属性表"按钮，打开"属性表"窗口，确保窗口上方的对象选择器选中"Label0"（系统自动分配给标签的名称）。单击"属性表"窗口的"格式"选项卡，查看"标题"属性，其后的文本框中已经显示"欢迎使用 Access 标签控件"，这说明标题属性内容就是显示在标签上的内容。

④ 设置标签名称。单击"属性表"窗口的"全部"选项卡，看到"名称"属性为系统指定的名

字"Label0",将其更改为"Label 示例",按 Enter 键,则此时"属性表"窗口上方的对象选择器中变为"Label 示例",表示正在对本标签设置属性,如图 4-54 所示。

图 4-54　设置标签名称

⑤ 设置标签外观。单击"属性表"窗口的"格式"选项卡,将"上边距"属性设置为"1 cm","左"属性设置为"1 cm","宽度"属性设置为"10 cm","高度"属性设置为"1.5 cm","前景色"属性设置为"红色","背景色"属性设置为"中灰","边框样式"属性设置为"虚线","边框颜色"属性设置为"深蓝色","边框宽度"属性设置为"2 pt"。单击标签,在"窗体设计工具/格式"上下文选项卡的"字体"命令组中进行设置:隶书、24 号、加粗、居中对齐,如图 4-55 所示。

图 4-55　设置标签字体格式

⑥ 保存窗体。单击快速访问工具栏上的"保存"按钮,输入窗体名称为"标签控件示例",单击"确定"按钮。切换至窗体视图查看运行界面,适当调整界面高度,如图 4-53 所示。

**2. 文本框控件的使用**

窗体使用文本框主要作为交互式控件应用。文本框分为绑定型、非绑定型与计算型 3 种。绑定型文本框与表或查询中的字段相连,可用于显示、输入及更新数据库中的字段。计算型文本框则以表达式作为数据源。表达式可以使用表或查询字段中的数据,或者窗体或报表上其他控件中的数据。非绑定型文本框则没有数据源。使用非绑定型文本框可以显示信息、线条、矩形及图像。

绑定型文本框显示的数据都来自它所绑定的字段;未绑定型文本框可用来接收用户输入的数据并进行处理。

文本框的重要属性包括以下几种。

● 控件来源:用于设定一个绑定型文本框时,它必须是窗体数据源表或查询中的一个字段。用于设定一个计算型文本框时,它必须是一个计算表达式,可以通过单击属性栏右侧的生成器按钮,进入表达式生成器向导。用于设定一个非绑定文本框时,它不设置任何内容,不与字段绑定。

● 输入掩码:用于设定一个绑定型文本框或非绑定型文本框的输入格式,仅对文字型或日期型数据有效。也可以通过单击属性栏右侧的生成器按钮,进入表达式生成器向导来确定输入掩码。

● 默认值:用于设定一个计算型文本框或非绑定型文本框的初始值。可以使用表达式生成器向导来确定默认值。

● 有效性规则:用于设定在文本框中输入数据的合法性检查表达式,可以使用表达式生成器向导来建立合法性检查表达式。

● 有效性文本:在窗体运行期间,当在文本框中输入的数据违背了有效性规则时,即显示有效性文本中输入的文字信息。即该属性用于指定违背了有效性规则时,将显示给用户的提示信息。

● 格式:指定文本显示格式。

下面以具体的实例介绍3种文本框的创建方法。

（1）创建绑定型文本框

在窗体设计视图中创建绑定型文本框的步骤如下。

① 进入窗体设计视图。单击"窗体"命令组中的"窗体设计"按钮。

② 设置窗体记录源。在"属性表"窗口上方的对象选择器中选择"窗体",单击"数据"选项卡,按要求选择记录源。

③ 添加字段。在字段列表中,选择字段并按住鼠标左键将其拖动到适当位置,释放左键,则在窗体中添加一个绑定型文本框。

【例 4.15】 创建名称为"文本框控件示例"的窗体,如图 4-56 所示。

设置要求如下。

图 4-56 "文本框控件示例"的窗体视图

① 窗体的"记录源"属性为"学生表"。

② 创建名称为"Text 绑定型"的文本框,"控件来源"属性为"姓名"。

③ 创建名称为"出生日期"的绑定型文本框,"控件来源"属性为"出生日期","格式"属性为"长日期"。

操作步骤如下。

① 进入窗体设计视图。单击"窗体"命令组中的"窗体设计"按钮。

② 设置窗体记录源。在"属性表"窗口上方的对象选择器中选择"窗体",单击"数据"选项卡,设置"记录源"属性为"学生表"。

③ 创建"Text 绑定型"文本框。单击"工具"命令组中的"添加现有字段"按钮,打开"字段列表"窗口。单击"姓名"字段,按住鼠标左键将其拖动到窗体的适当位置,释放左键,则窗体中添加了一个文本框,并且自动在其前面添加了一个标题为"姓名"的标签,如图 4-57 所示。此时,文本框的名称为"姓名",打开"属性表"窗口,单击"全部"选项卡,将"名称"属性修改为"Text 绑定型",同时可以看到"控件来源"属性为"姓名"。

图 4-57 "字段列表"窗口

④ 创建"出生日期"文本框。打开"字段列表"窗口,将"出生日期"字段拖动到窗体的适当位置。打开"属性表"窗口,单击"格式"选项卡,设置"格式"属性为"长日期",如图 4-58 所示。单击"全部"选项卡,将"名称"属性设置为"出生日期绑定型"。

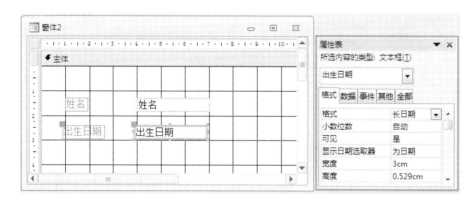

图 4-58 "属性表"窗口

⑤ 单击快速访问工具栏上的"保存"按钮,输入窗体名称为"文本框控件示例",单击"确定"按钮。切换到窗体视图查看运行界面,适当调整界面高度,如图 4-56 所示。

(2) 创建非绑定型文本框

在窗体设计视图中创建非绑定型文本框的步骤如下。

① 进入窗体设计视图。单击"窗体"命令组中的"窗体设计"按钮。

② 单击"控件"命令组中的"文本框"按钮,在窗体的适当位置绘制。

【例 4.16】 打开名称为"文本框控件示例"的窗体,添加两个未绑定型文本框,如图 4-59

所示。设置要求如下。

图 4-59 "文本框控件示例"的窗体视图

① 创建名称为"Text 密码"的文本框,"控件来源"属性为空,"输入掩码"属性为"密码"。

② 创建名称为"Text 默认值"的文本框,"控件来源"属性为空,"默认值"属性为"888888"。

操作步骤如下。

① 打开窗体设计视图。在导航窗格中右击"文本框控件示例"窗体,从快捷菜单中选择"设计视图"命令。

② 创建"Text 密码"文本框。单击"控件"命令组中的"文本框"按钮,在窗体的适当位置绘制,此时弹出"文本框向导"对话框,如图 4-60 所示。

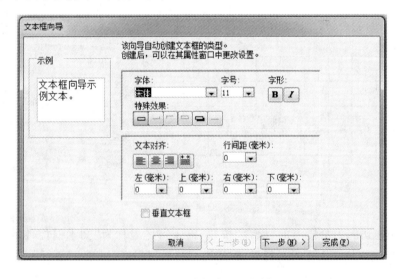

图 4-60 "文本框向导"对话框

单击"取消"按钮,可以看到在窗体设计视图中已经添加了一个未绑定型文本框。单击未绑定型文本框前附加的标签,输入"输入密码"。选中未绑定型文本框,单击"属性表"按钮,打开"属性表"窗口。单击"全部"选项卡,输入"名称"属性为"Text 密码"。单击"数据"选项卡,单击"输入掩码"属性后面的生成器按钮,弹出"输入掩码向导"对话框。在对话框中选择"密码",单击"完成"按钮关闭对话框,如图 4-61 所示。

图 4-61 "输入掩码向导"对话框

③ 创建"Text 默认值"文本框。用类似方法创建一个未绑定型文本框,输入其前面标签的标题为"提示信息"。选中未绑定型文本框,单击"属性表"按钮,打开"属性表"窗口。单击"全部"选项卡,输入"名称"属性为"Text 默认值"。单击"数据"选项卡,在"默认值"属性中输入"888888"。

④ 单击快速访问工具栏上的"保存"按钮。切换到窗体视图查看运行界面,适当调整界面高度,如图 4-59 所示。

(3) 创建计算型文本框

在窗体设计视图中创建计算型文本框的步骤如下。

① 进入窗体设计视图。单击"窗体"命令组中的"窗体设计"按钮。

② 单击"控件"命令组中的"文本框"按钮,在窗体的适当位置绘制。

③ 在"属性表"窗口中,单击"数据"选项卡,在"控件来源"文本框中输入计算表达式。也可以直接在窗体中的文本框中输入计算表达式。在输入计算表达式时需要先输入一个等号(=)运算符。

【例 4.17】 打开名称为"文本框控件示例"的窗体,添加一个计算型文本框,文本框名称为"Text 计算型","控件来源"属性为计算表达式"=Year(Date())−Year([出生日期])",用于计算学生年龄。窗体如图 4-62 所示。

操作步骤如下。

① 打开窗体设计视图。在导航窗格中右击"文本框控件示例"窗体,从快捷菜单中选择"设计视图"命令。

② 创建"Text 计算型"文本框。单击"控件"命令组中的"文本框"按钮,在窗体的适当位置绘制,此时弹出"文本框向导"对话框。单击"取消"按钮,可以看到在窗体设计视图中已经添加了一个未绑定型文本框。单击未绑定型文本框前附加的标签,输入标题为"年龄"。选中未绑定型文本框,单击"属性表"按钮,打开"属性表"窗口。单击"全部"选项卡,输入"名称"属性

图 4-62 "文本框控件示例"的窗体视图

为"Text 计算型"。选择"数据"选项卡,单击"控件来源"文本框后面的表达式生成器按钮,打开"表达式生成器"对话框,如图 4-63 所示。在表达式编辑区输入表达式"=Year(Date())−Year([出生日期])",单击"确定"按钮返回"属性表"窗口,则在"控件来源"文本框中显示"=Year(Date())−Year([出生日期])"。也可以直接在"控件来源"文本框中直接输入此表达式,完成创建。

图 4-63 "表达式生成器"对话框

③ 单击快速访问工具栏上的"保存"按钮。切换到窗体视图查看运行界面,适当调整界面高度,如图 4-62 所示。

### 3. 复选框、切换按钮和选项按钮的使用

复选框、切换按钮和选项按钮在窗体中均可以作为一个单独的控件使用,可以显示数据库中表或查询中的是/否型数据。当选中或按下控件时,相当于"是"状态,否则相当于"否"状态。

【例 4.18】 创建名称为"选项控件示例"的窗体,分别将"教师表"中的"婚否"字段创建为切换按钮、复选框或选项按钮。设置要求如下。

① 窗体的"记录源"属性为"教师表"。

② 创建两个绑定型文本框,用于显示教师的"教师编号"和"姓名"字段。

③ 创建切换按钮,"名称"属性为"Toggle 婚否","控件来源"属性为"婚否","标题"属性为"婚否"。

④ 创建复选框,"名称"属性为"Check 婚否","控件来源"属性为"婚否",附带的标签的"标题"属性为"婚否"。

⑤ 创建选项按钮,"名称"属性为"Option 婚否","控件来源"属性为"婚否",附带的标签的"标题"属性为"婚否"。

操作步骤如下。

① 进入窗体设计视图。单击"窗体"命令组中的"窗体设计"按钮。

② 设置窗体记录源。在"属性表"窗口上方的对象选择器中选择"窗体",单击"数据"选项卡,设置"记录源"属性为"教师表"。

③ 打开"字段列表"窗口,将"教师编号"、"姓名"字段拖动到窗体的"主体"节中。

④ 单击"控件"命令组中的"切换按钮"控件,在窗体的适当位置绘制,创建切换按钮。单击"属性表"按钮,打开"属性表"窗口。单击"全部"选项卡,输入"名称"属性为"Toggle 婚否";单击"数据"选项卡,设置"控件来源"属性为"婚否"字段;单击"格式"选项卡,设置"标题"属性为"婚否"。

⑤ 使用同样的方法向窗体添加复选框,将其"名称"属性设置为"Check 婚否","控件来源"属性设置为"婚否"字段,将其自动添加的标签的标题设置为"婚否"。

⑥ 使用同样的方法向窗体添加选项按钮,将其"名称"属性设置为"Option 婚否","控件来源"属性设置为"婚否"字段,将其自动添加的标签的标题设置为"婚否"。

⑦ 单击快速访问工具栏上的"保存"按钮,输入窗体名称为"选项控件示例",单击"确定"按钮。切换到窗体视图查看运行界面,适当调整界面高度。当该教师已婚时,窗体如图 4-64 所示;当该教师未婚时,窗体如图 4-65 所示。

图 4-64 窗体视图显示复选框、选项按钮和切换按钮的"是"状态

图 4-65 窗体视图显示复选框、选项按钮和切换按钮的"否"状态

**4. 选项组控件的使用**

选项组控件是一个容器控件,它由一个组框架、复选框、切换按钮或选项按钮组成。在窗体、报表中可以使用选项组来显示一组限制性的选项。选项组的值只能是数字,而不能是文本。选项组中每次只能选择一个选项。绑定字段时,是绑定到该选项组控件的"控件来源"属性,而不是其内部的复选框、选项按钮或切换按钮。

【例 4.19】 创建名称为"选项组控件示例"的窗体,设置要求如下。
① 窗体的"记录源"属性为"教师表"。
② 创建绑定型文本框,用于显示教师的"教师编号"、"姓名"字段。
③ 创建"名称"属性为"Frame 职称"的选项组,用选项按钮来显示、输入教师职称。
操作步骤如下。
① 由于选项组的值只能是数字,而不能是文本,因此,应先修改"教师表",用 1 替换教授,用 2 替换副教授,用 3 替换讲师。
② 进入窗体设计视图。单击"窗体"命令组中的"窗体设计"按钮。
③ 设置窗体记录源。在"属性表"窗口上方的对象选择器中选择"窗体",单击"数据"选项卡,设置"记录源"属性为"教师表"。
④ 打开"字段列表"窗口,将"教师编号"、"姓名"字段拖动到窗体的"主体"节中。
⑤ 确保"使用控件向导"命令处于选中状态,单击"控件"命令组中的"选项组"按钮,在窗体的适当位置绘制,此时弹出"选项组向导"第 1 个对话框。在"标签名称"列下输入"教授"、"副教授"、"讲师",如图 4-66 所示。

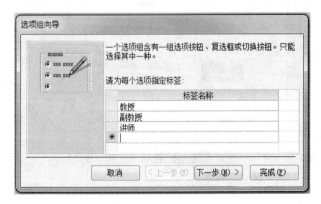

图 4-66 "选项组向导"对话框—指定标签

⑥ 单击"下一步"按钮,打开"选项组向导"第 2 个对话框,选择"是,默认选项是"单选按钮,如图 4-67 所示。

图 4-67 "选项组向导"对话框—确定默认选项

⑦ 单击"下一步"按钮,打开"选项组向导"第 3 个对话框,如图 4-68 所示,"教授"选项值设置为"1","副教授"选项值设置为"2","讲师"选项值设置为"3"。

图 4-68 "选项组向导"对话框—选项赋值

⑧ 单击"下一步"按钮,打开"选项组向导"第 4 个对话框,选择"在此字段中保存该值"单选按钮,在下拉列表框中选择"职称"字段,如图 4-69 所示。

图 4-69 "选项组向导"对话框—确定对选项值采取的动作

⑨ 单击"下一步"按钮,打开"选项组向导"第 5 个对话框,在"请确定在选项组中使用何种类型的控件"区域中选择"选项按钮"单选按钮,在"请确定所用样式"区域中选择"阴影"单选按钮,如图 4-70 所示。

图 4-70 "选项组向导"对话框—确定选项组使用的控件及样式

⑩ 单击"下一步"按钮,打开"选项组向导"第 6 个对话框,为选项组指定标题,输入"职称",如图 4-71 所示。

图 4-71 "选项组向导"对话框—指定标题

⑪ 单击"完成"按钮,返回窗体设计视图,打开"属性表"窗口,将其"名称"属性设置为"Frame 职称"。

⑫ 单击快速访问工具栏上的"保存"按钮,保存窗体名称为"选项组控件示例"。切换到窗体视图查看运行界面,适当调整界面高度,显示结果如图 4-72 所示。

图 4-72 "选项组控件示例"的窗体视图

## 5. 图表控件的使用

图表控件使用图表向导快速创建图表窗体,它以图表的方式直观地显示汇总的信息,方便进行数据的对比,显示数据的变化趋势。

图表控件的设计需要指定 3 种字段:系列、数据、轴。

【例 4.20】 建立以"新生表"为数据源的图表窗体,比较新生的入学成绩,图表窗体名称为"新生入学成绩图表"。设置要求如下。

① 设置窗体宽 12 cm,"主体"节高 10 cm。
② 图表控件的数据源为"新生表"。
③ 创建图表的字段为"姓名"、"入学成绩"。
④ 图表类型为"柱形图"。

操作步骤如下。

① 进入窗体设计视图。单击"窗体"命令组中的"窗体设计"按钮。打开"属性表"窗口,设置窗体"宽度"属性为"12 cm","主体"节"高度"属性为"10 cm"。

② 确保"使用控件向导"命令处于选中状态,向窗体中添加图表控件,绘制时可使控件大小覆盖整个窗体。此时弹出"图表向导"第 1 个对话框,选择"表"单选按钮,在上方列表框中选择"表:新生表",如图 4-73 所示。

图 4-73 "图表向导"对话框—选择数据源

③ 单击"下一步"按钮,打开"图表向导"第 2 个对话框,选择图表数据所需要的字段"姓名"、"入学成绩",如图 4-74 所示。

图 4-74 "图表向导"对话框—选择字段

④ 单击"下一步"按钮,打开"图表向导"第 3 个对话框,选择图表类型为"柱形图",如图 4-75所示。

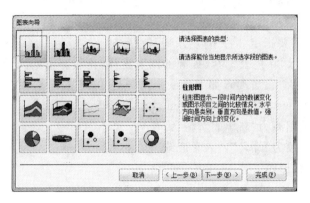

图 4-75 "图表向导"对话框—选择图表类型

⑤ 单击"下一步"按钮,打开"图表向导"第 4 个对话框,将"姓名"字段拖动到"系列",此时"姓名"字段自动作为"轴","入学成绩"字段自动作为"数据",如图 4-76 所示。

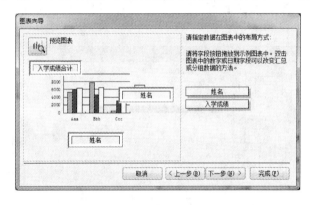

图 4-76 "图表向导"对话框—指定布局方式

⑥ 单击"下一步"按钮,打开"图表向导"第 5 个对话框,为图表指定标题"新生入学成绩",如图 4-77 所示。

图 4-77 "图表向导"对话框—指定图表标题

⑦ 单击"完成"按钮,返回窗体设计视图,单击快速访问工具栏上的"保存"按钮,保存窗体名称为"新生入学成绩图表",如图 4-78 所示,单击"确定"按钮。切换到窗体视图查看运行界面,显示结果如图 4-79 所示。

图 4-78 "图表向导"对话框—指定图表标题

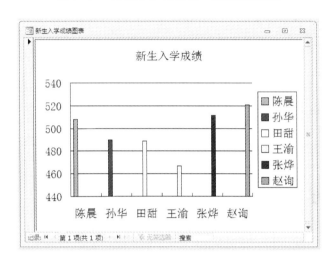

图 4-79 "新生入学成绩图表"的窗体视图

### 6. 列表框和组合框控件的使用

列表框和组合框控件,可以帮助用户方便地输入值,或用来确保在字段中输入的值是正确的。在列表框或组合框的列表中选择相应的数据,可以使操作更加方便和准确。

列表框是由数据行组成的一个列表,它可以包含一列或几列数据,每行也可以有一个和几个字段。列表框的优点是列表随时可见,并且只能从列表中选择数据,不能向列表框中添加数据。

组合框类似文本框和列表框的组合,只有打开列表后才显示内容,因此可以节省一定的空间。它的操作更加灵活,可以在组合框输入新值,也可以从列表中选择一个值。

列表框和组合框控件的重要属性如下。

- 控件来源:指定控件所绑定的字段。
- 行来源类型:可选项有"值列表"、"表/查询"和"字段列表"。
- 行来源:根据"行来源类型"属性值不同而不同。对于"值列表",则各输入的值用";"分隔,如"男;女";对于"表/查询",则显示为一条 SQL 命令。
- 列数:说明组合框或列表框中的数据有几列。
- 列宽:指定组合框或列表框中,每列显示的宽度。0 表示隐藏该列,多个列直接用";"

分隔。
- 绑定列:指定"控件来源"属性值字段与第几列上的数据绑定。
- 列表行数:指定组合框或列表框中显示的最大项数。超过该项数,则出现上下滚动条。

【例 4.21】 以"教师表"为数据源,创建一个"列表框控件示例"窗体,添加字段"教师编号"、"姓名"、"学历"、"职称"。在窗体中创建名称为"List 系别"的列表框,其选项通过表或查询获取,绑定到"系别"字段。

操作步骤如下。

① 进入窗体设计视图。单击"窗体"命令组中的"窗体设计"按钮。

② 设置窗体记录源。在"属性表"窗口上方的对象选择器中选择"窗体",单击"数据"选项卡,设置"记录源"属性为"教师表"。

③ 打开"字段列表"窗口,将"教师编号"、"姓名"、"学历"、"职称"字段拖动到窗体的"主体"节中。

④ 由于利用向导方式从表或查询中获取列表框选项的效果比较复杂并且不实用,所以采用直接创建方式。确保"使用控件向导"命令处于未选中状态,单击"控件"命令组中的"列表框"按钮,在窗体的适当位置绘制,此时窗体如图 4-80 所示。

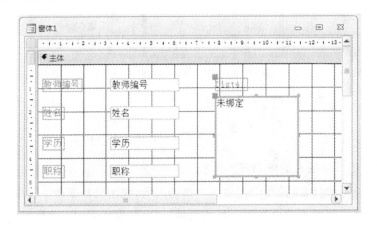

图 4-80 初始窗体设计视图

⑤ 单击列表框附带标签,将其标题设置为"系别",如图 4-81 所示。

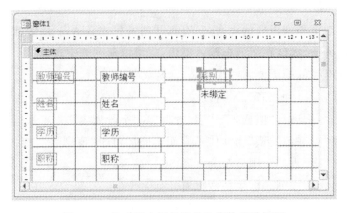

图 4-81 修改列表框标签后的窗体设计视图

⑥ 单击列表框,打开"属性表"窗口,设置其"名称"属性为"List 系别","控件来源"属性为"系别",如图 4-82 所示。

图 4-82 "属性表"窗口

⑦ 单击"行来源"属性后面的生成器按钮,打开查询生成器,查询中仅选择"系别"字段,如图 4-83 所示。

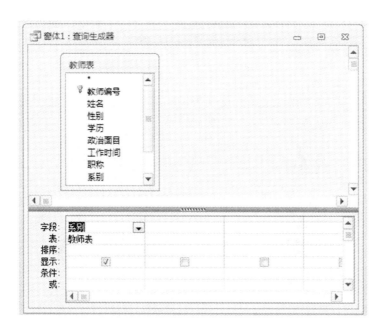

图 4-83 查询生成器

⑧ 设置查询的"唯一值"属性为"是",表示去掉"系别"字段的重复值,如图 4-84 所示。

图 4-84 "属性表"窗口

⑨ 关闭查询生成器时,弹出"是否保存对 SQL 语句的更改并更新属性?"提示对话框,如图 4-85 所示。

图 4-85 提示对话框

⑩ 单击"是"按钮,返回列表框的"属性表"窗口,此时"行来源"属性为"SELECT DISTINCT 教师表.系别 FROM 教师表;",如图 4-86 所示。

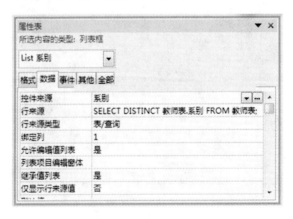

图 4-86 设置"行来源"属性后的"属性表"窗口

⑪ 关闭"属性表"窗口,单击快速访问工具栏上的"保存"按钮,保存窗体名称为"列表框控件示例"。切换到窗体视图查看运行界面,适当调整界面高度,显示结果如图 4-87 所示。

图 4-87 "列表框控件示例"的窗体视图

【例 4.22】 以"学生表"为数据源,创建一个"组合框控件示例"窗体,添加字段"学号"、"姓名"。在窗体中创建名称为"Combo 政治面目"的组合框,其选项通过直接输入指定,绑定到"政治面目"字段。

操作步骤如下。

① 进入窗体设计视图。单击"窗体"命令组中的"窗体设计"按钮。

② 设置窗体记录源。在"属性表"窗口上方的对象选择器中选择"窗体",单击"数据"选项卡,设置"记录源"属性为"学生表"。

③ 打开"字段列表"窗口,将"学号"、"姓名"字段拖动到窗体的"主体"节中。

④ 确保"使用控件向导"命令处于选中状态,单击"控件"命令组中的"组合框"按钮,在窗体的适当位置绘制。此时弹出"组合框向导"第 1 个对话框,选择"自行键入所需的值"单选按钮,如图 4-88 所示。

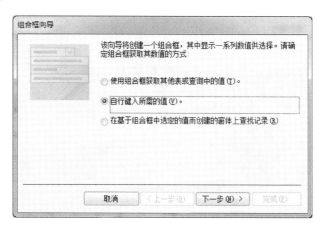

图 4-88 "组合框向导"对话框—确定获取数值的方式

⑤ 单击"下一步"按钮,打开"组合框向导"第 2 个对话框,在列表中依次输入"群众"、"团员"、"党员",如图 4-89 所示。

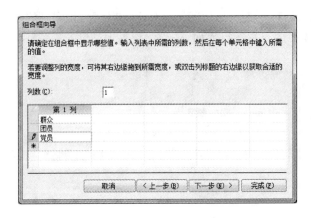

图 4-89 "组合框向导"对话框—指定选项值

⑥ 单击"下一步"按钮,打开"组合框向导"第 3 个对话框,选择"将该数值保存在这个字段中"单选按钮,并从下拉列表框中选择"政治面目"字段,如图 4-90 所示。

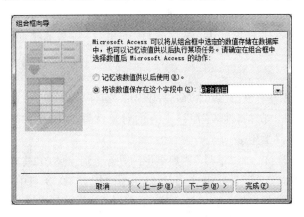

图 4-90 "组合框向导"对话框—确定选择数值后的动作

⑦ 单击"下一步"按钮,打开"组合框向导"第 4 个对话框,在"请为组合框指定标签"文本框中输入"政治面目",如图 4-91 所示。

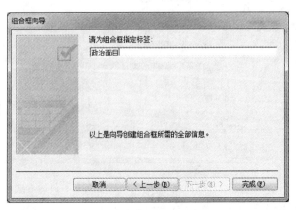

图 4-91 "组合框向导"对话框—指定标签

⑧ 单击"完成"按钮,返回窗体设计视图。选中该组合框,设置"名称"属性为"Combo 政治面目"。单击快速访问工具栏上的"保存"按钮,保存窗体名称为"组合框控件示例"。切换到窗体视图查看运行界面,适当调整界面高度,显示结果如图 4-92 所示。

图 4-92 "组合框控件示例"的窗体视图

### 7. 按钮控件的使用

在窗体上可以单击按钮来执行某项操作或某些操作。例如,可以创建一个按钮来浏览记录或添加记录,以及打开和关闭窗体等。

按钮也可以执行某个事件,这时,一般需要编写宏或事件过程并将它附加在按钮的"单击"事件中。

创建的按钮可以有两种形式,一种是通过设置按钮的"标题"属性在按钮上显示文本,另一种是通过设置按钮的"图片"属性在按钮上显示图片。

按钮有两个重要显示属性。

● 标题(Caption):指定按钮上显示的文字。
● 图片(Picture):指定按钮上显示的图片。

【例 4.23】 以"教师表"为数据源,创建一个"按钮控件示例"窗体。设置要求如下。

① 添加字段"教师编号"、"姓名"、"学历"、"职称"、"系别"。

② 添加"窗体页眉"节、"窗体页脚"节,"设置窗体页眉"节高 0 cm、"窗体页脚"节高 2.5 cm。将"主体"节调整为恰好可显示教师信息高度。设置窗体导航按钮、记录选择器、分隔线均为"否"。

③ 在"窗体页脚"节添加两行按钮,第 1 行按钮上显示图片,从左至右"名称"属性依次为"Cmd 首记录"、"Cmd 上一记录"、"Cmd 下一记录"、"Cmd 尾记录"。第 2 行按钮上显示文字,从左至右"名称"属性为"Cmd 打开"(打开"新生入学成绩图表"窗体)、"Cmd 关闭"(关闭当前窗体)。

操作步骤如下。

① 进入窗体设计视图。单击"窗体"命令组中的"窗体设计"按钮。

② 设置窗体记录源。在"属性表"窗口上方的对象选择器中选择"窗体",单击"数据"选项卡,设置"记录源"属性为"教师表"。

③ 打开"字段列表"窗口,将"教师编号"、"姓名"、"学历"、"职称"、"系别"字段拖动到窗体

的"主体"节中。

④ 在"主体"节的空白区域右击,在弹出的快捷菜单中选择"窗体页眉/页脚"命令,则此时窗体上有 3 个节:主体、窗体页眉、窗体页脚。打开"属性表"窗口,单击"窗体页眉"节的选择器,此时"属性表"窗口上方的对象选择器中自动选择为"窗体页眉"。进入"格式"选项卡,设置"高度"属性为"0 cm"。采用同样的方法,设置"窗体页脚"节的"高度"属性为"2.5 cm"。在"属性表"窗口上方的对象选择器中选择"窗体",设置"导航按钮"、"记录选择器"、"分隔线"属性为"否"。将鼠标指到"主体"节的下边界上,拖动鼠标将"主体"节的高度调整为正好。如图 4-93 所示。

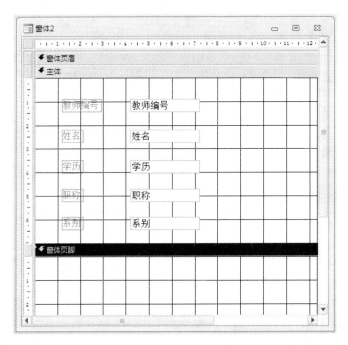

图 4-93  添加"窗体页眉"节和"窗体页脚"节后的设计视图

⑤ 确保"使用控件向导"命令处于选中状态,单击"控件"命令组中的"按钮"按钮,在"窗体页脚"节中单击添加按钮。此时弹出"命令按钮向导"第 1 个对话框,在"类别"列表框中选择"记录导航",然后在"操作"列表框中选择"转至第一项记录",如图 4-94 所示。

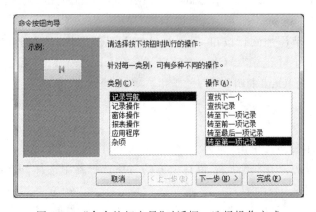

图 4-94  "命令按钮向导"对话框—选择操作方式

⑥ 单击"下一步"按钮,进入"命令按钮向导"第 2 个对话框。为了在按钮上显示图片,选择"图片"单选按钮,然后在其右边的列表框中选择"移至第一项",如图 4-95 所示。

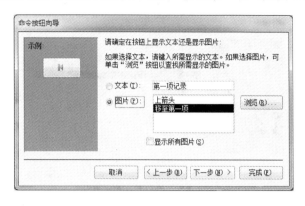

图 4-95 "命令按钮向导"对话框—选择显示方式

⑦ 单击"下一步"按钮,进入"命令按钮向导"第 3 个对话框,将按钮的名称设置为"Cmd 首记录",如图 4-96 所示。单击"完成"按钮,则系统在"窗体页脚"节中创建第 1 个按钮。

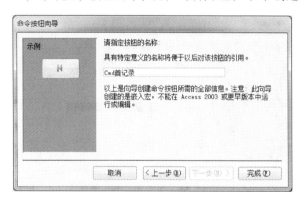

图 4-96 "命令按钮向导"对话框—指定按钮的名称

⑧ 类似地,创建名称为"Cmd 上一记录"、"Cmd 下一记录"、"Cmd 尾记录"按钮。

⑨ 用同样的方法在"窗体页脚"节中添加第 2 行按钮。当弹出"命令按钮向导"第 1 个对话框时,在"类别"列表框中选择"窗体操作",然后在"操作"列表框中选择"打开窗体",如图 4-97 所示。

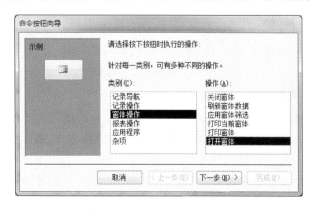

图 4-97 "命令按钮向导"对话框—选择操作方式

⑩ 单击"下一步"按钮,进入"命令按钮向导"第 2 个对话框,在"请确定命令按钮打开的窗体"列表框中,选择"新生入学成绩图表",如图 4-98 所示。

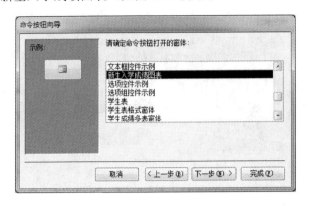

图 4-98 "命令按钮向导"对话框—确定打开的窗体

⑪ 单击"下一步"按钮,进入"命令按钮向导"第 3 个对话框,选择"文本"单选按钮,然后在其右边的文本框中输入"打开窗体",如图 4-99 所示。其余操作步骤同步骤⑦。

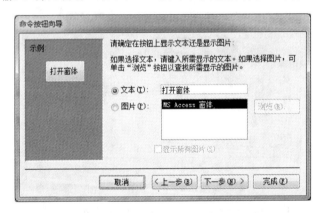

图 4-99 "命令按钮向导"对话框—选择显示方式

⑫ 单击"下一步"按钮,进入"命令按钮向导"第 4 个对话框,将按钮的名称设置为"Cmd 打开",单击"完成"按钮。

⑬ 类似地,创建名称为"Cmd 关闭"的按钮。

⑭ 当所有按钮创建完成后,返回窗体设计视图,单击快速访问工具栏上的"保存"按钮,保存窗体名称为"按钮控件示例"。切换到窗体视图查看运行界面,适当调整界面高度,显示结果如图 4-100 所示。

**8. 选项卡控件的使用**

选项卡控件可以将篇幅较长的显示信息进行归类,并根据不同类型分成多页进行显示。通过单击选项卡上的页,进入不同的信息浏览界面。借助选项卡,既节省了显示空间,又提高了浏览的方便性。

设计选项卡控件的基本操作如下。

● 插入页:向选项卡中增加一页。

第 4 章 窗体设计

图 4-100 "按钮控件示例"的窗体视图

- 删除页:删除选项卡中不要的页。
- 调整页的次序:调整页在选项卡中出现的先后次序。

【例 4.24】 创建一个"选项卡控件示例"窗体,设置要求如下。

① 创建"教师全部信息查询",作为窗体的数据源。

② 创建名称为"教师信息"的选项卡控件,宽度为"12 cm",高度为"5 cm"。

③ 在该选项卡上依次创建 3 个页。第 1 页名称为"教师页"、标题为"基本信息",第 2 页名称为"其他页"、标题为"其他信息",第 3 页名称为"课程页"、标题为"课程信息"。

④ 将"课程页"调整至"教师页"、"其他页"之间。

操作步骤如下。

① 在查询对象中新建一个"教师全部信息查询",查询包含"教师表"、"课程表"中的相关字段,如图 4-101 所示。

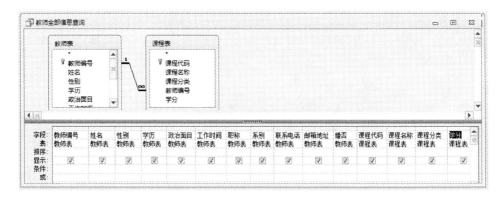

图 4-101 创建"教师全部信息查询"的设计视图

② 进入窗体设计视图。单击"窗体"命令组中的"窗体设计"按钮。

③ 设置窗体记录源。在"属性表"窗口上方的对象选择器中选择"窗体",单击"数据"选项

卡,设置"记录源"属性为"教师全部信息查询"。

④ 单击"控件"命令组中的"选项卡控件"按钮,在窗体上绘制选项卡控件。绘制完成后,单击选项卡控件,在其"属性表"窗口中设置"名称"属性为"教师信息","宽度"属性为"12 cm","高度"属性为"5 cm"。刚创建时,选项卡只有两个页,如图 4-102 所示。

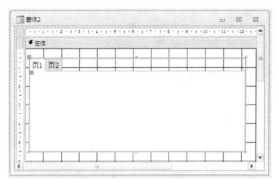

图 4-102  选项卡控件的初始情况

⑤ 添加新页。右击"教师信息"选项卡,在快捷菜单中选择"插入页"命令,则在选项卡上添加了一个"页 3",如图 4-103 所示。

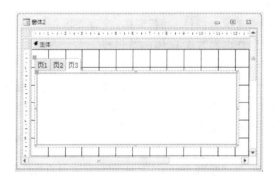

图 4-103  在选项卡中插入页

⑥ 设置页名称及标题。单击"页 1",将其"名称"属性设置为"教师页",将"标题"属性设置为"基本信息"。从"字段列表"窗口中将"教师编号"、"姓名"、"性别"字段拖动到"教师页"上,如图 4-104 所示。

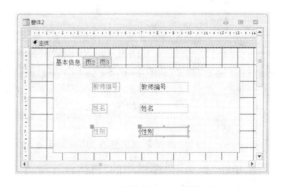

图 4-104  "教师页"中的设置

⑦ 重复上述操作,分别将"页 2"和"页 3"的"名称"属性设置为"其他页"、"课程页","标题"属性设置为"其他信息"、"课程信息"。从"字段列表"窗口中将所需字段分别拖动到"其他页"、"课程页"上,如图 4-105、图 4-106 所示。

图 4-105 "其他页"中的设置

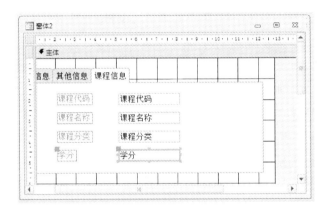

图 4-106 "课程页"中的设置

⑧ 调整页之间的顺序。右击选项卡,并在快捷菜单中选择"页次序"命令,弹出"页次序"对话框。选择"课程信息",单击"上移"按钮,如图 4-107 所示,单击"确定"按钮。

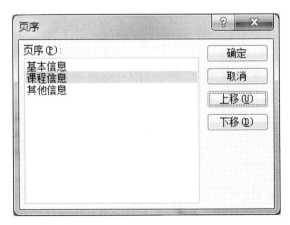

图 4-107 "页序"对话框

⑨ 单击快速访问工具栏上的"保存"按钮,保存窗体名称为"选项卡控件示例"。切换到窗体视图查看运行效果,适当调整界面高度,显示结果如图 4-108 所示。

图 4-108 "选项卡控件示例"的窗体视图

**9. 图像控件、对象框控件及附件控件的使用**

图像控件主要用来显示静态图像,但不能再进行编辑,一般用于美化窗体。

对象框控件用来在窗体中显示 OLE 对象数据,包含未绑定对象框与绑定对象框。OLE 是微软的一种可在程序间共享信息的程序集成技术,Office 程序都支持 OLE 技术。

附件控件用来添加其他程序文件,可绑定到表的附件型字段。

【例 4.25】 创建一个"图像、对象框、附件控件示例"窗体,设置要求如下。

① 向"学生表"添加"档案"字段,数据类型为"附件",内容为"王洪档案"。

② 设置窗体的"记录源"属性为"学生表"。

③ 向窗体添加"学号"、"姓名"字段。

④ 创建名称为"Image 图像"的图像控件,为图像控件指定显示的图片,并设定"图片类型"属性为"嵌入","缩放模式"属性为"拉伸"。

⑤ 创建名称为"OLE 照片"的绑定对象框,"控件来源"属性为"照片"字段,"缩放模式"属性为"缩放"。

⑥ 创建名称为"附件档案"的附件控件,"控件来源"属性为"附件"字段。

操作步骤如下。

① 打开"学生表"的设计视图,添加"档案"字段,数据类型为"附件"。切换到数据表视图,设置"档案"字段的内容为"王洪档案.doc"。

② 进入窗体设计视图。单击"窗体"命令组中的"窗体设计"按钮。

③ 设置窗体记录源。在"属性表"窗口上方的对象选择器中选择"窗体",单击"数据"选项卡,设置"记录源"属性为"学生表"。

④ 打开"字段列表"窗口,将"学号"、"姓名"字段拖动到窗体的适当位置。

⑤ 添加图像控件。确保"使用控件向导"命令处于选中状态,单击"控件"命令组中的"图像"按钮,在窗体上绘制图像控件。此时弹出"插入图片"对话框,选择原始文件目录下的"学

校.jpg"图片文件,单击"确定"按钮,则将图片插入到控件中。设置图像控件的"名称"属性为"Image 图像","图片类型"属性为"嵌入","缩放模式"属性为"拉伸"。

⑥ 添加绑定对象框。打开"字段列表"窗口,将"照片"字段拖动到窗体适当位置,则系统自动在窗体上创建一个绑定到"照片"字段的对象框控件。设置对象框控件的"名称"属性为"OLE 照片","缩放模式"属性为"缩放"。

⑦ 添加附件控件。打开"字段列表"窗口,将"档案"字段拖动到窗体适当位置,则系统自动在窗体上创建一个绑定到"档案"字段的附件控件。设置附件控件的"名称"属性为"附件档案"。完成创建的窗体设计视图如图 4-109 所示。

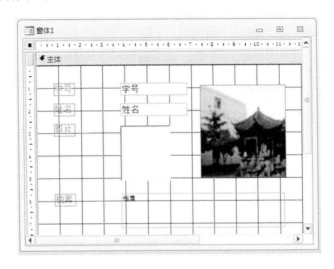

图 4-109 "图像、对象框及附件控件示例"的设计视图

⑧ 单击快速访问工具栏上的"保存"按钮,保存窗体名称为"图像、对象框及附件控件示例"。切换到窗体视图查看运行效果,适当调整界面高度,显示结果如图 4-110 所示。

图 4-110 "图像、对象框及附件控件示例"的窗体视图

## 4.4 设置窗体和控件属性

窗体设计视图中包含了窗体本身和各类控件。窗体本身具有属性,窗体中的控件也具有相应的属性。属性影响窗体和控件的结构和外观。在选中窗体、节或控件后,单击"属性表"按钮可以显示"属性表"窗口,如图 4-111 所示。

图 4-111 "属性表"窗口

窗体属性和各控件属性一样分为"格式"、"数据"、"事件"、"其他"、"全部"5 个选项卡。
- 格式:主要是与显示有关的属性,如控件的大小、边距、背景色、边框的样式等属性。
- 数据:主要包括控件来源、输入掩码、有效性规则等属性。
- 事件:主要包括控件的事件操作,如单击、双击、鼠标移动、鼠标释放等。
- 其他:主要包括控件的名称、输入法模式、允许自动更正等属性。
- 全部:包含其他 4 个选项卡的所有属性。

【例 4.26】 创建名称为"窗体属性设置"的窗体,设置要求如下。

① 窗体由"主体"节、"窗体页眉"节、"窗体页脚"节构成。窗体高 8 cm,"主体"节高 4 cm,"窗体页眉"节、"窗体页脚"节各高 1 cm。

② "窗体页眉"节的背景为浅绿色,"主体"节的背景为红色,"窗体页脚"节的背景为黄色。

③ 窗体图片属性为指定背景,图片类型为"嵌入",图片缩放模式为"拉伸"。

④ 窗体记录源为"教师表","允许添加"、"允许插入"、"允许编辑"属性均为"否",在窗体上添加字段"教师编号"、"姓名"、"学历"。

⑤ 窗体标题为"窗体设置实例",边框样式为"对话框边框",导航按钮为"是",记录选择器为"否",分隔线为"否"。

操作步骤如下。

① 进入窗体设计视图。单击"窗体"命令组中的"窗体设计"按钮。

② 添加节。在"主体"节的空白区域右击,在弹出的快捷菜单中选择"窗体页眉/页脚"命令,则此时窗体上有 3 个节:主体、窗体页眉、窗体页脚。

③ 打开"属性表"窗口,在"属性表"窗口上方的对象选择器中选择"窗体",单击"格式"选项卡,设置"宽度"属性为"8 cm"。单击"主体"节的选择器,则此时"属性表"窗口上方的对象选择器中自动选择为"主体",单击"格式"选项卡,设置"高度"属性为"4 cm"。采用同样方法,设置"窗体页眉"节、"窗体页脚"节的"高度"属性为"1 cm"。

④ 进入"窗体页眉"节"属性表"窗口的"格式"选项卡,单击"背景色"属性后面的 … 按钮,在弹出的颜色选择框里选择"标准色"中的"浅绿"。采用同样的方法,设置"主体"节的背景为红色,设置"窗体页脚"节的背景色为黄色。设置完成后,窗体设计视图如图 4-112 所示。

⑤ 在"属性表"窗口上方的对象选择器中选择"窗体",进入"格式"选项卡,单击"图片"属性后面的 … 按钮,弹出"插入图片"对话框。选择"背景图片.jpg",单击"确定"按钮,则"图片"属性的文本框中显示"背景图片.jpg"。设置"图片类型"属性为"嵌入",设置"图片缩放模式"为"拉伸"。此时,窗体设计视图如图 4-113 所示。

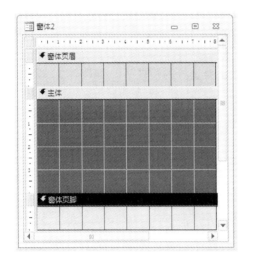 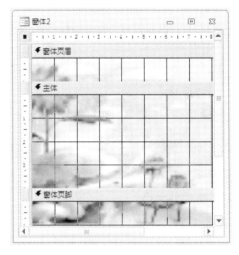

图 4-112　各节设置完成后的窗体设计视图　　图 4-113　设置图片属性后的窗体设计视图

⑥ 设置窗体记录源。在"属性表"窗口上方的对象选择器中选择"窗体",单击"数据"选项卡,设置"记录源"属性为"教师表"。

⑦ 打开"字段列表"窗口,将"教师编号"、"姓名"、"学历"字段拖动到窗体的适当位置。

⑧ 设置窗体其他格式属性。进入窗体的"属性表"窗口的"格式"选项卡,在"标题"属性的文本框中输入"窗体设置实例","边框样式"属性为"对话框边框","导航按钮"属性为"是","记录选择器"属性为"否","分隔线"属性为"否"。

⑨ 单击快速访问工具栏上的"保存"按钮,保存窗体名称为"窗体属性设置"。切换到窗体视图查看运行效果,显示结果如图 4-114 所示。

图 4-114　完成设计的窗体视图

## 4.5 窗体的修饰

创建出窗体以后,通常都希望它更美观、漂亮,这就需要进一步进行修饰。

### 4.5.1 控件操作

窗体中的控件的操作主要包括:调整控件大小,选择、复制、移动、删除控件,对齐控件和调整间距等操作。

**1. 控件的选择**

被选中的控件四周出现 6 个小方块,称为控制柄。选定控件的常用操作如下。

- 选定一个控件:单击该控件。
- 选择多个相邻控件:从相邻控件的左上角,按着鼠标左键拖动一个黑细线框并包含所需选定的所有控件。
- 选择多个不相邻控件:按住 Shift 键,分别单击要选择的控件。

**2. 移动控件**

要移动控件,只需要先选定控件,然后按住鼠标左键移动即可。但是使用这种移动方法移动控件时,与之相关联的控件将一起移动。

关联控件也可以单独移动,方法是:先选定控件,然后将鼠标放在控件左上角最大的控制柄上,此时拖动鼠标即可。

**3. 调整控件大小**

调整控件大小的方法有两种:使用鼠标和设置控件属性。

- 使用鼠标:选定控件后,把鼠标放在控制柄上,当鼠标变成双箭头时,拖动鼠标即可。
- 设置控件属性:通过设置控件的"高度"和"宽度"属性,能够精确地调整控件大小。

**4. 控件对齐与调整间距**

在"窗体设计工具/排列"上下文选项卡的"调整大小和排列"命令组中,单击"对齐"下拉按钮,打开对齐方式下拉列表,如图 4-115(a)所示;单击"大小/空格"下拉按钮,则打开设定间距方式下拉列表,如图 4-115(b)所示。

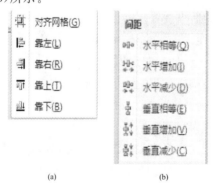

图 4-115 "对齐"与"大小/空格"下拉列表

## 4.5.2 窗体主题

主题是 Office 中常用的一套统一的设计元素和配色方案,实际上就是一组格式设置的组合。通过主题,能够快速地对窗体格式进行设置。

在"窗体设计工具/设计"上下文选项卡中,有一个"主题"命令组,里面包括了"主题"、"颜色"和"字体"3 个下拉按钮。

单击"主题"下拉按钮,将打开"主题"下拉列表,如图 4-116 所示,通过双击其中选项进行设置。

单击"字体"下拉按钮,将打开"字体"下拉列表,如图 4-117 所示,设置后则当前主题的字体将改变为所设置的字体效果。

图 4-116 "主题"下拉列表

图 4-117 "字体"下拉列表

单击"颜色"下拉按钮,将打开"颜色"下拉列表,如图 4-118 所示,设置后则当前主题的颜色将改变为所设置的配色方案。

图 4-118 "颜色"下拉列表

**注意**:如果对某个窗体进行了主题、颜色和字体的设置,则数据库中所有窗体均采用相同设置进行显示。

### 4.5.3 条件格式

条件格式的作用是，当控件中的值满足一定条件时，该控件以一定的格式显示。

【例 4.27】 在"学生数据表窗体"中，对"入学成绩"文本框应用条件格式。要求当入学成绩小于 480 分时，用黑色、加粗、下划线显示；当入学成绩在 480～500 分之间时，用红色、加粗显示；当成绩大于 500 分时，用黑色、加粗、倾斜并且背景浅灰显示。

操作步骤如下。

① 在导航窗格中右击"学生数据表窗体"，从快捷菜单中选择"设计视图"命令，打开"学生数据表窗体"的设计视图。

② 在窗体设计视图中单击绑定"入学成绩"字段的文本框"入学成绩"。

③ 在"窗体设计工具/格式"上下文选项卡中，单击"控件格式"命令组中的"条件格式"按钮，打开"条件格式规则管理器"对话框。在对话框上的"显示其格式规则"下拉列表框中选择"入学成绩"，单击"新建规则"按钮，打开"新建格式规则"对话框。设置字段值小于 480 时，字体显示为黑色、加粗、下划线，如图 4-119 所示，单击"确定"按钮，则在"条件格式规则管理器"对话框中添加了第 1 条规则。采用同样方法，设置第 2 条规则和第 3 条规则，如图 4-120 所示，单击"确定"按钮。在该对话框上最多可以设置 3 个条件格式。

图 4-119 "新建格式规则"对话框

图 4-120 "条件格式规则管理器"对话框

④ 单击快速访问工具栏上的“保存”按钮,切换到窗体视图查看运行效果,显示结果如图4-121所示。

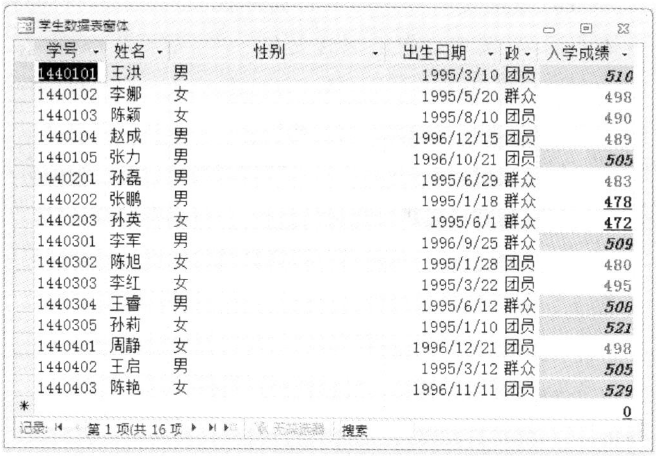
学生数据表窗体

| 学号 | 姓名 | 性别 | 出生日期 | 政 | 入学成绩 |
|---|---|---|---|---|---|
| 1440101 | 王洪 | 男 | 1995/3/10 | 团员 | 510 |
| 1440102 | 李娜 | 女 | 1995/5/20 | 群众 | 498 |
| 1440103 | 陈颖 | 女 | 1995/8/10 | 团员 | 490 |
| 1440104 | 赵成 | 男 | 1996/12/15 | 团员 | 489 |
| 1440105 | 张力 | 男 | 1996/10/21 | 团员 | 505 |
| 1440201 | 孙磊 | 男 | 1995/6/29 | 群众 | 483 |
| 1440202 | 张鹏 | 男 | 1995/1/18 | 群众 | 478 |
| 1440203 | 孙英 | 女 | 1995/6/1 | 群众 | 472 |
| 1440301 | 李军 | 男 | 1996/9/25 | 群众 | 509 |
| 1440302 | 陈旭 | 女 | 1995/1/28 | 团员 | 480 |
| 1440303 | 李红 | 女 | 1995/3/22 | 团员 | 495 |
| 1440304 | 王睿 | 男 | 1995/6/12 | 群众 | 506 |
| 1440305 | 孙莉 | 女 | 1995/1/10 | 团员 | 521 |
| 1440401 | 周静 | 女 | 1996/12/21 | 团员 | 498 |
| 1440402 | 王启 | 男 | 1995/3/12 | 群众 | 505 |
| 1440403 | 陈艳 | 女 | 1996/11/11 | 团员 | 529 |
| * | | | | | 0 |

记录: 第1项(共16项 无筛选器 搜索

图4-121 设置了条件规则后的显示效果

# 4.6 课后习题

## 一、选择题

1. 在Access 2010中,窗体最多可包含有(    )个区域。

A. 3　　B. 4　　C. 5　　D. 6

2. 在“教师信息输入”窗体中,为“职称”字段提供“教授”、“副教授”、“讲师”等选项供用户直接选择,最合适的控件是(    )。

A. 标签　　B. 复选框　　C. 文本框　　D. 组合框

3. 在窗体中,要计算“数学”字段的最低分,应将“控件来源”属性设置为(    )。

A. =Min([数学])　　B. =Min(数学)

C. =Min[数学]　　D. Min(数学)

4. 在Access中有“雇员表”,其中有存照片的字段,在使用向导为该表创建窗体时,“照片”字段所使用的默认控件是(    )。

A. 图像框　　B. 绑定对象框　　C. 未绑定对象框　　D. 列表框

5. 不能用来作为表或查询中是/否值输出的控件是(    )。

A. 复选框　　B. 切换按钮　　C. 选项按钮　　D. 按钮

6. 下列关于列表框和组合框的叙述中,正确的是(    )。

A. 列表框只能选择定义好的选项;组合框既可以选择选项,也可以输入新值

B. 组合框只能选择定义好的选项;列表框既可以选择选项,也可以输入新值

C. 列表框和组合框在功能上完全相同,只是在窗体显示时外观不同

D. 列表框和组合框在功能上完全相同,只是系统提供的控件属性不同

7. 窗体的不同视图对于窗体设计是非常重要的，既能够查询窗体运行的效果，又能够对窗体上的控件进行适当调整的视图是（　　）。
　　A. 设计视图　　　B. 布局视图　　　C. 窗体视图　　　D. 数据透视表视图
8. 如果要改变窗体的标题，需要设置的属性是（　　）。
　　A. Name　　　　B. Caption　　　　C. BackColor　　　D. BorderStyle
9. 用于设定控件的输入格式的属性是（　　）。
　　A. 有效性规则　　B. 有效性文本　　C. 是否有效　　　D. 输入掩码
10. 当窗体中的内容需要多页显示时，可以使用（　　）控件来进行分页。
　　A. 组合框　　　　B. 选项卡　　　　C. 选项组　　　　D. 子窗体/子报表

## 二、填空题

1. 窗体由多个部分组成，每个部分称为一个_____。
2. 如要改变窗体的布局需要在_____视图下打开窗体。
3. _____属性值用于设定控件的显示效果。
4. 纵栏式窗体将窗体中的一条显示记录按列分隔，每列的左边显示_____，右边显示_____。
5. 主窗体只能显示_____式窗体，子窗体可以显示_____或_____式窗体。

## 三、操作题

在练习资料目录中有"教学管理"数据库和相关素材，在数据库中完成自定义窗体"学生信息录入"窗体的综合设计练习，如图4-122所示。设置要求如下。

图4-122　"学生信息录入"的窗体视图

1. 窗体组成与属性设计。
（1）整个窗体由"主体"节、"窗体页眉"节、"窗体页脚"节3部分构成。
（2）导航按钮、记录选择器、分隔线均为"否"，边框样式采用对话框边框方式。窗体宽14 cm，"主体"节高4 cm，"窗体页眉"节高2 cm，"窗体页脚"节高1.5 cm。
（3）窗体标题为"学生信息录入"。
（4）主题样式默认。
2. "窗体页眉"节设计。
（1）添加名称为"标题图片"的图像控件，图片为"学校.jpg"，缩放模式为"拉伸"；左边距

0.5 cm,上边距 0.2 cm,图像控件的高和宽按需要设定;设置其超链接为"www.jlbtc.edu.cn",控件提示文本为"吉林工商学院"。

(2) 在页眉中间添加一个说明性标签,名称为"Label 标题",标题为"学生基本信息录入",字体为"隶书",加粗,字号为"20",文字颜色为"深蓝色"。

(3) 在页眉右上角创建一个计算型文本框,名称为"计算日期",显示当前日期,格式为"长日期",字体为"宋体",字号为"11",文字颜色为"红色"。

3. "主体"节设计。

设计布局、效果如图 4-122 所示。特殊要求如下。

(1) "学号"、"姓名"、"出生日期"、"联系电话"等字段采用绑定的文本框显示,"工作时间"文本框要求显示日期选取器。

(2) "政治面目"组合框中的选项(党员、团员、群众)通过直接输入设置。

(3) "性别"字段采用列表框来选择。

(4) "照片"字段采用绑定对象框控件"OLE 照片"来显示,缩放模式为"缩放",大小调整合适。

4. "窗体页脚"节设计。

设置数据导航及相关操作按钮。从左至右按钮依次为:首记录、上一记录、下一记录、尾记录、查找记录、删除记录、保存记录、退出窗体,按钮显示如图 4-122 所示。

5. 控件布局。

利用控件对齐功能,调整窗体上所有控件的布局,使之整齐、规范。

# 第 5 章 报　　表

数据库操作的最终结果是要打印输出的。报表中的大多数信息来自表、查询或 SQL 命令（它们是报表数据的来源）。报表中的其他信息存储在报表的设计中。

通过使用称为控件的图形对象，可以建立报表及其记录源之间的链接。控件可以是显示名称及编号的文本框，也可以是显示标题的标签，还可以是装饰性的直线，它们可图形化地组织数据，从而使报表更吸引人，更加直观、形象。

## 5.1　报表概述

### 5.1.1　报表的概念

报表（report）是 Access 中查阅和打印数据的对象，它能够对大量的原始数据进行比较、汇总、小计和计算；同时提供了丰富的显示格式，使用户的报表更易于阅读和理解。报表设计与窗体设计非常相似，并且更为简单，因此本章将对重复的操作不再介绍，而将重点放在报表自身特有的设计操作上。

报表的格式多种多样，可以包含子报表及图表数据，可以将数据打印成标签、清单信封等，还可以嵌入图片和图像来丰富数据显示。

报表的数据来源同窗体一样，可以是表、查询或是 SQL 命令。报表本身不存储数据，不能通过报表修改和输入数据，只能查看数据。

### 5.1.2　报表的功能

报表的功能是将数据库中的数据按照用户选定的结果，以一定的格式打印输出，具体功能包括以下几方面。

（1）提供基础的数据处理和统计功能，提供对处理结果的浏览功能

报表不仅能够展示数据库中原始的表和查询中的数据，还可以在大量原始数据的基础上进行常见的数据处理和统计分析，如对数据进行分组、汇总、小计、计数、求平均值、求和等，这些处理与统计分析结果均可以报表方式呈现。

（2）提供格式丰富、功能多样的报表设计工具

Access 提供了对报表文字、主题、控件布局、间距等诸多属性进行设计的功能，不仅可以

设计文字型报表,还可以嵌入图片来美化报表外观,也可以利用图表和图形来帮助说明数据的含义,从而设计图文并茂的图表。

(3) 提供页面设置功能与数据预览和打印功能

Access 提供了页面大小、页面布局的设置功能,可以对报表进行预览和物理打印输出。

### 5.1.3 报表的类型

按照不同的标准,可以将报表分为不同的类型,Access 提供了纵栏式报表、表格式报表、图表报表和标签报表 4 种类型。

**1. 纵栏式报表**

纵栏式报表与纵栏式窗体的格式相同,在 Access 2010 中,纵栏式报表又称为堆积式报表。在纵栏式报表中,每行显示一个字段,左列是标签控件,显示的是字段的名称,右列显示的是字段的值,如图 5-1 所示。纵栏式报表适合记录较少、字段较多的情况。

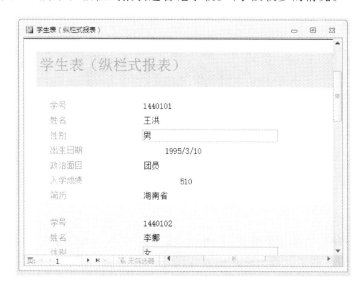

图 5-1 纵栏式报表

**2. 表格式报表**

表格式报表以行列形式显示记录,即每一行显示一条记录的数据,每一列显示一个字段中的数据,一页可以显示多条记录,如图 5-2 所示。表格式报表的字段名不显示在"主体"节中,而是显示在"页面页眉"节中,输出报表时各字段名只在报表的每页上方出现一次。此类报表格式适宜输出记录较多的表。

**3. 图表报表**

图表报表是 Access 中的一种特殊格式的报表,与图表式窗体类似,它通过图表的形式反映数据源中的数据的关系,使数据浏览更直观、更形象。图表报表适合于综合、归纳、比较等场合,如图 5-3 所示。

图 5-2 表格式报表

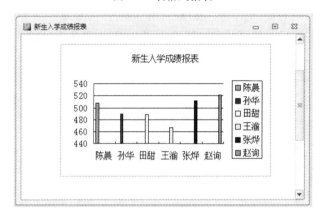

图 5-3 图表报表

**4．标签报表**

标签报表是一种特殊的报表格式，它将每条记录中的数据按照标签的形式输出。标签报表主要用于打印名片、书签、信封、物品标签等，如图 5-4 所示。

图 5-4 标签报表

## 5.1.4 报表的视图

在 Access 2010 中,报表共有 4 种视图:报表视图、打印预览视图、布局视图和设计视图。其中,最常使用的是打印预览视图和设计视图。单击"报表设计工具/设计"上下文选项卡的"视图"下拉按钮,弹出报表视图下拉列表,如图 5-5 所示。

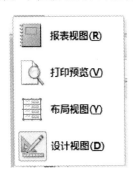

图 5-5 报表视图下拉列表

(1) 报表视图

报表视图是报表设计完成后,最终被打印的视图,是查看报表设计效果的视图。

(2) 设计视图

报表的设计视图是用于编辑报表的视图。在设计视图中,可以创建报表或修改现有的报表。

(3) 布局视图

布局视图是用于修改报表的最直观的视图,基本上可以实现对报表所做的所有更改操作。布局视图中所看到的报表其实是正在运行的报表,所展示的数据的外观与打印时的情况很相似。布局视图提供了在预览方式下更改报表设计的功能,如对报表中的控件和显示元素进行修饰,利用报表布局工具调整布局的设计、格式、排列等。

(4) 打印预览视图

打印预览视图用于设置报表页面属性,包括报表纸张的大小、页边距、打印方向及是否允许多列打印等。利用打印预览视图,可以查看将在报表的每一页上显示的数据,鼠标通常以放大镜方式显示,单击鼠标就可以改变报表的显示大小。

## 5.2 创建标准报表

Access 提供了一系列固定形式的报表,将其统一称为标准报表,包括纵栏式报表、表格式报表、图表报表、标签报表、主/子报表。标准报表都可以通过 Access 报表创建提供的快捷工具或向导进行创建。操作步骤如下。

① 选择报表的数据源(表、查询或 SQL 命令),即指定报表上将要显示的数据。
② 选择报表类型,系统将自动创建报表。
③ 保存报表。

报表的基本创建方法和窗体的创建方法类似。例如,图表报表实际上是通过在报表上创建图表控件实现的。

### 5.2.1 使用"报表"按钮创建报表

"报表"按钮提供了最快的报表创建方式,它既不向用户提供信息,也不需要用户做任何其他操作就立即生成报表。利用"报表"按钮创建的报表中,将显示基础表或查询中的所有字段。

尽管利用“报表”按钮可能无法创建满足最终需要的完美报表，但对于迅速查看数据极其有用。在生成报表后，保存该报表，并在布局视图或设计视图中进行修改，以使报表更好地满足需求。

**【例 5.1】** 基于“教师表”，使用“报表”按钮创建报表。

操作步骤如下。

① 打开“教学管理”数据库。

② 在导航窗格中，选中“教师表”，在“创建”选项卡的“报表”命令组中，单击“报表”按钮，如图 5-6 所示。

图 5-6　为报表选定数据源

③ “教师表”报表立即创建完成，切换到布局视图，如图 5-7 所示。

| 教师编号 | 姓名 | 性别 | 学历 | 政治面目 | 工作时间 | 职称 | 系别 | 联系电话 |
|---|---|---|---|---|---|---|---|---|
| j001 | 李国栋 | 男 | 研究生 | 群众 | 1990/8/5 | 副教授 | 信息 | 82801678 |
| j002 | 赵南 | 男 | 本科 | 群众 | 2010/8/10 | 讲师 | 信息 | 86199980 |
| j003 | 孙红 | 女 | 研究生 | 党员 | 2007/3/21 | 讲师 | 信息 | 67123456 |
| j004 | 钱茜 | 女 | 研究生 | 党员 | 1994/12/2 | 副教授 | 信息 | 86198888 |
| j005 | 陈晨 | 男 | 研究生 | 群众 | 2009/7/2 | 讲师 | 信息 | 64321566 |
| s001 | 李华 | 男 | 研究生 | 党员 | 1980/8/2 | 教授 | 城市 | 86190909 |
| s002 | 章宇 | 男 | 研究生 | 群众 | 2008/12/9 | 讲师 | 城市 | 86198967 |
| y001 | 杨阳 | 男 | 本科 | 群众 | 2009/9/6 | 讲师 | 金融 | 81234567 |
| y002 | 郭英 | 女 | 本科 | 党员 | 2007/8/10 | 讲师 | 金融 | 88661234 |
| y003 | 杨磊 | 男 | 研究生 | 党员 | 1985/12/3 | 教授 | 金融 | 86191717 |



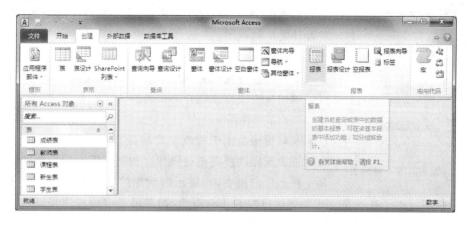

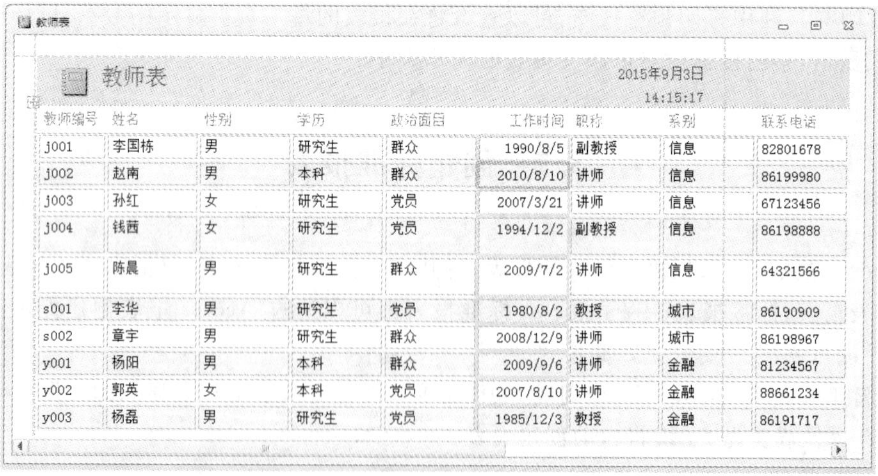

图 5-7　“教师表”报表的布局视图

## 5.2.2　利用报表向导创建报表

使用“报表”按钮创建报表，创建了一种标准化的报表样式。这种方式虽然快捷，但存在不足之处，不能选择出现在报表中的数据源字段。使用报表向导则提供了创建报表时选择字段的自由，除此还可以指定数据的分组和排序方式及报表的布局样式。

利用 Access 2010 提供的报表向导,可以简单、快速地创建各种常用的报表,是创建报表时最常用的方法。

【例 5.2】 使用报表向导创建"按系别统计教师信息"报表。

操作步骤如下。

① 打开"教学管理"数据库,在导航窗格中,选择"教师表"。

② 在"创建"选项卡的"报表"命令组中,单击"报表向导"按钮,弹出"报表向导"第 1 个对话框,这时数据源已经选定为"表:教师表"(在"表/查询"下拉列表框中也可以选择其他数据源)。在"可用字段"列表框中,依次双击"教师编号"、"姓名"、"性别"、"学历"、"职称"和"系别"字段,将它们添加到"选定字段"列表框中,如图 5-8 所示。

图 5-8 "报表向导"对话框—确定字段

③ 单击"下一步"按钮,打开"报表向导"第 2 个对话框,在分组级别列表框中单击分组字段,然后单击 > 按钮,自动给出分组级别,并给出分组后报表布局预览。这里选择按"系别"字段分组,如图 5-9 所示。

图 5-9 "报表向导"对话框—选择分组字段

④ 单击"下一步"按钮,打开"报表向导"第 3 个对话框,确定报表记录的排序次序。这里

选择按"教师编号"字段排序,如图 5-10 所示。

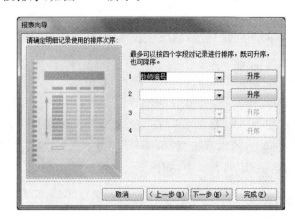

图 5-10 "报表向导"对话框—选择排序字段

⑤ 单击"下一步"按钮,打开"报表向导"第 4 个对话框,确定报表所采用的布局方式。这里选择"块"式布局,方向选择"纵向",如图 5-11 所示。

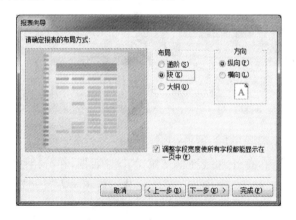

图 5-11 "报表向导"对话框—确定布局方式

⑥ 单击"下一步"按钮,打开"报表向导"第 5 个对话框,指定报表的标题,输入"各系教师信息",选择"预览报表"单选按钮,如图 5-12 所示。

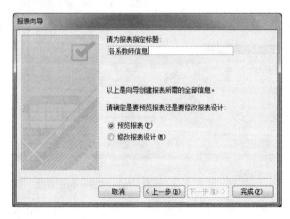

图 5-12 "报表向导"对话框—指定标题

⑦ 单击"完成"按钮，打开报表的打印预览视图，如图 5-13 所示。

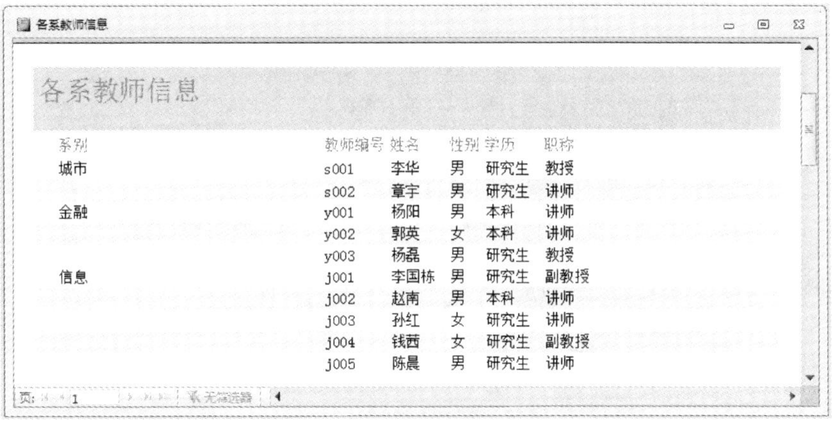

图 5-13 "各系教师信息"报表

使用报表向导创建报表虽然可以选择字段和分组，但如果对报表的效果不满意，需要进一步美化和修改完善，则要在报表的设计视图中进行相应的处理。

## 5.2.3 创建标签报表

在日常工作中，经常需要制作一些"客户邮件地址"和"教师信息"等标签。标签是一种类似名片的短信息载体。使用 Access 2010 提供的"标签"按钮，可以方便地创建各种各样的标签报表。

【例 5.3】 以"新生表"为数据源，制作"标签新生"标签报表。

操作步骤如下。

① 打开"教学管理"数据库，在导航窗格中，选择"新生表"。

② 在"创建"选项卡的"报表"命令组中，单击"标签"按钮，弹出"标签向导"第 1 个对话框，在其中指定所需要的一种尺寸（如果都不满足需要，可以单击"自定义"按钮自行设计标签）。如图 5-14 所示。

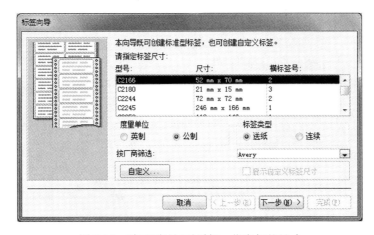

图 5-14 "标签向导"对话框—指定标签尺寸

③ 单击"下一步"按钮,弹出"标签向导"第 2 个对话框,可以根据需要选择标签文本的字体、字号和颜色等。这里选择"12"号字,如图 5-15 所示。

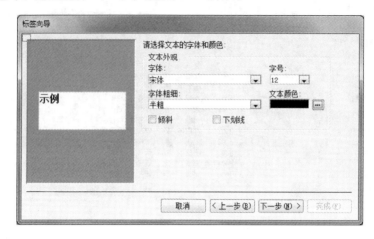

图 5-15 "标签向导"对话框—选择字体和颜色

④ 单击"文本颜色"文本框右侧的 按钮,打开"颜色"对话框,在其中选择"蓝色",如图 5-16 所示。

⑤ 单击"确定"按钮,关闭"颜色"对话框,返回到"标签向导"第 2 个对话框。这时,在示例窗格中显示设置的结果,如图 5-17 所示。

⑥ 单击"下一步"按钮,打开"标签向导"第 3 个对话框。在"原型标签"列表框中输入"学号:",在"可用字段"列表框中双击"学号"字段,发送到"原型标签"列表框中。然后,把光标移到下一行,使用同样的方法在"原型标签"列表框中输入"姓名:",在"可用字段"列表框中双击"姓名"字段。按 Enter 键换行,在"原型标签"列表框中输入"出生日期:",在"可用字段"列表框中双击"出生日期"字段。如图 5-18 所示。

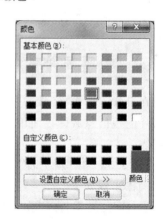

图 5-16 "颜色"对话框

图 5-17 设置颜色和选择字体后的"标签向导"对话框

图 5-18 "标签向导"对话框—添加显示字段和名称

⑦ 单击"下一步"按钮,打开"标签向导"第 4 个对话框,在"可用字段"列表框中双击"学号"字段,把它发送到"排序依据"列表框中,作为排序依据,如图 5-19 所示。

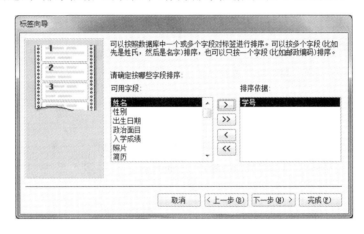

图 5-19 "标签向导"对话框—设置排序字段

⑧ 单击"下一步"按钮,打开"标签向导"第 5 个对话框中,输入"标签新生"作为报表名称,如图 5-20 所示。

图 5-20 "标签向导"对话框—命名并保存标签报表

⑨ 单击"完成"按钮，标签报表制作完毕，并打开"标签新生"报表的打印预览视图，如图 5-21 所示。

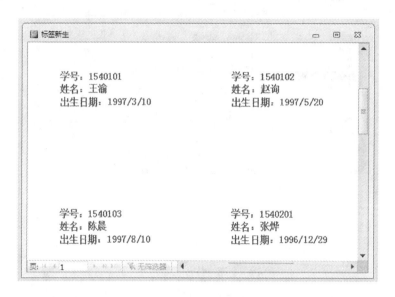

图 5-21 "标签新生"报表的打印预览视图

### 5.2.4 创建主/子报表

主/子报表是指包含其他报表的报表，其中子报表是出现在另一个报表内部的报表，包含子报表的报表称为主报表。通常情况下，主报表显示的是一对多关系中的"一"方所对应的记录，而子报表显示"多"方的相关记录。

主/子报表可以是结合型，也可以是非结合型。即主/子报表中的表无须事先关联，主报表仅作为容纳多个子报表的容器。与主/子报表不同，主/子窗体要求主窗体与子窗体上的数据是必须相关联的。

使用报表向导，可以创建基于多个数据源的主/子报表，实际上在此是分组报表的形式。

【例 5.4】 以"学生表"、"成绩表"、"课程表"为数据源，利用报表向导创建主/子报表，命名为"学生成绩报表"。

操作步骤如下。

① 打开"教学管理"数据库。

② 在"创建"选项卡的"报表"命令组中，单击"报表向导"按钮，弹出"报表向导"第 1 个对话框。在"表/查询"下拉列表框中选择"表:学生表"，在"可用字段"列表框中双击"学号"、"姓名"、"性别"字段，将其添加到"选定字段"列表框中。采用相同方法，将"成绩表"的"选课 ID"、"成绩"字段，以及"课程表"的"课程名称"、"课程分类"、"学分"字段，添加到"选定字段"列表框中。如图 5-22 所示。

③ 单击"下一步"按钮，弹出"报表向导"第 2 个对话框，选择"通过学生表"查看数据方式，如图 5-23 所示。

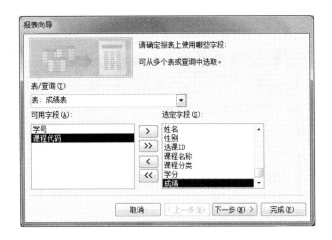

图 5-22 "报表向导"对话框—选择字段

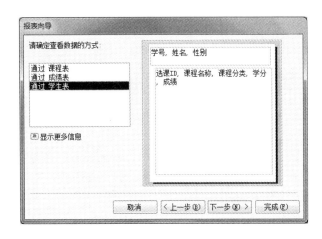

图 5-23 "报表向导"对话框—确定查看数据的方式

④ 单击"下一步"按钮,弹出"报表向导"第 3 个对话框,由于已经选择"通过学生表"查看数据,报表已经以"学号"、"姓名"、"性别"字段作为主数据,所以不必再添加分组级别,如图 5-24 所示。

图 5-24 "报表向导"对话框—添加分组级别

⑤ 单击"下一步"按钮,弹出"报表向导"第 4 个对话框,选择"选课 ID"字段升序排序,如图 5-25 所示。

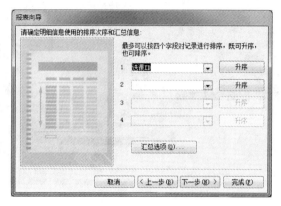

图 5-25 "报表向导"对话框—设置排序和汇总信息

⑥ 单击"汇总选项"按钮,弹出"汇总选项"对话框,在"学分"行勾选"汇总"复选框(计算总学分),在"成绩"行勾选"平均"复选框,如图 5-26 所示。

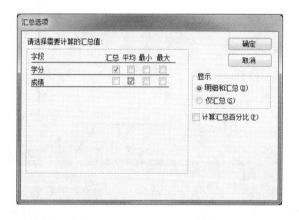

图 5-26 "汇总选项"对话框

⑦ 单击"确定"按钮,关闭"汇总选项"对话框,返回到"报表向导"第 4 个对话框。
⑧ 单击"下一步"按钮,弹出"报表向导"第 5 个对话框,选择"递阶"单选按钮,如图 5-27 所示。

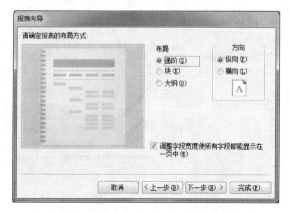

图 5-27 "报表向导"对话框—确定布局方式

⑨ 单击"下一步"按钮,弹出"报表向导"第 6 个对话框,输入"学生成绩报表"作为报表名称,如图 5-28 所示。

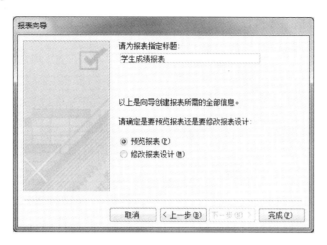

图 5-28 "报表向导"对话框—确定报表标题

⑩ 单击"完成"按钮,系统创建并打开"学生成绩报表"的打印预览视图,如图 5-29 所示。整个报表依次显示每个学生的信息,学生的选课明细记录以及设置的汇总信息。

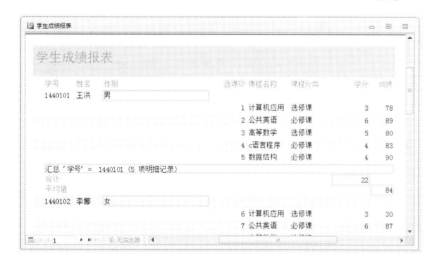

图 5-29 "学生成绩报表"的打印预览视图

## 5.3 使用设计视图创建报表

### 5.3.1 报表的组成

Access 报表一般由报表页眉、页面页眉、主体、页面页脚和报表页脚 5 个部分组成,每个部分称为一个节,每个节都有特定的用途,并且按报表中预见的顺序打印。在设计视图中打开一个空报表,默认情况下只出现"页面页眉"节、"主体"节和"页面页脚"节。所有报表都必须有一个"主体"节,报表根据需要可以随时添加"报表页眉"节、"报表页脚"节、"页面页眉"节和"页面页脚"节。如图 5-30 所示,显示的是报表的组成区域。

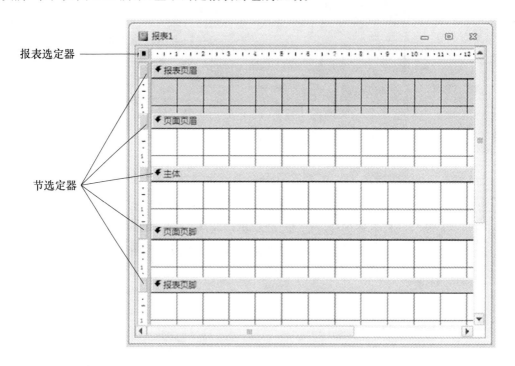

图 5-30 报表的 5 个基本组成部分

- "报表页眉"节:在一个报表中,"报表页眉"节只出现一次。利用它可以显示徽标、报表标题或打印日期。"报表页眉"节打印在报表第一页"页面页眉"节的前面。
- "页面页眉"节:"页面页眉"节出现在报表每页的顶部,可以用来显示列标题。
- "主体"节:"主体"节包含了报表数据的主体部分,对报表基础记录源的每条记录而言,该节重复出现。
- "页面页脚"节:"页面页脚"节在报表每页的底部出现,可以利用它显示页号等项目。
- "报表页脚"节:"报表页脚"节只在报表的结尾处出现一次。如果利用它显示报表合计等项目,"报表页脚"节是报表设计中的最后一节,出现在打印报表最后一页的"页面页脚"节之后。

此外,报表还具有"组页眉"节和"组页脚"节。当在报表中对信息进行分组时,"组页眉"节显示分组依据的相关信息,组页眉选择器标题将显示为"XX 页眉";"组页脚"节显示对分组中的明细数据进行统计的信息,组页脚选择器标题将显示为"XX 页脚"。如图 5-31 所示。

第 5 章 报　　表

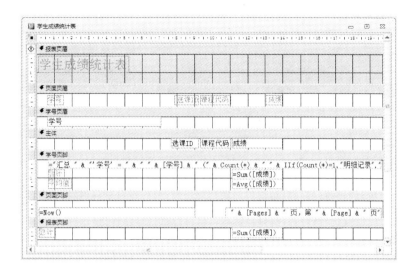

图 5-31　分组后的报表设计视图

## 5.3.2 "报表设计工具"上下文选项卡

当打开报表设计视图后,功能区上出现"报表设计工具"上下文选项卡及其下一级"设计"、"排列"、"格式"和"页面设置"选项卡。

(1)"设计"选项卡

"设计"选项卡主要包括"视图"、"主题"、"分组和汇总"、"控件"、"页眉/页脚"、"工具"命令组,如图 5-32 所示。

图 5-32　"设计"选项卡

(2)"排列"选项卡

"排列"选项卡主要包括"表"、"行和列"、"合并/拆分"、"移动"、"位置"、"调整大小和排序"命令组,如图 5-33 所示。

图 5-33　"排列"选项卡

（3）"格式"选项卡

"格式"选项卡主要包括"所选内容"、"字体"、"数字"、"背景"、"控件格式"命令组，如图 5-34 所示。

图 5-34 "格式"选项卡

（4）"页面设置"选项卡

"页面设置"选项卡主要包括"页面大小"和"页面布局"命令组，用来对报表页面进行纸张大小、边距、方向等设置，如图 5-35 所示。

图 5-35 "页面设置"选项卡

## 5.3.3 使用设计视图创建报表

对于简单的报表，通常是使用报表向导和"报表"按钮进行创建。对于复杂的报表，可以将已有的报表切换到设计视图进行修改和完善，也可以直接在设计视图中进行创建。

【例 5.5】 以"学生表"为数据源，在报表设计视图中创建"学生信息纵栏式"报表。

操作步骤如下。

① 打开"教学管理"数据库，在"创建"选项卡的"报表"命令组中，单击"报表设计"按钮，默认打开一张空白报表的设计视图，如图 5-36 所示。这时，报表的"页面页眉"节、"页面页脚"节和"主体"节同时出现，这点与窗体不同。

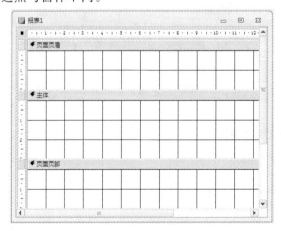

图 5-36 空白报表的设计视图

② 在设计视图中,单击"报表设计工具/设计"上下文选项卡的"工具"命令组的"属性表"按钮,打开报表"属性表"窗口。在"数据"选项卡中,打开"记录源"属性右侧的下拉列表,从中选择"学生表"作为数据源,如图 5-37 所示。

③ 在"工具"命令组中,单击"添加现有字段"按钮,打开"字段列表"窗口,并显示相关字段列表,如图 5-38 所示。

图 5-37 "属性表"窗口

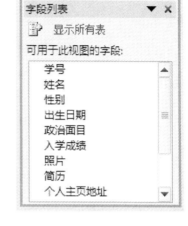

图 5-38 "字段列表"窗口

④ 在"字段列表"窗口中,把"学号"、"姓名"、"性别"、"出生日期"、"入学成绩"字段拖到"主体"节中,如图 5-39 所示。

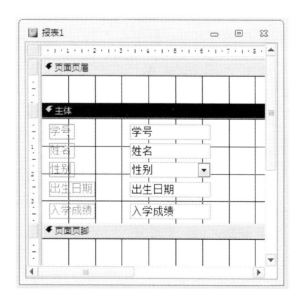

图 5-39 添加显示字段到"主体"节

⑤ 在报表的节的任意空白区域右击,弹出快捷菜单,选择"报表页眉/页脚"命令,添加"报表页眉"节和"报表页脚"节,如图 5-40 所示。

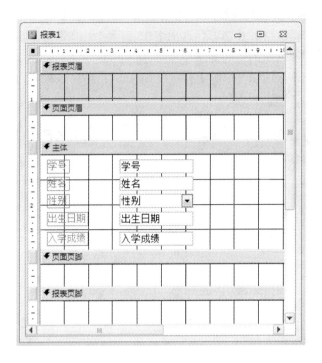

图 5-40　添加"报表页眉"节和"报表页脚"节后的设计视图

⑥ 在"报表页眉"节中添加标签控件,输入"学生信息表"作为本报表的标题。标签的字体为隶书、加粗、20 号、红色、文字居中,如图 5-41 所示。

图 5-41　添加报表标题

⑦ 在快速访问工具栏上单击"保存"按钮,以"学生信息纵栏式"为名称保存报表。切换到报表视图,查看显示效果,如图 5-42 所示。如果对此效果不满意,可在布局视图或设计视图中进一步修饰和美化。

第 5 章 报　表

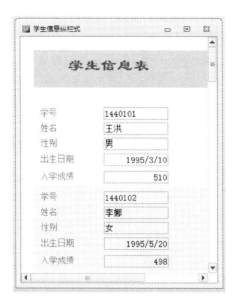

图 5-42　"学生信息纵栏式"的报表视图

【例 5.6】　以"学生选课成绩"查询为数据源,在报表设计视图中创建名为"学生学习情况报表"的表格式报表。

操作步骤如下。

① 打开"教学管理"数据库,在"创建"选项卡的"查询"命令组中,单击"查询设计"按钮,打开查询设计视图。添加"学生表"、"成绩表"、"课程表"作为数据源创建查询,包括"学生表"的"学号"、"姓名"、"性别"字段,"课程表"的"课程名称"、"学分"字段,"成绩表"的"成绩"字段。以"学生选课成绩"为名保存查询,如图 5-43 所示。

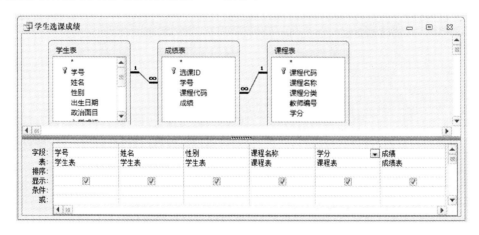

图 5-43　"学生选课成绩"的设计视图

② 在"创建"选项卡的"报表"命令组中,单击"报表设计"按钮,打开报表设计视图。

③ 在"报表设计工具/设计"上下文选项卡中,单击"工具"命令组的"属性表"按钮,打开报表"属性表"窗口。在"数据"选项卡中,打开"记录源"属性右侧的下拉列表,从中选择"学生选课成绩"作为报表数据源。

④ 在"工具"命令组中,单击"添加现有字段"按钮,打开"字段列表"窗口,并显示相关字段列表。将"学号"、"姓名"、"性别"、"课程名称"、"学分"、"成绩"字段添加到"主体"节,将字段前的附加标签剪切,然后粘贴到"页面页眉"节,按要求排列整齐。添加"报表页眉"节和"报表页脚"节,在"报表页眉"节中添加报表标题"学生选课成绩",字号为20,加粗,文字居中对齐,如图5-44所示。

说明:

在"页面页眉"节中添加的控件是字段的附加标签控件,"主体"节中的"性别"字段的控件是组合框控件,其他字段是文本框控件。

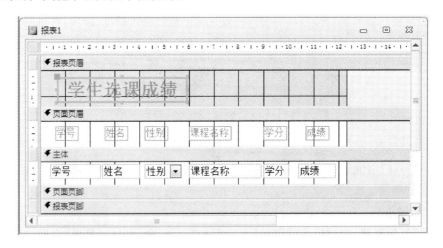

图 5-44  表格式报表的设计视图

⑤ 切换到布局视图,效果如图 5-45 所示。如对此效果不满意,可在布局视图下修改,也可切换至设计视图进行修改。

图 5-45  "学生学习情况报表"的布局视图

⑥ 单击快速访问工具栏中的"保存"按钮,以"学生学习情况报表"作为名称保存报表。

## 5.3.4 图表报表

图表报表将报表数据源中的数据以图表的形式直观地表示出数据之间的关系。

【例 5.7】 以"新生表"为数据源,在报表设计视图中创建"新生入学成绩图表"报表。

操作步骤如下。

① 打开"教学管理"数据库,在"创建"选项卡的"报表"命令组中,单击"报表设计"按钮,打开报表设计视图。

② 在报表设计视图中,单击"报表设计工具/设计"上下文选项卡的"控件"命令组的"图表"按钮,在"主体"节中按住鼠标左键绘制矩形区域,释放鼠标左键,打开"图表向导"第 1 个对话框,选择"新生表"作数据源,如图 5-46 所示。

图 5-46 "图表向导"对话框—选择数据源

③ 单击"下一步"按钮,打开"图表向导"第 2 个对话框,选择"姓名"、"入学成绩"字段添加到"用于图表的字段"列表框中,如图 5-47 所示。

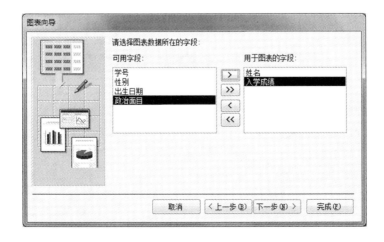

图 5-47 "图表向导"对话框—选择用于图表的字段

④ 单击"下一步"按钮,打开"图表向导"第 3 个对话框,选择"柱形图",如图 5-48 所示。

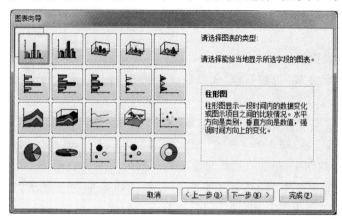

图 5-48 "图表向导"对话框—选择图表类型

⑤ 单击"下一步"按钮,打开"图表向导"第 4 个对话框,将字段拖到相应位置,如图 5-49 所示。

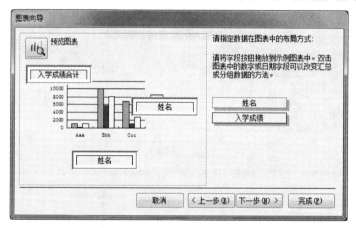

图 5-49 "图表向导"对话框—指定数据在图表中的布局方式

⑥ 单击"下一步"按钮,打开"图表向导"第 5 个对话框,在文本框中输入"新生入学成绩图表",如图 5-50 所示。

图 5-50 "图表向导"对话框—指定图表的标题

⑦ 单击"完成"按钮，切换到布局视图，调整布局，查看显示效果，满意后以"新生入学成绩图表"为名保存报表，并切换到报表视图查看效果，如图 5-51 所示。

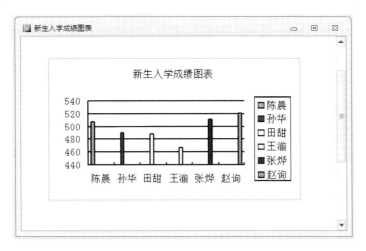

图 5-51 "新生入学成绩图表"的报表视图

## 5.4 编辑报表

### 5.4.1 添加或删除报表页眉/页脚、页面页眉/页脚

添加报表页眉/页脚、页面页眉/页脚的操作方法如下。
① 打开报表设计视图。
② 在任意空白区域右击，弹出快捷菜单，如图 5-52 所示。

图 5-52 报表设计视图的快捷菜单

③ 选择"报表页眉/页脚"或"页面页眉/页脚"命令，此时，在设计视图中就可以看到添加了"报表页眉"节和"报表页脚"节或"页面页眉"节和"页面页脚"节。

说明：

如果要删除页眉或页脚，如果是成对删除，可以在快捷菜单中再次选择"报表页眉/页脚"或"页面页眉/页脚"命令；如果不是成对删除，可以将此节的"可见性"属性设置为"否"，或者删除该节的所有控件，将该节的"高度"属性设置为"0"或使用鼠标拖动将该节调整为"0"。

### 5.4.2 在报表中添加当前日期和时间

在报表中添加当前日期和时间的方法有两种：使用命令或添加计算型控件。可以将日期和时间添加在任何节中。

**1. 使用命令**

① 打开报表设计视图，在"报表设计工具/设计"上下文选项卡中，单击"页眉/页脚"命令组的"日期和时间"按钮，弹出"日期和时间"对话框，如图 5-53 所示。

图 5-53 "日期和时间"对话框

② 在"日期和时间"对话框中确定是否包含日期、是否包含时间，及其对应内容的显示格式，然后单击"确定"按钮，系统将在"报表页眉"节中显示相关的信息，如图 5-54 所示。

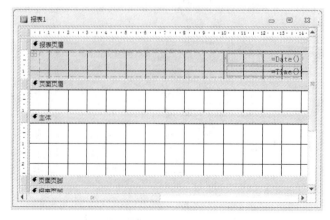

图 5-54 添加了日期和时间的设计视图

**2. 添加计算型控件**

① 打开报表设计视图,在"报表设计工具/设计"上下文选项卡中,单击"控件"命令组的"文本框"按钮,然后在"页面页脚"节中单击,"页面页脚"节中就出现了一个文本框。

② 选中文本框的附加标签控件,删除标签控件。

③ 选中文本框控件,单击"工具"命令组的"属性表"按钮,打开"属性表"窗口。单击"数据"选项卡的"控件来源"属性,在文本框内直接输入"=date()",然后关闭"属性"窗口。

④ 切换到报表视图,观察效果,如图 5-55 所示。

图 5-55 添加日期和时间的报表视图

### 5.4.3 在报表中添加页码

在报表中添加页码的操作方法如下。

① 打开报表设计视图,在"报表设计工具/设计"上下文选项卡中,单击"页眉/页脚"命令组的"页码"按钮,弹出"页码"对话框。

② 按需要对页码格式、位置和对齐方式进行设置,如图 5-56 所示。

③ 单击"确定"按钮,添加一个计算型文本框,用于显示页码。此时,文本框的"控件来源"属性中显示的表达式为

图 5-56 "页码"对话框

="共 " & [Pages] & " 页,第 " & [Page] & " 页"

说明:

● &:为字符串连接符,连接其两端的字符串。

● [Pages]:是 Access 中的一个内置对象,表示报表的总页数。由于引用内置对象,因此两端使用中括号括起来。

● [Page]:也是 Access 中的一个内置对象,表示报表的当前页码。

### 5.4.4 在报表中添加分页符

分页符可以强制将当前页分成两页。添加分页符的操作方法如下。

① 打开报表设计视图。

② 在"报表设计工具/设计"上下文选项卡中,单击"控件"命令组的"插入分页符"按钮,在报表中需要的位置上单击,则分页符的标志短虚线(·····)显示在该位置的最左侧。

## 5.5 报表的排序、分组和计算

排序可以使数据的规律性和变化非常清晰。分组可以将数据归类,便于产生组内数据的统计和汇总。分组与排序是报表和窗体最大的区别。

### 5.5.1 报表的排序

报表的排序是指让报表中的输出数据按照指定的字段或字段表达式进行排序。

【例 5.8】 创建一个"学生成绩单"表格式报表,包括"学生成绩查询"的所有字段,按"成绩"字段进行降序排序。

操作步骤如下。

① 利用前面学过的知识创建"学生成绩查询",包括"成绩表"的"选课 ID"、"成绩"字段,"学生表"的"姓名"字段,以及"课程表"的"课程名称"、"学分"字段,并且按"选课 ID"字段升序排序。查询设计视图如图 5-57 所示。

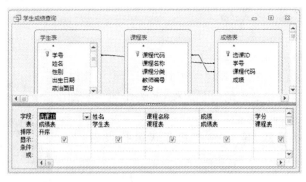

图 5-57 "学生成绩查询"设计视图

② 以"学生成绩查询"为数据源建立一个没有分组排序的"学生成绩单"表格式报表,如图 5-58 所示。

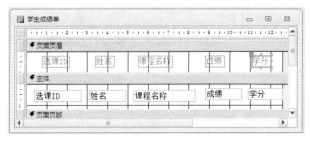

图 5-58 "学生成绩单"报表的设计视图

③ 在"报表设计工具/设计"上下文选项卡中,单击"分组和汇总"命令组的"分组和排序"按钮,弹出"分组、排序和汇总"窗口,如图 5-59 所示。

图 5-59 "分组、排序和汇总"窗口

④ 单击"添加排序"按钮,在弹出的排序字段列表中选择"成绩",设置排序方式为"降序",如图 5-60 所示。

图 5-60 添加排序字段

⑤ 切换到报表视图查看效果,如图 5-61 所示。

图 5-61 排序后的报表视图

## 5.5.2 报表的分组

分组是指将某个或几个字段值相同的记录归为一组。对记录的分组是通过设置分组字段的"组页眉"和"组页脚"属性来实现的。

组页眉显示在新记录组的开头,可以用它显示适用于整个组的信息,如组名称等。组页脚出现在每组记录的结尾,可以用它显示分组统计数据等信息。

**【例 5.9】** 将"学生成绩单"报表按"姓名"字段进行分组统计。

操作步骤如下。

① 打开"学生成绩单"报表的设计视图,在"报表设计工具/设计"上下文选项卡中,单击"分组和汇总"命令组的"分组和排序"按钮,弹出"分组、排序和汇总"窗口,如图 5-59 所示。

② 删除排序依据行,窗口变成初始状态。单击"添加组"按钮,在弹出的分组字段列表中选择"姓名",默认排序方式为"升序",分组方式为"按整个值"、"无汇总",选择"有页眉节"、"有页脚节",设置"将整个组放在同一页上",如图 5-62 所示。

图 5-62 设置分组

③ 将"主体"节的"姓名"文本框剪贴到"姓名页眉"节,调整其他控件的位置,如图 5-63 所示。

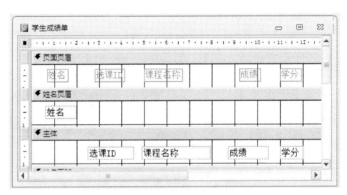

图 5-63 添加组页眉和组页脚的设计视图

④ 切换到报表视图查看效果,如图 5-64 所示。

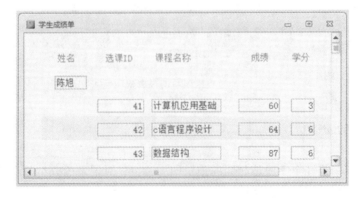

图 5-64 分组后的报表视图

"分组、排序和汇总"窗口中相关重要设置选项及功能说明如下。
- 添加组:单击该按钮,则添加一个新的分组行。
- 添加排序:单击该按钮,则添加一个新的排序依据行。对于报表,可以进行排序,不分组。
- 分组形式:决定分组方式,即对于分组字段按什么方式分组。
- 排序依据:指定按照哪个字段或表达式排序,以及排序的方式(升序或降序)。
- 汇总:指定数据统计的方式及其显示的位置(节)。
- 有页眉节:决定是否在报表上添加组页眉。
- 有页脚节:决定是否在报表上添加组页脚。
- 将整个组放在同一页上:决定同组数据是否打印在同一页,即是否允许一个组的数据显示在不同页。
- 更少:单击"更少"按钮,则每一行仅显示分组与排序字段,不展开其他详细选项。
- 更多:单击"更多"按钮,则展开分组或排序行的详细选项。

### 5.5.3 报表的计算

用户往往需要对报表中的数据进行汇总统计。利用报表向导建立报表时,可以通过"汇总选项"来实现汇总。在报表设计中,可以使用计算型文本框(计算控件)来进行各种类型的计算并输出显示。在报表中创建的计算控件放的位置不同,产生的计算结果也会不一样。

对记录进行统计计算的方法如下。

① 打开报表设计视图。

② 将计算型文本框添加到报表中。

③ 在文本框的"控件来源"属性框中输入以等号开始的计算表达式。

在操作中,如果是对一条记录进行统计计算,计算型文本框应该放在报表的"主体"节中;如果是对分组记录进行统计计算,计算型文本框应该放在报表的"组页眉"节或"组页脚"节中;如果是对所有记录进行统计计算,计算型文本框应该放在报表的"报表页眉"节或"报表页脚"节中。

【例 5.10】 在"学生成绩单"报表中,添加报表标题"学生成绩统计",统计每组记录数、整个报表记录总数,计算每组总学分、整个报表学分总和,计算每组平均成绩、整个报表的平均成绩。

操作步骤如下。

① 打开"学生成绩单"报表的设计视图,添加"报表页眉"节和"报表页脚"节,在"报表页眉"节中添加标题标签,并美化标签。调整"姓名页脚"节和"报表页脚"节的大小。如图 5-65 所示。

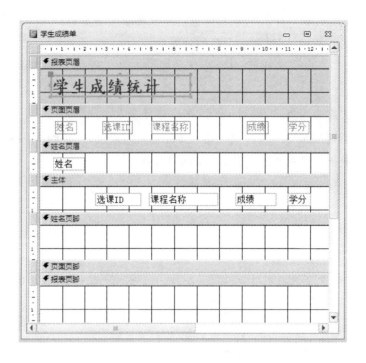

图 5-65　添加"报表页眉"节和"报表页脚"节的设计视图

② 在"姓名页脚"节上添加一蓝色直线,在"报表页脚"节上添加一黑色直线。在"姓名页脚"节添加一个文本框控件,附加标签标题为"选修课程数:",将文本框的"控件来源"属性设置成表达式"=Count([选课 ID])"。类似地,在"报表页脚"节添加一个文本框控件,附加标签标题为"选修课程总数:",将文本框的"控件来源"属性设置成表达式"=Count([选课 ID])"。如图 5-66 所示。

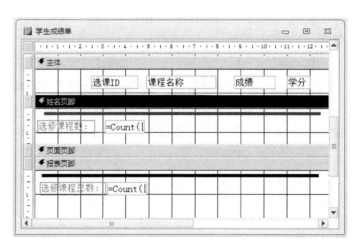

图 5-66　添加计算型文本框的设计视图

③ 在"姓名页脚"节添加一个文本框控件,附加标签标题为"总学分:",将文本框的"控件来源"属性设置成表达式"=Sum([学分])"。类似地,在"报表页脚"节添加一个文本框控件,

附加标签标题为"总学分:",将文本框的"控件来源"属性设置成表达式"=Sum([学分])"。

④ 在"姓名页脚"节添加一个文本框控件,附加标签标题为"平均成绩:",将文本框的"控件来源"属性设置成表达式"=Avg([成绩])"。类似地,在"报表页脚"节添加一个文本框控件,附加标签标题为"平均成绩:",将文本框的"控件来源"属性设置成表达式"=Avg([成绩])"。如图 5-67 所示。

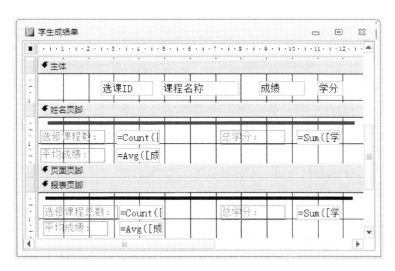

图 5-67　添加 3 个计算型文本框的设计视图

⑤ 切换到报表视图查看效果,如图 5-68 所示。

图 5-68　添加计算控件的报表视图

常用汇总函数的说明如下。

● Sum(expr):返回表达式的总和。

- Avg(expr):返回表示式的平均值。
- Count(expr):统计记录条数,空值 NULL 将不统计在内。
- Max(expr):返回表示式的最大值。
- Min(expr):返回表示式的最小值。

其中,expr 代表表达式,表达式可以是字段、常量、函数等。

## 5.6 报表的预览及打印

在报表的设计过程中,预览功能为设计人员时时查看设计效果提供了便利。通过预览报表,可以了解报表输出是否符合设计要求。如果不符合设计要求,则返回设计视图进行修改,修改完后再对其进行预览。如此反复直到符合设计要求为止,最后进行打印输出。

一般而言,报表预览与打印的基本过程如下。

① 在设计视图、布局视图下编辑报表。

② 切换到打印预览视图,查看打印效果。在报表的打印预览视图下,可以进行"页面大小"、"页面布局"、"显示比例"、"数据"等的设置。

③ 在预览达到满意效果后,可直接在打印预览视图下进行打印,也可以退出打印预览视图,使用"文件"→"打印"命令。两种方法都会弹出"打印"对话框,如图 5-69 所示。

图 5-69 "打印"对话框

"打印"对话框与一般的文档对话框相同,可进行打印机、打印范围和份数等属性设置。例如,在"属性"对话框中,可设置打印机相关的属性。通过"设置"按钮,可以打开"页面设置"对话框,对页边距、网格、列尺寸、列布局进行设置。设置完毕后进行实际打印并完成。

【例 5.11】 打印"学生成绩单"报表,要求设置纸张方向为纵向,纸张大小为 B5,页边距为左、右各 5 mm,上、下各 6.35 mm,打印纸质版报表 5 份。

操作步骤如下。

① 在打印预览视图下打开"学生成绩单",单击"打印预览"选项卡的"页面布局"命令组的

"纵向"按钮,设置报表纸张方向为"纵向",如图 5-70 所示。

图 5-70 设置纸张方向

② 设置纸张大小。单击"打印预览"选项卡的"页面大小"命令组的"纸张大小"下拉按钮,打开"纸张大小"下拉列表,列表中共列出 21 种纸张,从中选择"B5",如图 5-71 所示。

图 5-71 设置纸张大小

③ 设置页边距。单击"打印预览"选项卡的"页面布局"命令组的"页面设置"按钮,打开

"页面设置"对话框。在"页边距"区域中设定题目要求的页边距,上、下各 6.35 mm,左、右各 5 mm,如图 5-72 所示。

图 5-72 "页面设置"对话框

④ 设置打印设备和打印份数。单击"打印预览"选项卡的"打印"命令组的"打印"按钮,在弹出的"打印"对话框中选定打印机,设置份数为"5 份",选择"逐份打印"复选框,如图 5-73 所示。

图 5-73 "打印"对话框

## 5.7 课后习题

一、选择题

1. 下列关于对报表中数据源的操作叙述正确的是( )。
   A. 可以编辑,但不能修改　　　　　　B. 可以修改,但不能编辑
   C. 不能编辑和修改　　　　　　　　　D. 可以编辑和修改

2. 在一个报表中只出现一次的是（　　）。
A. "主体"节　　B. "页面页脚"节　　C. "页面页眉"节　　D. "报表页眉"节
3. 在报表中要实现按字段分组统计输出,需要设置（　　）。
A. "页面页脚"节　　B. "报表页脚"节　　C. "主体"节　　D. "组页脚"节
4. 要设置在报表每一页底部都输出的信息,需要设置（　　）。
A. "页面页脚"节　　B. "报表页脚"节　　C. "页面页眉"节　　D. "报表页眉"节
5. 要实现报表的分组统计,其操作区域是（　　）。
A. "报表页眉"节或"报表页脚"节　　B. "页面页眉"节或"页面页脚"节
C. "主体"节　　D. "组页眉"节或"组页脚"节
6. 如果需要制作一个公司员工的名片,应该使用（　　）报表。
A. 标签报表　　B. 图表报表　　C. 图表窗体　　D. 表格式报表
7. 报表设计视图下的（　　）按钮是窗体设计视图下没有的。
A. 代码　　B. 字段列表　　C. 工具箱　　D. 排序与分组
8. 使用（　　）创建报表,可以完成大部分报表设计的基础操作,加快了创建报表的过程。
A. 报表向导　　B. 设计视图
C. 自动报表功能　　D. 空报表
9. 若用户对使用向导生成的图表不满意,可以在（　　）视图中对其进行进一步的修改和完善。
A. 设计　　B. 表格　　C. 图表　　D. 布局
10. 如果对创建的标签报表不满意,可以在报表（　　）中进行修改。
A. 向导　　B. 设计视图
C. 布局视图　　D. 标签向导

**二、填空题**

1. 在报表中通过对_____进行排序和_____,可以更好地组织和分析数据。
2. 报表主要用于对数据库的数据进行_____、_____、_____和打印输出。
3. 报表中的数据来源是_____、_____和 SQL 命令。
4. _____用来显示报表的标题、图形或说明性文字。
5. 对记录进行分组时,首先要选定_____。

**三、操作题**

1. 熟悉利用向导创建标准报表的过程。
2. 掌握利用报表设计视图创建报表的方法,创建一个报表并能实现报表的排序、分组和计算。

# 第 6 章 宏

在处理 Access 数据库对象的过程中,往往需要重复执行某些任务或操作。例如,向表中添加记录时,需要打开同一个窗体。为了简化操作步骤,可以将这些重复执行的任务或操作组织在一个宏中,在应用时直接调用和运行宏,自动地执行集成在宏中的各项操作。

宏并不直接处理数据库中的数据,它是组织 Access 数据库对象的工具。在 Access 数据库中,表、查询、窗体和报表这 4 个对象,各自具有强大的数据处理功能,能独立地完成数据库中的特定任务,但是它们各自独立工作,不能相互协调、相互调用,使用宏可以将这些对象有机地整合在一起,完成特定的任务。

宏是 Access 数据库中的主要功能对象之一,作为一种简化了的编程方法,宏可以在不编写任何代码的情况下,自动帮助用户完成某些任务。本章将介绍宏的概念、类型,创建与运行宏的基本方法,以及与宏相关的事件和宏操作。

## 6.1 宏 的 概 念

### 6.1.1 宏的基本概念

宏是由一个或多个操作组成的集合,其中每个操作都能自动执行,并实现特定的功能。在 Access 2010 中,系统预定义了 70 余种宏命令,它们和内置函数一样,为应用程序提供各种基本操作,如打开表、查询、窗体与报表,以及关闭对象等。使用宏很方便,用户无须编写程序,只需从宏的设计视图中选择所需要的宏命令,设置相关参数,便可以完成许多复杂的操作。

创建宏的目的是自动处理某一项或者一系列任务,可以将任务当作一个或多个基本操作的集合,其中每个基本操作都能单独实现某一项特定的功能,如打开窗体、关闭窗体等。图 6-1 显示了一个含有 3 个操作的宏,该宏的功能包括 3 个方面。

① 打开某个窗体。
② 显示一个信息提示框。
③ 关闭窗体。

当执行这个宏时,将自动执行这 3 个操作。

通过宏的自动重复执行操作的能力,无须编写程序就可以设计出具有一定功能的数据库应用系统。

在实际操作过程中，人们很少单独使用一个宏命令，往往将这些命令组合在一起按照顺序依次执行以完成一项特定的任务。这些命令的执行可以通过窗体或表中控件的某个事件来触发，也可以在数据库的运行中自动实现。

图 6-1　宏设计视图

## 6.1.2　宏的基本功能

宏是一种功能强大的工具，可用来在 Access 中自动执行许多操作。通过宏的自动执行重复任务的功能，可以保证工作的一致性，还可以避免由于忘记某一操作步骤而引起的错误。宏节省了执行任务的时间，提高了工作效率。宏的具体功能如下。

① 显示和隐藏工具栏。
② 打开和关闭表、查询、窗体和报表。
③ 执行报表的预览和打印操作及报表中数据的发送。
④ 设置窗体或报表中控件的值。
⑤ 设置 Access 工作区中任意窗口的大小，执行窗口的移动、缩小、放大和保存等操作。
⑥ 执行查询操作，以及数据的过滤、查找。
⑦ 为数据库设置一系列的操作，以简化工作。

## 6.1.3　宏的分类

根据不同的标准，可以对宏进行不同的分类。
（1）根据宏操作的特点，宏可以分为操作序列宏和宏操作组
操作序列宏是指按一组操作顺序定义的宏，执行顺序以操作定义的先后为依据。

宏操作组是将若干个具有相关功能的宏放在一起，形成一个集合，用来完成与单个宏相比更复杂的任务。

（2）根据宏运行是否需要满足特定条件，宏可以分为非条件宏和条件宏

非条件宏是指要执行某个宏，宏中的所有命令都将会执行。

条件宏是指在满足一定的条件时，才运行一定的操作。

（3）根据宏操作面向的对象是否为数据记录，宏可以分为数据宏和非数据宏

数据宏是 Access 2010 中新增的一项功能，该功能允许在表事件中（如添加、更新或删除数据等）自动运行。数据宏有两种主要的类型：一种是由表事件触发的数据宏（也称为"事件驱动的数据宏"），一种是为响应按名称调用而运行的数据宏（也称为"已命名的数据宏"）。

非数据宏是指不是面向数据记录，而是处理窗体、报表等数据库对象及相关控件的宏。

（4）根据宏对象的创建方式，宏对象还可以分为独立宏和嵌入宏

独立宏是指独立保存的宏对象，它独立于窗体、报表等对象之外。独立宏在导航窗格中可见。

嵌入宏与独立宏正好相反，它嵌入到窗体、报表等对象和控件对象的事件中，嵌入宏是所嵌入的对象和控件的一部分。嵌入宏在导航窗格中不可见。

### 6.1.4 宏操作目录

在宏设计视图中，单击"显示/隐藏"命令组的"操作目录"按钮，则宏操作目录显示在宏设计视图的右侧，它由"程序流程"、"操作"和"在此数据库中"3 部分组成，如图 6-2 所示。

**1. 程序流程**

包含 Comment（注释）、Group（组）、If（条件）和 Submacro（子宏）命令。

（1）Comment

注释是对宏的整体或宏的一部分进行说明，在宏运行时是不执行的。若要为宏操作添加注释，可以从"添加新操作"下拉列表框中选择"Comment"，或直接双击"操作目录"窗口中的 Comment 命令。

（2）Group

Access 2010 中引入组概念，主要是为了管理

图 6-2 "操作目录"窗口

结构复杂的宏。根据操作的目的的不同将宏操作进行分组，这样结构就十分清晰，阅读也更方便。需要特别指出的是，组与 Access 2007 及以前版本中的宏组，无论概念和目的都是完全不同的，请读者不要混淆。

(3) If

条件是通过判定表达式的值来控制宏操作的执行,主要用于创建条件宏。

(4) Submacro

子宏是存储在一个宏名下的一组操作的集合,该集合通常只作为一个宏引用。在一个宏中可以含有一个或多个子宏,每个子宏又可以包含若干个宏操作。子宏拥有单独的名称,并可独立运行。子宏在 Access 2007 及以前的版本中被称为宏组。

**2. 操作**

将宏操作按其功能和性质分为 8 组,如窗口操作、宏命令、数据库对象等,以方便用户分类选择。

**3. 在此数据库中**

该项列出了当前数据库中的所有宏,供用户使用。

**4. 常用的宏操作命令**

常用的宏操作命令如表 6-1 所示。

表 6-1 常用的宏操作命令

| 类 别 | 命 令 | 功 能 |
| --- | --- | --- |
| 打开对象 | OpenTable | 打开表 |
|  | OpenQuery | 打开查询 |
|  | OpenForm | 打开窗体 |
|  | OpenReport | 打开报表 |
| 设置对象 | SetProperty | 设置控件属性 |
| 窗口 | MaximizeWindow | 最大化活动窗口 |
|  | MinimizeWindow | 最小化活动窗口 |
| 信息 | Beep | 扬声器发出"嘟嘟"声 |
|  | MessageBox | 显示包含有警告或提示信息的消息框 |
| 关闭对象 | CloseWindow | 关闭数据库对象 |
|  | CloseDatabase | 关闭当前数据库 |
|  | QuitAccess | 退出 Access |

## 6.1.5 "宏工具/设计"上下文选项卡和设计视图

创建宏,首先要了解"宏工具/设计"上下文选项卡和宏设计视图。

**1. "宏工具/设计"上下文选项卡**

在 Access 2010 中,在"创建"选项卡的"宏与代码"命令组中单击"宏"按钮,打开"宏工具/设计"上下文选项卡。该上下文选项卡共有 3 个命令组,分别是"工具"、"折叠/展开"和"显示/隐藏",如图 6-3 所示。

图 6-3 "宏工具/设计"上下文选项卡

可以根据需要在不同命令组中选择相应的按钮进行宏的创建和操作,主要按钮的基本功能如表 6-2 所示。

表 6-2 主要按钮的基本功能

| 按 钮 | 名 称 | 功 能 |
| --- | --- | --- |
| ! | 运行 | 执行当前宏 |
|  | 单步 | 单步运行,一次执行一条宏 |
|  | 宏转换 | 将当前宏转换为 Visual Basic |
|  | 折叠操作 | 折叠宏设计器所选的宏操作 |
|  | 展开操作 | 展开宏设计器中所选的宏操作 |
|  | 全面展开 | 展开宏设计器中全部的宏操作 |
|  | 全面折叠 | 折叠宏设计器中全部的宏操作 |
|  | 操作目录 | 显示或隐藏宏设计器的操作目录 |
|  | 显示所有操作 | 显示或隐藏操作列中下列表中所有操作或者尚未受信任的数据库中允许的操作 |

**2. 设计视图**

在 Access 2010 中,系统重新设置了宏设计器,与以前版本相比更接近 VBA 事件过程代码的开发界面,使得开发宏更加方便。

宏的创建方法与其他 Access 数据库对象一样,都可以在设计视图窗口中进行。在创建宏的过程中,主要工作是设置宏所包含的操作和相应的参数。

宏的创建需要在宏的设计视图窗口中进行,打开宏的设计视图窗口的操作步骤如下。

① 打开数据库。

② 选择"创建"选项卡中的"宏与代码"命令组,单击"宏"按钮,打开宏的设计视图窗口。宏的设计视图窗口分为 3 个窗格,左边导航窗格显示数据库对象,中间窗格是宏设计视图,右边是"操作目录"窗口,如图 6-4 所示。

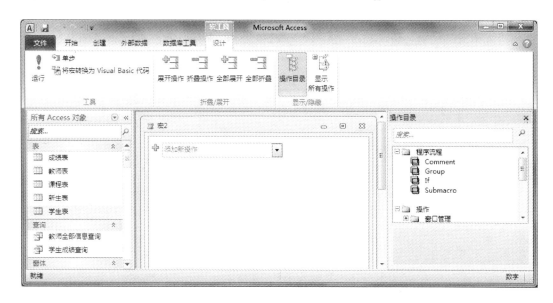

图 6-4　宏的设计视图窗口

## 6.2　创　建　宏

创建宏是一件轻松而有趣的工作,不同于以往的编程,在创建中用户不涉及设计宏的代码,也没有太多的语法需要用户掌握,用户所需做的就是在宏的操作设计列表中安排一些简单的选择。下面介绍各类宏的创建过程。

### 6.2.1　创建操作序列宏

操作序列宏又可称为独立宏,独立宏的宏名在导航窗格的"宏"选项卡中是可见的。对于在打开数据库就立刻自动执行的独立宏,特称之为自动执行宏。下面将介绍独立宏的基本常见方法。

**1. 操作序列宏**

操作序列宏是指按一组操作顺序定义的宏,执行顺序以操作定义的先后为依据。

【例 6.1】　创建宏"操作序列宏",该宏的功能是先弹出消息框,提示信息为"您即将查看的是学生成绩表!",然后打开"成绩表",最后,再次弹出消息框,提示信息为"谢谢查看,再见!",并且关闭"成绩表"。

操作步骤如下。

① 打开"教学管理"数据库,单击"创建"选项卡的"宏与代码"命令组中的"宏"按钮,打开宏设计视图。添加第一个宏操作命令 MessageBox,用于弹出消息框。如果先期知道弹出消息框的操作命令,可以直接在"添加新操作"下拉列表框中输入,Access 具有输入敏感性,能够自动显示以输入文本起始的操作命令。如果先期不太清楚弹出消息框的操作命令,一方面可以

从"添加新操作"下拉列表框中逐一浏览和选择,另一方面也可以从"操作目录"窗口的 8 类操作分类中逐个挑选。在选定"MessageBox"之后,设置消息内容为"您即将查看的是学生成绩表!",设置消息类型为"信息",设置标题为"教学管理信息提示",如图 6-5 所示。

图 6-5　添加宏操作命令 MessageBox

② 参照①中添加宏操作命令的过程,添加其他宏操作命令。添加宏操作命令 OpenTable(用于打开表),设置表名称为"成绩表"。再次添加宏操作命令 MessageBox,设置消息内容为"谢谢查看,再见!",消息类型为"信息",标题为"教学管理信息提示"。最后添加宏操作命令 CloseWindow(用于关闭表),设置对象类型为"表",对象名称为"成绩表",如图 6-6 所示。

图 6-6　操作序列宏的设计视图

③ 单击快速访问工具栏中的"保存"按钮,在出现的"另存为"对话框中,输入要保存的宏名称"操作序列宏",单击"确定"按钮。此时在导航窗格的"宏"选项卡中出现了保存的宏名,如图 6-7 所示。

图 6-7  保存宏后的导航窗格

④ 运行宏。在"宏工具/设计"上下文选项卡的"工具"命令组中,单击"运行"按钮 ❗,则运行"操作序列宏",从上到下依次执行 3 个宏操作,运行结果如图 6-8 所示。

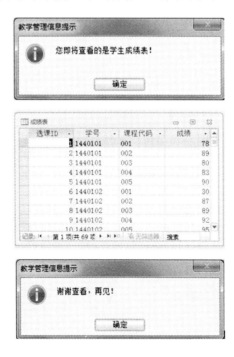

图 6-8  宏执行结果

**2. 自动执行宏**

自动执行宏是指在打开数据库时,Access 会自动执行宏中所包含的操作。自动执行宏有

3个要点。

① 宏名称一定要命名为"AutoExec"。

② 如果希望自动执行宏在数据库打开时不执行,打开数据库时要按住 Shift 键。

③ 一个数据库只能有一个名为"AutoExec"的宏。

【例 6.2】 创建"AutoExec"宏,该宏的功能是打开"学生表"窗体,并以最大化窗口显示。操作步骤如下。

① 打开"教学管理"数据库,在"创建"选项卡的"宏与代码"命令组中单击"宏"按钮,打开宏设计视图。

② 在"添加新操作"下拉列表框中选择"OpenForm"(用于打开窗体),将"窗体名称"操作参数设置为"学生表"。再在"添加新操作"下拉列表框中选择"MaximizeWindow"(用于打开窗体后立即最大化窗口),如图 6-9 所示。

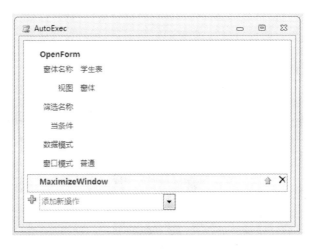

图 6-9　设置"AutoExec"宏的操作和操作参数

③ 保存宏。单击快速访问工具栏中的"保存"按钮,在出现的"另存为"对话框中,输入要保存的宏名称"AutoExec",单击"确定"按钮保存该宏。

④ 运行宏。当打开数据库时,自动执行"AutoExec"宏,打开"学生表"窗体并以最大化窗口显示,如图 6-10 所示。

图 6-10　"AutoExec"宏的执行结果

## 6.2.2 创建宏操作组

使用宏操作组可以把宏的若干操作,根据它们操作目的的相关性进行分块,一个块就是一个组。宏操作组不会影响操作的执行方式,也不能单独调用或运行。

宏操作组的创建有两种基本策略:一种是先添加宏操作命令,然后选中连续的多个操作,通过快捷菜单方式归并到一组中;另一种是先通过 Group 操作命令建立空操作组,然后在组内添加新的操作。两种策略创建的效果是相同的。

【例 6.3】 创建"宏操作组"宏,包含两个操作组。第 1 个操作组为"提示打开学生信息登记窗体",并添加注释行"弹出消息框,并打开学生信息登记窗体",操作顺序上先弹出消息框提示"欢迎使用学生信息登录窗体!",然后打开"学生表"窗体,最后,再次弹出消息框,提示信息为"谢谢查看,再见!",并且关闭"学生表"窗体。第 2 个操作组为"提示打开成绩表",操作顺序上先弹出消息框,提示信息为"您即将查看的是学生成绩表!",然后打开"成绩表",最后,再次弹出消息框,提示信息为"谢谢查看,再见!",并且关闭"成绩表"。

操作步骤如下。

① 打开"教学管理"数据库,单击"创建"选项卡的"宏与代码"命令组中的"宏"按钮,打开宏设计视图。添加第一个宏操作命令 MessageBox,用于弹出消息框。在选定 MessageBox 之后,设置消息内容为"您即将查看的是学生基本信息窗体!",设置消息类型为"信息",设置标题为"教学管理信息提示"。

② 然后添加宏操作命令 OpenForm,用于打开数据窗体。在选定 OpenForm 之后,设置窗体名称为"学生表"。再次添加宏操作命令 MessageBox,设置消息内容为"谢谢查看,再见!",消息类型为"信息",标题为"教学管理信息提示"。最后添加宏操作命令 CloseWindow,用于关闭窗体,设置对象类型为"窗体",对象名称为"学生表",如图 6-11 所示。

图 6-11 "提示打开学生信息登记窗体"的设计视图

③ 生成宏组。单击"宏工具/设计"上下文选项卡的"折叠/展开"命令组的"折叠操作"按钮,再同时选中 4 个宏操作,选中方法是按住 Shift 键的同时单击 4 个宏操作。单击鼠标右键,弹出快捷菜单,如图 6-12 所示,选择"生成分组程序块"命令,宏设计视图如图 6-13 所示。

图 6-12　宏设计视图的快捷菜单

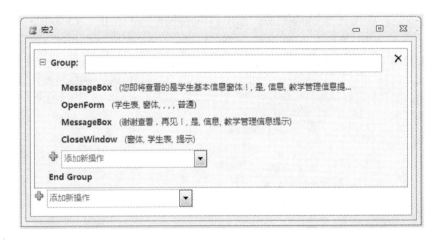

图 6-13　基于基本宏操作建立分组

④ 设置第一个宏操作组名称,添加注释行。根据图 6-13,被选中的 4 个基本宏操作都被包含在同一组中。根据要求,在"Group"文本框中输入"提示打开学生信息登记窗体",并且在"操作目录"窗口中选择"程序流程"下的命令"Comment",将其拖曳到宏操作添加窗口,放置在 Group 名称下方,或者右击,选择"添加操作"命令,均可添加注释行。然后,输入注释"弹出消息框,并打开学生基本信息登记窗体",如图 6-14 所示。

⑤ 单击上移按钮 ,将注释行移动到组的第一行,如图 6-15 所示。完成第 1 个宏操作组的设置。

图 6-14　在注释行输入注释文字

图 6-15　改变操作命令顺序

⑥ 在宏设计视图上，在宏操作组"学生信息登记窗体"后的"添加新操作"下拉列表框中选择"Group"命令，或将"操作目录"窗口的"程序流程"下的"Group"命令用鼠标拖曳到宏设计视图的"添加新操作"处。将添加一新组，在"Group"文本框中输入"提示打开成绩表"。

⑦ 添加第一个宏操作命令 MessageBox，用于弹出消息框。在选定 MessageBox 之后，设置消息内容为"您即将查看的是学生成绩表！"，设置消息类型为"信息"，设置标题为"教学管理信息提示"。然后添加宏操作命令 OpenTable，用于打开表，设置表名称为"成绩表"。再次添加宏操作命令 MessageBox，设置消息内容为"谢谢查看，再见！"，消息类型为"信息"，标题为"教学管理信息提示"。最后添加宏操作命令 CloseWindow，用于关闭表，设置对象类型为"表"，对象名称为"成绩表"，如图 6-16 所示。

⑧ 单击"折叠/展开"命令组的"折叠操作"按钮，折叠宏操作，保存两个宏操作组，宏名称为"宏操作组"，如图 6-17 所示。

⑨ 运行并查看执行效果，Access 会依次执行两个宏操作组中的各项操作命令。此外，在宏操作组的应用中，Group 块可以包含其他 Group 块，最多可以嵌套 9 级。

## Access 数据库应用基础教程

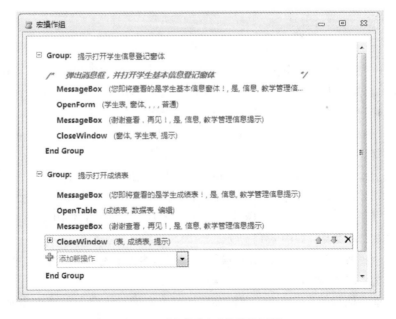

图 6-16 "提示打开成绩表"的设计视图

图 6-17 "宏操作组"的设计视图

## 6.2.3 创建条件宏

在 Access 2010 中,可以使用 If 块对程序流程进行控制。所谓 If 块,是指由 If 行开头,以 End If 行结尾的操作组成。在"If"文本框中,需要输入一个条件表达式。当条件成立(叫作 "真")时,执行 If 块内对应的宏操作;如果条件不成立(称为"假"),则跳过 If 块内的操作,转而 执行 End If 行后面的操作。在宏设计过程中,允许用户为宏中的一个或多个操作设置条件。

在输入条件表达式时,可能会引用窗体、报表或相关控件的值,要使用如下的格式。
- 引用窗体:Forms![窗体名]。
- 引用窗体属性:Forms![窗体名].属性。
- 引用窗体控件:[Forms]![窗体名]![控件名] 或 Forms![窗体名]![控件名]。
- 引用窗体控件属性:Forms![窗体名]![控件名].属性。
- 引用报表:Reports![报表名]。
- 引用报表属性:Reports![报表名].属性。
- 引用报表控件:[Reports]![报表名]![控件名] 或 Reports![报表名]![控件名]。
- 引用报表控件属性:Reports![报表名]![控件名].属性。

其中,各部分之间也可以使用点(.)进行分隔。

【例 6.4】 创建一个名为"条件宏示例"的条件宏,对"用户登录"窗体(见图 6-18)的密码 进行验证。如果密码输入为空,提示"请输入密码!";如果密码输入不为空,则进一步判断密码 是否正确,如果正确,提示"登录成功,欢迎使用!",否则提示"密码输入错误,请重试!"(密码为 与学号对应的姓名)。

图 6-18 "用户登录"窗体

操作步骤如下。

① 创建"用户登录"窗体,布局如图 6-18 所示。其中,学号用组合框控件表示,其数据来 源于"学生表"的"学号"字段,名称为"xh";姓名用未绑定的文本框表示,名称为"xm",输入掩 码为"密码";"登录"按钮的单击事件属性设置为"条件宏示例"。

② 单击"创建"选项卡的"宏与代码"命令组的"宏"按钮,打开宏设计视图。验证"密码" 文本框中是否输入了内容,需要进行判断。从"操作目录"窗口的"程序流程"中选择"if"命令 进行添加,在"If"文本框中直接输入或用表达式生成器输入条件:

IsNull([Forms]![用户登录]![xm])

其中,IsNull 函数用于判断参数是否为空。此时,IsNull 函数的参数为"用户登录"窗体上的"密码"文本框。如果"密码"文本框为空,那么 IsNull 函数返回真值,否则返回假值。

③ 在 If…Then 操作后添加宏操作 MessageBox,提示"请输入密码!",只有当"密码"文本框为空时,才会弹出消息提示框,如图 6-19 所示。

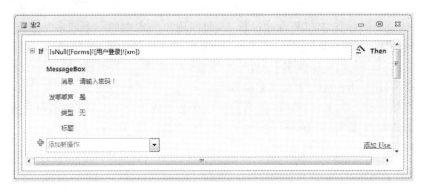

图 6-19　判断用户密码是否为空的宏操作

④ 如果"密码"文本框不为空,需要进一步判断密码是否正确。为 If 命令添加一个 Else,同时在 Else 下面添加 If 命令用于判断密码是否正确,为新加入的 If 命令增加 Else,用于分别处理密码正确和不正确两种情况。

⑤ 在第 2 个"If"文本框中输入条件表达式:

DLookUp("姓名","学生表","[学号]='" & [Forms]![用户登录]![xh] & "'")=[Forms]![用户登录]![xm]

⑥ 为 If…Then…Else…End If 添加两个 MessageBox 操作,一个用于提示密码正确,一个用于提示重试密码。具体参数设置如图 6-20 所示。

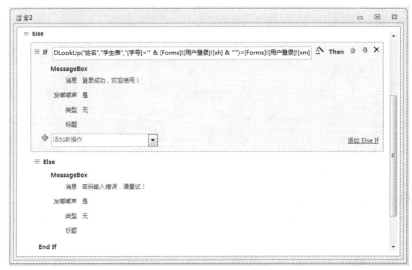

图 6-20　判断用户密码是否正确

⑦ 单击"保存"按钮，在"另存为"对话框中输入"条件宏示例"，单击"确定"按钮。
⑧ 执行宏并查看运行结果。因为本例中创建的宏引用了窗体上的控件内容，因此，需要先行运行窗体，然后再执行宏，才能查看到正确的运行效果。在窗体视图中打开"用户登录"窗体，从组合框中选择学号"1440101"，在"密码"文本框不输入任何内容，然后单击"登录"按钮，如图 6-21 所示。

图 6-21　输入空值时"条件宏示例"的执行效果

单击消息框的"确定"按钮，返回"用户登录"窗体，"密码"文本框中输入"王洪"，然后单击"登录"按钮，如图 6-22 所示。

图 6-22　输入正确密码时"条件宏示例"的执行效果

单击消息框的"确定"按钮，返回"用户登录"窗体，在"密码"文本框中输入"123"，然后单击"登录"按钮，如图 6-23 所示。

图 6-23　输入错误密码时"条件宏示例"的执行效果

## 6.2.4 创建子宏操作

Access 2010 中的子宏就是之前版本的宏组。子宏是宏的集合,它是将完成同一项功能的多个相关宏组织在一起,构成子宏。通过创建子宏,可以方便地进行分类管理和维护。子宏类似于程序中的主程序,而子宏中的"宏名"列中的宏类似于子程序。使用子宏既可以增加控制,又可以减少编制宏的工作量。

用户也可以通过引用子宏的宏名执行子宏中的一部分宏。在执行子宏中的宏时,Access 2010 将按顺序执行"宏名"列中宏所设置的操作及紧跟在后面的宏名的操作。

在一个复杂的 Access 2010 数据库系统中,经常需要响应多种事件,甚至于一个复杂的数据库中很可能需要数百个宏协同工作。如果是用户自行设计宏的话,可能会出错;因此 Access 2010 提供了一种方便的组织方法,即将宏分组。将几个相应的宏组成一个宏对象,可以创建一个子宏,这样可以减少用户的工作量。

一个宏不仅可以包含若干个宏操作,而且可以包含若干个子宏。一个子宏由子宏名开头,以 End Submacro 行结尾的操作组成。创建含有子宏的宏与独立宏一样,也是在宏设计视图窗口中完成的,并保存在导航窗口的宏对象中。

在 Access 2010 中,创建子宏的步骤如下。

① 选择 Access 2010 中的"创建"选项卡,在"创建"选项卡的"宏与代码"命令组中单击"宏"按钮,打开宏设计视图。

② 在"操作目录"窗口中将"程序流程"中的 SubMacro 拖拽到"新添加操作"下拉列表框中。

③ 在"添加新操作"下拉列表框中选择要使用的操作。

④ 在"子宏"文本框中为第一个宏输入名称,重复前面两步,用户可以添加后续宏执行。

⑤ 单击快速访问工具栏中的"保存"按钮,弹出"另存为"对话框,在"宏名称"文本框中输入名称,单击"确定"按钮即完成了创建子宏的工作。

【例 6.5】 创建一个名为"子宏示例"的宏,其中包括两个子宏,分别命名为"宏 1"和"宏 2"。第 1 个子宏打开"教学管理"数据库中的"学生表",并发出"嘟嘟"声音。第 2 个子宏打开"教学管理"数据库中的"各系教师信息"报表并最大化窗口,同时弹出警告消息框。

操作步骤如下。

① 单击"宏与代码"命令组的"宏"按钮,打开宏设计视图。

② 在"添加新操作"下拉列表框中选择"Submacro",或双击右侧"操作目录"窗口中的 Submacro 命令,添加一个子宏操作,同时系统会自动添加一个结束标志"End Submacro"。然后在"子宏"文本框中输入"宏 1"。

③ 在子宏块"宏 1"下方的"添加新操作"下拉列表框中选择"OpenTable",在"表名称"下拉列表框中选择"学生表"。然后,在下方的"添加新操作"下拉列表框中选择"Beep"。

④ 在 End Submacro 行下方的"添加新操作"下拉列表框中选择"Submacro",输入子宏名为"宏 2"。重复执行步骤 3,依次添加 OpenReport、MaximizeWindow 和 MessageBox 命令,并设置对应参数,如图 6-24 所示。

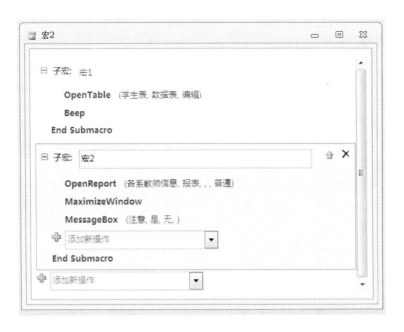

图 6-24　“子宏示例”设计视图

⑤ 单击快速访问工具栏中的“保存”按钮，在“另存为”对话框中输入宏名为“子宏示例”，单击“确定”按钮。

⑥ 单击“运行”按钮，此时依次执行“宏 1”里面的两个操作，运行结果如图 6-25 所示。

学生表

| 学号 | 姓名 | 性别 | 出生日期 | 政治面目 | 入学成绩 | 照片 | 简历 | 个人主页地 |
|---|---|---|---|---|---|---|---|---|
| 1440101 | 王洪 | 男 | 1995/3/10 | 团员 | 510 | Package | 湖南省 | |
| 1440102 | 李娜 | 女 | 1995/5/20 | 群众 | 498 | Package | 吉林省 | |
| 1440103 | 陈颖 | 女 | 1995/8/10 | 团员 | 490 | | 上海市 | |
| 1440104 | 赵成 | 男 | 1996/12/15 | 团员 | 489 | | 甘肃省 | |
| 1440105 | 张力 | 男 | 1996/10/21 | 团员 | 505 | | 黑龙江省 | |
| 1440201 | 孙磊 | 男 | 1995/6/29 | 群众 | 483 | | 江苏省 | |
| 1440202 | 张鹏 | 男 | 1995/1/18 | 群众 | 478 | | 天津 | |
| 1440203 | 孙英 | 女 | 1995/6/1 | 群众 | 472 | | 江西省 | |
| 1440301 | 李军 | 男 | 1996/9/25 | 群众 | 509 | | 辽宁省 | |
| 1440302 | 陈旭 | 女 | 1995/1/28 | 团员 | 480 | | 浙江省 | |
| 1440303 | 李红 | 女 | 1995/3/22 | 团员 | 495 | | 浙江省 | |
| 1440304 | 王睿 | 男 | 1995/6/12 | 群众 | 508 | | 北京 | |
| 1440305 | 孙莉 | 女 | 1995/1/10 | 团员 | 521 | | 黑龙江省 | |
| 1440401 | 周静 | 女 | 1996/12/21 | 团员 | 498 | | 四川省 | |
| 1440402 | 王启 | 男 | 1995/3/12 | 群众 | 505 | | 吉林省 | |
| 1440403 | 陈艳 | 女 | 1996/11/11 | 团员 | 529 | | 辽宁省 | |
| * | | | | | 0 | | | |

记录: 第 1 项(共 16 项)　无筛选器　搜索

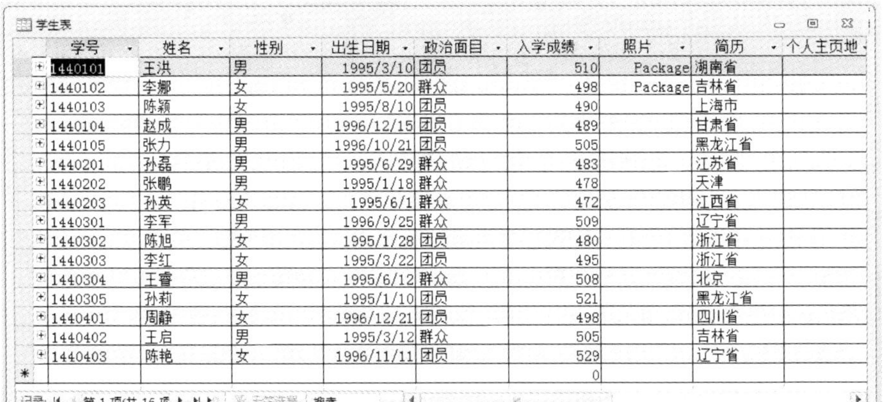

图 6-25　直接执行子宏结果

**注意：**在例 6.5 中，当用户单击“运行”按钮时，会发现只运行了“子宏示例”中的第 1 个子宏“宏 1”。若想运行宏中的其他子宏，可选择“数据库工具”选项卡，单击“宏”命令组的“运行宏”按钮。在弹出的“执行宏”对话框中输入宏名，或者从“宏名称”下拉列表框中选择要运行的宏(包括子宏)名。调用宏中子宏的格式为：“宏名. 子宏名”。例如，要调用“子宏示例”中的子宏“宏 2”，则应书写为“子宏示例. 宏 2”。

### 6.2.5 创建嵌入宏

嵌入宏是嵌入在窗体、报表等对象或控件中,作为其嵌入对象的一部分。嵌入宏的名称不出现在导航窗格的"宏"选项卡中。

**【例 6.6】** 创建一个名为"嵌入宏示例"的窗体,在窗体上添加按钮,名称默认,标题为"利用嵌入宏关闭窗体",在按钮的单击事件中设置嵌入宏,实现单击按钮关闭窗体的功能。

操作步骤如下。

① 创建"嵌入宏示例"窗体。在窗体设计视图中,确保"使用控件向导"命令处于未选中状态,添加一个按钮,名称默认,标题为"利用嵌入宏关闭窗体"。完成后窗体如图 6-26 所示。

图 6-26 "嵌入宏示例"窗体

② 单击按钮,在其"属性表"窗口中选择"事件"选项卡,如图 6-27 所示。

图 6-27 "属性表"窗口

③ 单击"单击"属性右侧的生成器按钮,弹出"选择生成器"对话框,选择"宏生成器",如图 6-28 所示。

④ 单击"确定"按钮,则打开宏设计视图。在"添加新操作"下拉列表框中选择"CloseWindow",用于关闭窗口,设计参数如图 6-29 所示。

图 6-28 "选择生成器"对话框

图 6-29 宏设计视图

⑤ 单击"关闭"命令组中的"关闭"按钮,则返回"属性表"窗口,完成嵌入宏的设计,如图 6-30 所示。

图 6-30 完成嵌入宏的"属性表"窗口

⑥ 保存窗体并运行窗体,单击按钮,则执行宏操作"CloseWindow"关闭"嵌入宏示例"窗体。

## 6.3 宏的运行与调试

Access 中宏的使用非常灵活,并且能完成很多重要的操作。

## 6.3.1 运行宏

运行宏的基本方法有 4 种,能够在各种对象中调用已经创建好的宏。
- 直接运行宏:双击宏名。
- 利用宏操作运行宏:利用宏操作"RunMacro"运行宏,并且可以运行子宏。
- 利用控件事件运行宏:在控件的事件中选择当前数据库中的已定义好的宏即可。
- 利用 VBA 运行宏:将利用 VBA 的 docmd 对象的 RunMacro 方法运行指定的宏。

下面分别介绍这 4 种运行宏的方法。

**1. 直接运行宏**

直接运行宏包括 3 种方式。

① 打开宏设计视图,单击"工具"命令组中的"运行"按钮。

② 在数据库对象的导航窗格中选择要运行的宏并右击,在弹出的快捷菜单中选择"运行"命令或者双击需要打开的宏名。

③ 在"数据库工具"选项卡中,单击"宏"命令组中的"运行宏"按钮,在弹出的对话框中指定宏名,如图 6-31 所示。

图 6-31 "执行宏"对话框

**2. 利用宏操作运行宏**

【例 6.7】 创建一个名为"利用宏运行宏"的宏,利用宏操作"RunMacro"运行"子宏示例"中的子宏"宏 2"。宏的设计视图如图 6-32 所示。

创建宏的操作步骤与前面创建宏的方法相同,前面步骤都有,运行结果如图 6-33 所示。

作为 RunMacro(运行宏)操作中的宏名,可以用格式"子宏名.宏名"指定宏。

**3. 利用控件事件运行宏**

如果希望从窗体、报表或控件中运行宏,只需要单击设计视图中的相应控件,在相应的"属

图 6-32 "利用宏运行宏"的设计视图

图 6-33 子宏"宏 2"的运行结果

性表"窗口中选择"事件"选项卡中的对应事件,然后在下拉列表框中选择当前数据库中的相应宏。这样在事件发生时,会自动执行所设定的宏。

例如,建立一个宏,执行操作 Quit,将某一窗体中的按钮的单击事件设置为执行这个宏,则当在窗体中单击按钮时将退出系统。

可以将所有运行的宏在窗体中创建成命令,从而在该窗体中单击按钮运行宏。

操作步骤如下。

① 在设计视图中打开窗体。

② 确保使用"控件向导"命令处于未选中状态。

③ 在"控件"命令组中单击"按钮"按钮。

④ 在窗体中单击要放置按钮的位置。

⑤ 确保选定了按钮,然后在"工具"命令组中单击"属性表"按钮,打开"属性表"窗口。

⑥ 在"单击"属性框中输入在按下此按钮时要执行的宏或事件过程的名称,或单击生成器按钮来使用宏生成器或代码生成器。

### 4. 利用 VBA 运行宏

【例 6.8】 创建"利用 VBA 运行宏"窗体,窗体上包含一个名为默认值的按钮,标题为"VBA 运行子宏中的宏",实现单击该按钮运行"子宏示例"中的子宏"宏 2"。

操作步骤如下。

① 创建"利用 VBA 运行宏"窗体。在窗体设计视图中,确保"使用控件向导"命令处于未选中状态,添加一个按钮,名称默认,标题为"VBA 运行子宏中的宏"。完成后窗体如图 6-34 所示。

图 6-34 "利用 VBA 运行宏"窗体

② 单击按钮,在其"属性表"窗口中选择"事件"选项卡。

③ 单击"单击"属性右侧的生成器按钮,弹出"选择生成器"对话框,选择"代码生成器",如图 6-35 所示。

④ 单击"确定"按钮,进入 VBA 集成开发界面,在按钮的单击事件过程中输入代码,如图 6-36 所示。

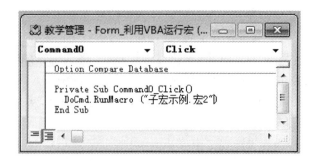

图 6-35 "选择生成器"对话框　　　　图 6-36 按钮的单击事件视图

⑤ 单击"关闭"命令组中的"关闭"按钮,则返回"属性表"窗口,如图 6-37 所示。

⑥ 保存窗体并运行窗体,单击按钮,则执行"宏 2"。

图 6-37 "属性表"窗口

## 6.3.2 调试宏

当运行条件宏时,执行一闪而过,看不清每个宏命令的操作结果。为此,Access 提供了单步运行宏的方法。另外,宏在运行过程中可能会出错,发现并排除问题也要使用单步执行调试工具。所谓单步执行,就是一次执行一条宏命令。

在设计视图中打开一个宏对象,单击"工具"命令组的"单步"按钮,再单击"运行"按钮,则进入单步执行。使用单步执行宏,可以观察宏的执行过程及操作结果,便于发现错误并加以改正。

【例 6.9】 单步执行例 6.1 中的"操作序列宏"。

操作步骤如下。

① 右击"操作序列宏",在快捷菜单中选择"设计视图"命令。

② 单击"工具"命令组的"单步"按钮,然后单击"运行"按钮,则打开"单步执行宏"对话框,如图 6-38 所示。

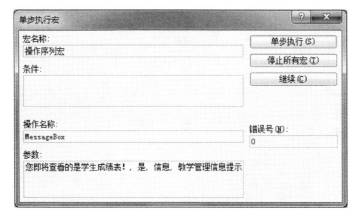

图 6-38 "单步执行宏"对话框

③ 单击"单步执行"按钮,执行对应操作。若单击"停止所有宏"按钮,则停止宏的执行并关闭对话框。若单击"继续"按钮,则在执行其后命令结束时关闭"单步执行宏"对话框。

"单步执行宏"对话框中的按钮的说明如下。
- 单步执行:指定执行操作时,采用"单步执行"模式。
- 停止所有宏:停止宏的执行,即后续的所有操作都不再执行。
- 继续。取消单步执行宏模式,宏中的操作将自动依次执行。

## 6.4 常见宏操作

Access 2010 中把宏操作按操作性质分成 8 组,一共有 66 个操作,这些宏操作可以满足用户方便、快速地执行某些功能。按照操作的功能,表 6-3 到表 6-9 列出了常见的宏操作命令。

表 6-3 打开或关闭数据库对象

| 命 令 | 功 能 |
| --- | --- |
| OpenTable | 打开指定表 |
| OpenForm | 打开指定窗体 |
| OpenQuery | 打开指定查询 |
| OpenReport | 打开指定报表 |
| RunMacro | 运行指定宏 |
| RunCode | 打开指定的 VBA 中的 Function 过程 |
| CloseWindow | 关闭各种数据库对象 |
| CloseDatabase | 关闭当前数据库 |
| QuitAccess | 退出 Access 系统 |

表 6-4 刷新、查找数据或定位记录

| 命 令 | 功 能 |
| --- | --- |
| Requery | 重新查询控件的数据源,从而更新控件中的数据,即刷新控件数据 |
| FindRecord | 查找指定条件的第一条记录 |
| FindNext | 查找指定条件的下一条记录 |
| ApplyFilter | 应用筛选,选择满足条件的记录 |
| GotoControl | 转移焦点到窗体、报表的特定控件上 |
| GotoRecord | 使指定记录成为打开的表、窗体或查询的当前记录 |

表 6-5 窗口操作命令

| 命 令 | 功 能 |
| --- | --- |
| MaximizeWindow | 最大化激活窗口 |
| MinimizeWindow | 最小化激活窗口 |
| MoveAndSizeWindow | 移动活动窗口或调整其大小 |
| RestoreWindow | 将最大、最小窗口恢复原始大小 |

表 6-6　宏操作

| 命　令 | 功　能 |
|---|---|
| CancelEvent | 取消导致该宏运行的 Access 事件 |
| ClearMacroError | 清除 MacroError 中的上一错误 |
| OnError | 定义宏出现错误时如何处理 |
| StopAllMacros | 终止当前所有宏的运行，包括自身宏 |
| StopMacro | 停止当前正在运行的宏 |

表 6-7　通知或警告操作

| 命　令 | 功　能 |
|---|---|
| Beep | 使计算机发出"嘟嘟"声 |
| MessageBox | 显示消息框 |
| SetWarnings | 关闭或打开所有的系统消息 |
| Echo | 指定是否打开回响 |

表 6-8　数据导入和导出操作

| 命　令 | 功　能 |
|---|---|
| ExportWithFormatting | 将指定对象中的数据导出为指定格式的文件 |
| EMailDatabaseObject | 将指定的数据库对象包含在邮件中发送 |
| ImportExportSpreadsheet | 从电子表格文件导入和导出数据 |
| ImportExportText | 从文本文件导入和导出数据 |
| WordMailMerge | 执行邮件合并操作 |

表 6-9　其他宏操作

| 命　令 | 功　能 |
|---|---|
| SetProperty | 设置窗体、报表的控件属性值 |
| SetValue | 设置窗体、报表上的字段值或控件属性值 |
| AddMenu | 添加自定义菜单栏 |
| SetMenuItem | 设置活动窗口的自定义菜单栏或全局菜单栏的状态 |

## 6.5　综合应用实例

在实际的应用系统中，宏更多的是通过窗体、报表及控件所产生的事件投入运行（触发）的。所谓事件，是指对象所能识别和检测的动作，如打开窗体、单击、键按下等。当此动作发生于某一个对象上时，其对应的事件便会被触发。一个对象拥有哪些事件是由系统定义的，至于事件被触发后要执行什么动作，则由用户为此事件编写的过程或宏来决定。

【例 6.10】 建立如图 6-39 所示的"学生管理系统"。

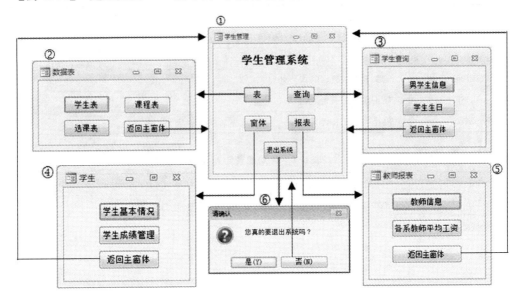

图 6-39 学生管理系统

为实现系统的要求,分别设计 5 个窗体:"学生管理"、"数据表"、"学生查询"、"学生"及"教师报表"。窗体的设计很简单,留给读者完成。需要指出的是,窗体中按钮的命名遵循由上至下、由左至右的原则。例如,"学生管理"主窗体的设计视图如图 6-40 所示,按钮名称依次为 Command1～Command5。"数据表"窗体的设计视图如图 6-41 所示,按钮名称依次为 Command6～Command9。依次类推,不难给出窗体③、④、⑤中按钮的名称。

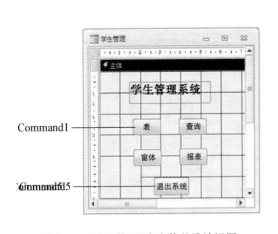

图 6-40 "学生管理"主窗体的设计视图

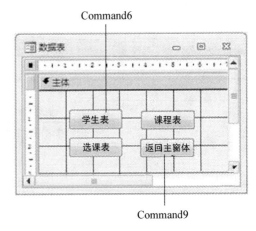

图 6-41 "数据表"窗体的设计视图

其中,窗体的属性只需修改"格式"的 4 项设置:滚动条,两者均无;记录选择器,否;导航按钮,否;分割线,否。

下面介绍"学生管理系统"主要宏的设计。

**1. 设计由"学生管理"主窗体①进入"数据表"窗体②的宏**

该宏命名为"打开数据表",核心操作就两步:关闭当前窗体,打开"数据表"窗体。

操作步骤如下。

① 在宏设计视图中选择 CloseWindow 命令,关闭"学生管理"主窗体。

② 选择 OpenForm 命令,打开"数据表"窗体,如图 6-42(a)所示。

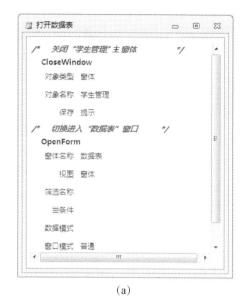 

(a) (b)

图 6-42 由"学生管理"主窗体进入"数据表"窗体对应的宏和单击事件

③ 选择图 6-40 中名为"Command1"的控件,单击"工具"命令组的"属性表"按钮。选择"事件"选项卡,在"单击"属性的下拉列表框中选择"打开数据表"宏,如图 6-42(b)所示。类似地,可设计由主窗体①进入窗体③、④、⑤的宏,留给读者完成。

**2. 设计由"数据表"窗体②返回"学生管理"主窗体①的宏**

该宏命名为"返回主窗体",主要操作也是两步:关闭当前窗体,打开"学生管理"主窗体。

操作步骤如下。

① 在宏设计视图中选择 CloseWindow 命令,关闭当前窗体。需要指出的是,在没有设置 CloseWindow 命令的操作参数时,关闭的是当前对象。

② 选择 OpenForm 命令,打开"学生管理"主窗体,如图 6-43(a)所示。

③ 右击图 6-41 中名为"Command9"的控件,选择快捷菜单中的"属性"命令。选择"事件"选项卡,在"单击"属性的下拉列表框中选择"返回主窗体"宏,如图 6-43(b)所示。

特别指出,由窗体③、④、⑤返回主窗体①时,单击"返回主窗体"按钮也要调用"返回主窗体"宏。

**3. 退出主窗体设计**

该宏命名为"退出系统",宏设计如图 6-44(a)所示。将图 6-40 中名为"Command5"的控件的单击事件设置为宏"退出系统",如图 6-44(b)所示。

"退出系统"宏是一个条件宏,输入的条件是

MsgBox("您真的要退出系统吗?",4+32,"请确认")=6

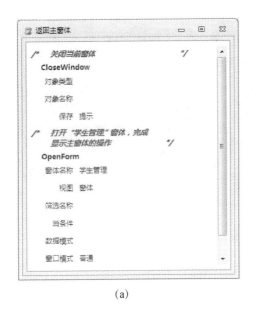

图 6-43 由"数据表"窗体②返回"学生管理"主窗体①对应的宏和单击事件

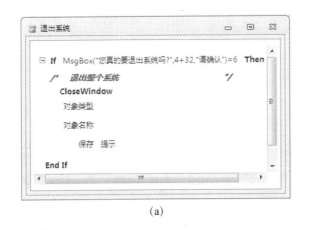

图 6-44 由"学生管理"主窗体①进入退出窗体⑥对应的宏和单击事件

条件中使用了消息框函数 MsgBox,它有 3 个参数:第 1 个"您真的要退出系统吗?"是对话框中要显示的信息;第 2 个参数显示图标与按钮,4 表示显示"是"与"否"按钮,32 表示显示询问图标;第 3 个参数是对话框的标题,这里为"请确认"。单击"是"按钮,MsgBox 的返回值为 6,条件成立,退出系统;单击"否"按钮,MsgBox 的返回值为 7,条件不成立,返回主窗体。

**4. 执行"数据表"窗体**

"数据表"窗体主要用来打开数据库的表。"数据表"窗体的设计视图如图 6-41 所示。其中,打开"学生表"的宏命名为"打开学生表",设计如图 6-45(a)所示;将图 6-41 中名为"Command6"的控件的单击事件设置为宏"打开学生表",如图 6-45(b)所示。

类似地,打开"课程表"的宏命令为"打开课程表",打开"选课表"的宏命令为"打开选课表"。相应的宏设计与单击事件设置,留给读者完成。

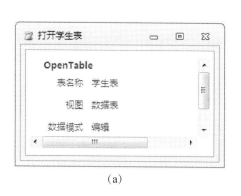

(a)                                  (b)

图 6-45 "打开学生表"的宏设计和单击事件

### 5. 执行"学生查询"窗体

"学生查询"窗体主要用来执行数据库的查询。其中,打开"男学生信息"查询的宏命名为"打开男学生信息查询",设计如图 6-46(a)所示;将名为"Command10"的控件的单击事件设置为宏"打开男学生信息查询",如图 6-46(b)所示。类似地,执行"学生生日"查询的宏设计与单击事件设置留给读者完成。

(a)                                  (b)

图 6-46 "打开男学生信息查询"的宏设计和单击事件

### 6. 执行"学生"窗体

"学生"窗体主要用来打开数据库的窗体。其中,按钮名称分别为 Command13～Command15。"学生基本情况"按钮用来打开"学生纵栏式"窗体,宏设计与单击事件设置留给读者。

"学生成绩管理"按钮用来打开"学生简单信息"窗体,其窗体的数据源为"学生表"。在窗体中,控件"学号"、"姓名"与"性别"均为绑定型文本框,控件"查询成绩"按钮用来查询学生个人成绩。

为查询与学生简单信息相对应的个人成绩,应创建一个带条件的"个人成绩"查询,查询条件为"[Forms]![学生简单信息]![学号]",其含义是根据"学生简单信息"窗体的学号查找学生个人成绩,如图6-47所示。

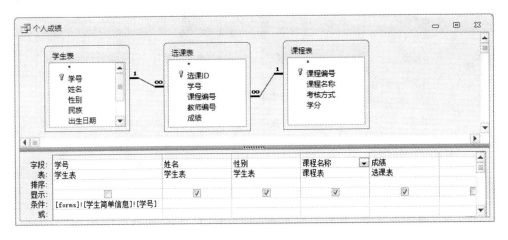

图6-47 "个人成绩"查询设计视图

接着应编写两个宏,一是单击"学生成绩管理"按钮打开"学生简单信息"窗体;二是单击"查询成绩"按钮打开"个人成绩"查询。这些均留给读者完成。

**7. 执行"教师报表"窗体**

"教师报表"窗体用来打开数据库的报表,如图6-48所示。其中,按钮名称分别为Command16~Command18。打开"教师(表格式)"报表的宏命名为"打开教师(表格式)报表",设计如图6-49(a)所示;将名为"Command16"的控件的单击事件设置为宏"打开教师(表格式)报表",如图6-49(b)所示。

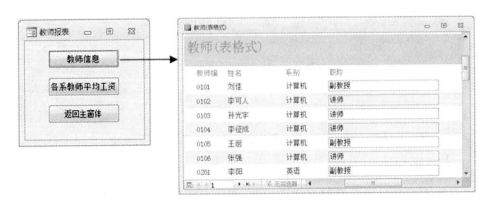

图6-48 "教师报表"窗体示例

(a)                (b)

图 6-49 "打开教师(表格式)报表"的宏设计和单击事件

类似地,打开"各系教师平均工资"报表的宏设计与单击事件设置留给读者完成。

例 6.10 的示范作用在于,如何将数据库的对象组织在一起,以构建数据库的应用系统——使用窗体。

## 6.6 课后习题

**一、选择题**

1. 以下( )数据库对象可以一次执行多个操作。
A. 查询        B. 窗体        C. 宏        D. 报表
2. 以下关于宏的说法中,不正确的是( )。
A. 依次执行独立宏中的操作        B. 宏由操作命令和操作参数组成
C. 宏可以由多个子宏组成        D. 可以使用向导创建宏
3. 能够创建宏的是( )。
A. 窗体设计视图    B. 报表设计视图    C. 表设计视图    D. 宏设计视图
4. 打开查询的宏操作是( )。
A. OpenForm                    B. OpenQuery
C. OpenTable                   D. OpenReport
5. 下列宏操作中,设置控件属性的操作是( )。
A. SetValue                      B. SetProperty
C. SetMenuItem               D. SetOrderBy
6. 要限制宏操作的范围,可以在宏中定义( )。
A. 宏条件表达式            B. 宏操作对象
C. 宏操作目标               D. 窗体或报表的控件属性
7. 在设计条件宏时,对于连续重复的条件,可以用( )符号来代替重复条件表达式。
A. ⋯            B. =            C. *            D. #

8. 打开指定窗体的宏操作是( )。
   A. OpenTable	B. OpenView
   C. OpenForm	D. OpenQuery
9. 显示包含警告信息或其他信息的消息框的宏操作是( )。
   A. MsgBox	B. Beep	C. AddMenu	D. SendObject
10. 运行宏时,不能修改的是( )。
    A. 窗体	B. 宏本身	C. 表	D. 数据库

二、填空题

1. 宏是一个或多个_____的集合。
2. 建立宏的过程主要包括_____、_____和设置参数等。
3. 宏的_____是创建和修改宏的主要界面。
4. 宏的"操作目录"窗口包括_____、_____和_____3个部分。
5. 运行独立宏,是按照_____的顺序依次执行。

三、操作题

1. 在"教学管理"数据库中,创建一个宏,其功能为将"教师表"的数据导出到 Excel 文件中。运行宏,查看结果。
2. 创建一个宏组,宏组中包含5个宏。

# 第 7 章　VBA 程序设计基础

在前面几章中,通过 Access 2010 自带的向导工具,能够创建表、查询、窗体、报表和宏等基本组件。但是,由于创作过程完全依赖于 Access 2010 内在的、固有的程序模块,虽然方便了用户的使用,但是同时也降低了所建系统的灵活性,对于数据库中一些复杂问题的处理则难以实现。

模块是将 VBA 声明和过程作为一个单元进行保存的集合。通过模块的组织和 VBA 代码设计,可以大大提高 Access 2010 数据库应用的处理能力,从而解决复杂问题。

本章介绍 Access 2010 数据库的模块类型及其创建方法,以及 VBA 程序设计的基础知识。

## 7.1　模块的基本概念

模块是 Access 2010 中的一个重要对象,它以 VBA 为基础编写,以函数过程(Function)或子过程(Sub)为单元的集合方式存储。在 Access 2010 中,模块分为类模块和标准模块两种类型。

### 7.1.1　标准模块

标准模块包含的是通用过程和常用过程,通用过程不与任何对象相关联,常用过程可以在数据库中的任何位置运行。在系统中,可以通过创建新的模块对象而进入其代码设计环境。

标准模块中的公共变量和公共过程具有全局特性,其作用范围为整个应用程序,生命周期是伴随着应用程序的运行而开始、关闭而结束。

### 7.1.2　类模块

类模块包括窗体模块、报表模块和自定义类模块 3 种。类模块是可以包含新对象定义的模块。新建一个类实例时,也就新建了一个对象。在 Access 2010 中,类模块是可以单独存在的。实际上,窗体模块和报表模块都是类模块,而且它们各自与某一窗体或报表相关联。窗体模块和报表模块通常都含有事件过程,该过程用于响应窗体或报表中的事件。可以使用事件过程来控制窗体或报表的行为,以及它们对用户操作的响应,如用鼠标单击某个按钮。为窗体或报表创建第一个事件过程时,Access 2010 将自动创建与之关联的窗体或报表模块。如果要查看窗体模块或报表模块,可以单击窗体或报表的设计视图中的"工具"命令组的"查看代码"按钮。

窗体模块和报表模块中的过程可以调用标准模块中已经定义好的过程。

窗体模块和报表模块具有局部特性,其作用范围局限在所属窗体或报表内部,而生命周期则是伴随着窗体或报表的打开而开始、关闭而结束。

### 7.1.3 将宏转换为模块

Access 2010 能够自动地将宏转换为 VBA 程序中的事件过程或模块,这些事件过程或模块可以通过 VBA 执行与宏相同的操作。可以转换窗体或报表中的宏,也可以转换不附加于特定窗体或报表的全局宏。

## 7.2 创建模块

模块是装着 VBA 代码的容器。过程是模块的单元组成,由 VBA 代码编写而成。过程分为两种类型:子过程和函数过程。能否返回值,是 Sub 过程和 Function 过程之间最大的区别。

Access 2010 提供的 VBA 编程界面称为 VBE(Visual Basic Editor,VB 编辑器)。打开 VBE 的方法为:在窗体或报表的设计视图里,单击"窗体设计工具/设计"或"报表设计工具/设计"上下文选项卡"工具"命令组的"查看代码"按钮,或从创建窗体或报表的事件过程都可以进入类模块的设计和编辑窗口。在"创建"选项卡的"宏与代码"命令组中单击"模块"按钮即可进入标准模块的设计和编辑窗口。

在 VBE 的"工程"窗口下,右击"模块"项,在弹出的快捷菜单中选择"插入"→"类模块"命令,就建立了一个新的类模块。

标准模块的添加方法是:在"创建"选项卡的"宏与代码"命令组中单击"模块"按钮即可。

### 7.2.1 在模块中加入过程

**1. 子过程**

子过程也称为 Sub 过程,是执行一项操作的过程。子过程没有返回值,它以关键字 Sub 开始,并以 End Sub 语句作为结束。

  **Sub 程序名([<参数>])[As 数据类型]**
    [程序代码]
  **End Sub**

可以引用过程名来调用该子过程。此外,VBA 提供了一个关键字 Call,可显式调用一个子过程。在过程名前加上 Call 是一个很好的习惯。

**2. 函数过程**

函数过程也称为 Function 过程,是一种能够返回具体值的过程,返回的值可以在表达式中使用。函数过程以关键字 Function 开始,并以 End Function 语句作为结束。

  **Function** 函数名称([参数 1 As 数据类型,参数 2 As 数据类型…])[As 数据类型]
   [程序代码]
  **End Function**

函数过程不能使用 Call 来调用执行,需要直接引用函数过程名,并由接在函数过程名后面的括号所辨别。

## 7.2.2 在模块中执行宏

Access 2010 定义了一个重要的对象——DoCmd,使用它可以在 VBA 程序中运行宏的操作。要运行宏操作,只需将 DoCmd 对象的方法放到过程中即可。大部分的操作都有相应的 DoCmd 方法。具体格式为

  **DoCmd. method [arguments]**

method 是方法的名称。当方法具有参数时,arguments 代表方法参数,但是并不是所有的操作都有对应的 DoCmd 方法。

## 7.3 VBA 程序设计基础

本节将对 VBA 中的常量、变量、标准函数及表达式、选择结构、循环结构、数组、子程序和子函数等内容加以介绍。

### 7.3.1 常量

在程序运行过程中,其值不可以发生变化的量叫作常量。常量的作用在于以一些固定的、有意义的名字保存一些在程序中始终不会改变的值。

**1. 常量的命名规则**

常量名必须以字母为首字符,从第 2 个字符开始可以是数字或字母及下划线;但是不能用 VBA 中的关键字作为常量名。例如,下面的命名就是错误的。

  4NAME RS.6D if

其中,前两个错误很明显,第 3 个常量名 if 是关键字。

同时,用户应当尽可能地使用有意义的单词或者拼音来对常量进行命名,尽管 VBA 中并未对此做出规定,但为了增强程序的可读性,这无疑是个好习惯。通常很多人习惯用大写字母来命名常量。

## 2. 常量的类型

VBA 中常量的类型如表 7-1 所示。

表 7-1 VBA 中常量的类型

| 类型名 | 含义 | 类型符 | 有效值范围 | 字节 |
| --- | --- | --- | --- | --- |
| Byte | 单字符 |  | 0～255 | 1 |
| Integer | 短整数 | % | −32 768～32 767 | 2 |
| Long | 长整数 | & | −2 147 483 648～2 147 483 647 | 4 |
| Single | 单精实数 | ! | $-3.4\times10^{38}\sim3.4\times10^{38}$ | 4 |
| Double | 双精实数 | # | $-1.797\,34\times10^{308}\sim1.797\,34\times10^{308}$ | 8 |
| String | 字符串 | $ |  | n*1 |
| Currency | 货币 | @ | −922 337 203 685 477.580 8～922 337 203 685 477.580 7 | 8 |
| Boolean | 布尔值(真/假) |  | True(非 0)和 False(0) | 2 |
| Date | 日期 |  | 100 年 1 月 1 日—9999 年 12 月 31 日 | 8 |
| Object | 对象 |  |  | 4 |
| Variant | 变体 |  |  | $x$ |

## 3. 常量的声明和使用

在初学 VBA 时,经常用到的常量一般都是符号常量。符号常量的作用与变量有些类似,也是用于存放一些需要编程者自行设置的数据。符号常量的定义语句如下。

  **Const 符号常量名 = 常量值**

例如:

  Const A = 56.5
  Const B = 90

在此需要强调如下内容:在程序中符号常量不能进行二次赋值,这是它与变量不同的地方。例如,下面的程序是错误的。

  Const A = 56.5
  A = 56.5

在这两条语句中,尽管看上去符号常量 A 的值似乎没有变化,但是却先后两次对符号常量 A 进行了赋值,这是 VBA 所不允许的。

在 VBA 中,除了符号常量之外,还有固有常量和系统常量。限于篇幅,本章就不再进行更多的介绍,读者可以根据需要查询相关的开发手册。

## 7.3.2 变量

在程序运行的过程中,其值可以发生变化的量叫作变量。变量用于暂时存储程序运行中所产生的一些中间值。几乎所有的 VBA 程序都离不开变量。同一个程序中,任意两个不同的变量都不能使用相同的名字,这就如同旅馆中任意两个房间都不能使用相同的房间号码;每一个变量中的内容在某一时刻可能被更替,这就如同旅馆的客房中的客人可能会换人一样;变量与变量之间的类型未必完全相同,这就如同旅馆中的客房与客房的档次也未必是一样的。

变量的命名规则与常量的命名规则完全一致,这里不再重复。

**1. 变量的类型**

变量的类型和常量的类型是一致的,下面对其中常用的几种变量进行说明。

① 对于单精实数型和双精实数型变量,所取的有效值范围并不十分精确。其原因在于计算机的存储空间是有限的,所以计算机所存放的数据的位数也是有限的。这样就不可能表示出无限趋近于 0 的实数,所以,单精实数型在 $-1.401\,298E-45 \sim 1.401\,298E-45$ 之间的小数是表示不出来的。同样,双精实数型在 $-4.940\,656\,46E-324 \sim 4.940\,656\,46E-324$ 之间的小数也是表示不出来的。

② 对于布尔型变量,通常用 True 和 False 两个值来表示其结果,但是有时候也用整数来表示,True 值用非 0 的整数(一般是 -1)来表示。False 值用 0 来表示。这样,布尔型变量也可以参加数值的运算,但是在布尔型变量中非 0 的数据都按 -1 取值。

【例 7.1】 通过圆的半径求圆的面积。

```
Private Sub Command0_Click()
    Dim r As Single            '定义一个单精实数型变量 r
    r = 5                      '对 r 进行赋值,r 值是 5
    Me.Text1.SetFocus          '名称为 Text1 的文本框获得焦点
    Me.Text1.Text = 3.14 * r^2 '将圆面积的计算结果放在 Text1 中显示出来
End Sub
```

在程序中,单引号后面的文字为注释内容,其作用是为了增加程序的可读性,是给编程人员看的,计算机在运行程序时并不执行。在该例中,程序的运行结果为 78.5,如图 7-1 所示。

图 7-1 例 7.1 的运行结果

下面将程序稍作修改。

```
Private Sub Command0_Click()
    Dim r As Boolean           '定义一个布尔型变量 r
    r = 5                      '对 r 进行赋值,r 值是 5
    Me.Text1.SetFocus          '名称为 Text1 的文本框获得焦点
    Me.Text1.Text = 3.14 * r^2 '将圆面积的计算结果在 Text1 中显示出来
End Sub
```

运行结果有了差别,其结果为 3.14。这中间的差别就在于变量 r 已经改成了布尔型变量,由于初值是 5(非 0),所以在运算中按 −1 取值。如果 r 值为 0,则运算结果也为 0。

③ 在 VBA 中,数值型变量和字符串型变量之间是不能直接进行赋值的,但是不同类型的符号常量和变量之间则可以直接赋值。

【例 7.2】 将实型常量 153.85 分别赋给整型变量和字符串型变量。

```
Const A = 153.85
Private Sub Command0_Click()
    Dim s As Integer
    Dim r As String
    Me.Text1.SetFocus
    s = A
    Me.Text1.Text = s
    Me.Text2.SetFocus
    r = A
    Me.Text2.Text = r
End Sub
```

程序运行结果如图 7-2 所示。

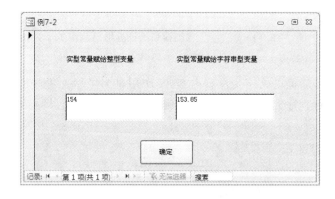

图 7-2　例 7.2 的运行结果

由此可以看出,实型常量和整型变量之间的转换是按四舍五入的原则进行的,而实型常量和字符串型变量之间的转换是一个单纯的赋值过程。

**2. 变量的定义**

VBA 为弱类型语言,它的变量可以不加定义而直接使用,但是这不利于程序的阅读。因此,应该养成一个良好的习惯,即在每次使用一个变量之前,都应该先对它进行定义。定义变量的方法有如下 3 种。

(1) 使用类型符定义

使用类型符定义变量时,只要将类型符放在变量的末尾即可。例如:

```
Name$ = "jilinsheng"
Age% = 58
```

grade! = 888

这里定义了3种变量,分别是字符串型、短整型和单精实数型。这里需要说明的问题有两个。

① 对于字符串型变量来说,还可分为两种:定长字符串型和变长字符串型。在上面的例子中,定义的是变长字符串型,它的特点是可以将双引号中的内容全部显示出来。定长字符串型变量的定义将在使用语句定义变量中讲到。

② 作为单精实数型的变量类型符,在默认状态下可以省略。也就是说,一个变量如果没有进行任何定义,则该变量是单精实数型变量。

(2) 使用 Dim 语句定义

也可以通过 Dim 语句对变量进行定义。Dim 语句的格式为

**Dim 变量名 As 变量类型**

例如:

Dim test As Long
Dim x As Integer
Dim y As String
Dim st As String * 4

这些例子分别定义了长整型、短整型、变长字符串型和定长字符串型变量。在定义中,应该注意以下3点。

① 定长字符串型变量的定义格式为

**Dim 变量名 As String * n**

其中,n 代表整数,表示该字符串型变量所包含的字符个数。如果 n 值小于字符串的实际长度,则变量中只存放该字符串的前 n 位;如果 n 值等于字符串的实际长度,则该字符串全部存入变量中;如果 n 值大于字符串的实际长度,则将该字符串全部存入变量中后,不足的位数用空格填补。在例 7.3 中,示例了 n 值大于和小于字符串的实际长度的情况。

**【例 7.3】** 变量的定义示例。

```
Private Sub Command0_Click()
    Dim a As String * 5         '定义定长字符串型变量 a
    Dim b As String             '定义定长字符串型变量 b
    Me.Text1.SetFocus           '文本框 Text1 获得焦点
    a = "12"                    '对变量 a 赋值,a 的长度是 2,不足 5
    Me.Text1.Text = a & "aa"    '将变量 a 的内容和字符串"aa"连接在一起,并赋值给文本框 Text1
    Dim c As String * 5         '定义定长字符串型变量 c
    c = "123456"                '对变量 c 赋值,c 的长度是 6,大于 5
    Me.Text2.SetFocus           '文本框 Text2 获得焦点
    Me.Text2.Text = c           '将变量 c 的值赋给 Text2
End Sub
```

程序结果如图 7-3 所示。由图 7-3 可以很清楚地看到,在 Text1 中,字符串"12"和字符串"aa"之间存在空格。这就说明,定长字符串型变量是依靠空格来补足字符串位数的。在 Text2 中,截掉了字符串"123456"中的最后一位字符。

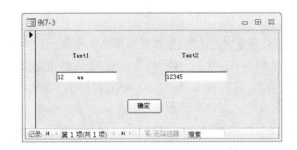

图 7-3 例 7.3 的运行结果

② 在 Dim 语句中,变量名的后面不能加类型符号。例如,下面的写法是错误的。

　　Dim a$ As String

③ 在一条 Dim 语句中,可以声明多个变量,变量名之间用逗号作间隔。例如:

　　Dim a,b,c,d As Double

(3) 使用 DefType 语句定义

DefType 语句的格式为

　　**DefType 字母[,字母范围]**

该语句主要用在模块级通用声明部分,一般用来声明变量或者用来传送过程和函数的参数的数据类型及函数的返回值的数据类型。例如:

　　DefInt a,b,c,e-h

在这个语句声明的模块中,以字母 a,b,c 及 e～h 开头的变量是整型的。

## 7.3.3 表达式

表达式是由运算符、函数和数据等内容组合而成的式子。在 VBA 的编程中,表达式是不可缺少的。根据表达式中的运算符的类型,通常可以将表达式分成 5 种:算术表达式、关系表达式、逻辑表达式、字符串表达式和对象表达式。

**1. 运算符和表达式**

(1) 算术运算符

算术运算符用于数值的计算。常用的算术运算符如表 7-2 所示。由算术运算符和数值构成的表达式称为算术表达式。

表 7-2　算术运算符

| 运算符 | 运算符的含义 | 举　　例 |
| --- | --- | --- |
| + | 加 | 6＋4　结果为 10 |
| − | 减 | 8−5　结果为 3 |
| * | 乘 | 25＊4　结果为 100 |
| / | 除 | 10/4　结果为 2.5 |
| \ | 整除 | 5\3　结果为 1 |
| Mod | 求余 | 8 Mod 3　结果为 2 |
| ^ | 乘方 | 2^3 结果为 8 |

对于以上几种算术运算符,只需要对整除运算符和求余运算符进行说明。对于整除运算符,如果被除数和除数都是整数,则取商的整数部分。如果被除数和除数有实数,则先将实数四舍五入取其整数部分,再求商,求商的过程与整数之间整除求商相同。对于求余运算符,如果被除数和除数是整数,则直接求两者的余数。如果被除数和除数有一个是实数,则先将实数四舍五入取其整数部分,再求余。

算术运算符之间存在优先级,它们之间的优先级决定算术表达式的运算顺序,其优先级关系如图 7-4 所示。

图 7-4 算术运算符的优先级

【例 7.4】 求 -4 + 3 \* 6 Mod 5^(2 \ 4)。

计算过程如下。

① 求出括号内的算式"2 \ 4"的结果,结果为 0,所以原式化为

-4 + 3 \* 6 Mod 5^0

② 求算式"5^0"的结果,结果为 1,所以原式进一步化为

-4 + 3 \* 6 Mod 1

③ 求算式"3 \* 6"的结果,结果为 18,所以原式再进一步化为

-4 + 18 Mod 1

④ 求算式"18 Mod 1"的结果,结果为 0,所以原式更进一步化为

-4 + 0

⑤ 求出最终结果为"-4"。

(2) 关系运算符

关系运算符用于在常数及表达式之间进行比较,从而构成关系表达式。其运算结果只能有两种可能,即真(True)或假(False)。VBA 中的关系运算符有 6 个,如表 7-3 所示。

表 7-3 关系运算符

| 运算符 | 含 义 | 举 例 |
|---|---|---|
| > | 大于 | 5+2>4　　结果为 True |
| < | 小于 | 5-3<0　　结果为 False |
| = | 等于 | 1=0　　结果为 False |
| >= | 大于或等于 | 8>=8　　结果为 True |
| <= | 小于或等于 | 4<=7　　结果为 True |
| <> | 不等于 | 6<>7　　结果为 True |

这 6 个关系运算符的优先级是相同的,但是比算术运算符的优先级低。如果它们出现在同一个表达式中,按照从左到右的顺序依次运算。

在这里有一点要说明，VBA 是以 Basic 语言为基础的，所以其赋值号和等号用的都是"="符号；因此初学者要能够从"="符号所出现的位置，来判断其代表的真正含义。大致来说，"="作为等号出现时，一般包含在其他语句中；而"="作为赋值号出现时，常作为单独的赋值语句。例如：

```
a = 22
b = 28
c = 58
Print a + b = c
```

在这个程序的前 3 行中，"="均作为赋值号出现，作用是把 22,28 和 58 这 3 个数值分别赋给变量 $a,b$ 和 $c$。在 VBA 中，数值型变量没有赋值，则使用默认值 0。在这个程序的第 4 行，"="是作为等号出现的。Print 的作用是打印出表达式"a + b = c"的结果。在这个等式的左端，结果是 50，右端结果是 58。很显然，等式不成立，返回一个假值，所以打印的结果为 False。

(3) 逻辑运算符

逻辑运算符也被称作布尔运算符，用来完成逻辑运算。逻辑运算符和数值组成的表达式称为逻辑表达式。常用的逻辑运算符有"非"运算符（Not）、"与"运算符（And）和"或"运算符（Or）。其运算关系如表 7-4 所示。

表 7-4 逻辑运算符之间的运算关系

| X | Y | X And Y | X Or Y | Not X |
| --- | --- | --- | --- | --- |
| True | True | True | True | False |
| True | False | False | True | False |
| False | True | False | True | True |
| False | False | False | False | True |

逻辑运算符的优先级低于关系运算符。这 3 个逻辑运算符之间的优先级如下。

Not >And> Or

除此之外，还有些不常用的逻辑运算符，如"异或"运算符（Xor）、"等价"运算符（Eqv）和"蕴含"运算符（Imp）等。读者如有需要可查阅相关手册。

(4) 字符串连接运算符

在 VBA 中，字符串连接运算符有两个，分别是"+"和"&"，用于连接字符串，从而构成字符串表达式，它们的作用相同。例如：

```
a$ = "123"
b$ = "456"
c$ = a$ & b$
```

则字符串变量 c$ 所存放的内容是字符串"123456"。"+"符号的用法与"&"是相同的。

(5) 对象运算符

在 VBA 中，对象运算符有两个，分别是"!"和"."，用于引用对象或对象的属性，从而构成对象表达式。

符号"!"的作用是随后为用户定义的内容。例如：

　　Form![学生成绩单]

这里所表示的是打开"学生成绩单"窗体。

"."的作用是随后为 Access 2010 定义的内容。例如：

　　Cmd1.Caption

这里所表示的是引用按钮 Cmd1 的 Caption 属性。

**2. 标准函数**

在 VBA 中，系统提供了一个颇为完善的函数库，函数库中有一些常用的且被定义好的函数供用户直接调用。这些由系统提供的函数称为标准函数。实际上，函数也可以看作是一类特殊的运算符。表 7-5 中列出了一些常用的标准函数。

表 7-5　常用的标准函数

| 函　数 | 函数功能 | 函数说明 |
| --- | --- | --- |
| Abs(x) | 求 $x$ 的绝对值 | $x$ 为实数 |
| Sin(x) | 求 $x$ 的正弦函数值 | $x$ 为弧度值 |
| Cos(x) | 求 $x$ 的余弦函数值 | $x$ 为弧度值 |
| Tan(x) | 求 $x$ 的正切函数值 | $x$ 为弧度值 |
| Fix(x) | 截取 $x$ 的整数部分 | Fix(8.3)=3　Fix(−7.1)=−7 |
| Int(x) | 取不大于 $x$ 的最大整数 | Int(8.3)=3　Int(−7.1)=7 |
| Log(x) | 求自然对数 ln$x$ | $x \geqslant 0$ |
| Exp(x) | 求 e 的 $x$ 次幂 | e≈2.718 281 828 459 0 |
| Sgn(x) | 符号函数 | $Sgn(x)=\begin{cases} 1 & (x>0) \\ 0 & (x=0) \\ -1 & (x<0) \end{cases}$ |
| Sqr(x) | 求 $x$ 的平方根 | $x \geqslant 0$ |

说明：

① 函数的参数可以是常量、变量或含有常量和变量的表达式。例如：

　　Dim a,b As Single　'定义两个单精实型变量
　　a = 8.7
　　b = Sin(a + 4)

② 标准函数不能脱离表达式而独立地作为语句出现。

## 7.3.4　选择结构

**1. 行 If 语句**

这是 VBA 中最常用的一种语句，它和人们的思维习惯是一致的。其语句格式有如下

两种。

　　If <条件> Then <语句1>

含义:如果条件成立,那么执行语句1;如果条件不成立,则该If语句不被执行。

　　If <条件> Then <语句1> Else <语句2>

含义:如果条件成立,那么执行语句1;如果条件不成立,则执行语句2。

在行If语句中,应当注意的是条件语句的嵌套使用。如果程序中有两个或两个以上的Else,那么每一个Else应当和哪个If…Then进行匹配呢? 在VBA中规定,每一个Else与在它前面的、距离最近的且没有被匹配过的If…Then配对。例如:

由本例可以看到:在外层If语句的条件结果中,嵌套了另外一个If语句。在该行If语句中,第一个Else和它前面的、距离最近的且没有被匹配过的If(第2个If)相匹配;而第2个Else,由于第2个If已经匹配过了,所以它只能和第1个If相匹配。

**2. 块If语句**

在行If语句中,如果针对某一个执行条件需要编写多条语句,那么就需要用块If语句来完成。块If语句的格式有如下两种。

第1种为常用的、非嵌套的块If语句,语法格式为

　　If <条件> then
　　　　<语句组1>
　　[Else
　　　　<语句组2>]
　　End If

当条件为真时,执行语句组1;当条件为假时,执行语句组2。

第2种为嵌套的块If语句,其功能和下面将要介绍的多路分支选择结构Select Case的功能相同,可以对多个条件进行判断。

　　If <条件1> Then
　　<语句组1>
　　　　Elseif <条件2> Then
　　　　　　<语句组2>
　　　　……
　　　　Elseif <条件n> Then
　　　　　　<语句组n>
　　　　[Else
　　　　　　<语句组n+1>]
　　End If

该语句的执行过程是这样的:按条件出现的顺序依次判断每一个条件,发现第一个成立的条件后,则立即执行与该条件相对应的语句组;然后跳出该条件语句,去执行 End If 之后的第一条语句。即便有多个条件都成立,也只执行与第一个成立的条件相对应的语句组。如果所有的条件都不成立,则看存不存在 Else,要是存在的话,则执行 Else 对应的语句组(语句组 $n+1$),否则直接跳出条件语句,去执行 End If 之后的第一条语句。

【例 7.5】 在文本框中输入 3 个数,单击"排序"按钮后,3 个数按由大到小的顺序排列。单击"重新输入"按钮后,清空文本框,以便于重新输入。

解题思路:要想将 3 个数进行排序,首先要将这 3 个数中的任意两个数进行比较。如果比较过程中较大数在较小数之前,则不需要改变它们的顺序,否则需要将两个数的位置进行交换。对于 3 个数排序要进行 $(3×2)/(2×1)$ 次比较。

程序如下。

```
Private Sub Command1_Click()
    Dim a, b, c, t As Double
    Me.Text1.SetFocus
    a = Val(Me.Text1.Text)
    Me.Text2.SetFocus
    b = Val(Me.Text2.Text)
    Me.Text3.SetFocus
    c = Val(Me.Text3.Text)
    If b < c Then
        t = c
        c = b
        b = t
    End If
    If a < b Then
        t = b
        b = a
        a = t
    End If
    If b < c Then
        t = c
        c = b
        b = t
    End If
    Me.Text1.SetFocus
    Me.Text1.Text = LTrim(Str(a))      '消除正数前面的空格,然后赋给文本框
    Me.Text2.SetFocus
    Me.Text2.Text = LTrim(Str(b))
    Me.Text3.SetFocus
    Me.Text3.Text = LTrim(Str(c))
End Sub
```

```
Private Sub Command2_Click()
    Me.Text2.SetFocus
    Me.Text2.Text = ""
    Me.Text3.SetFocus
    Me.Text3.Text = ""
    Me.Text1.SetFocus
    Me.Text1.Text = ""
End Sub
```

运行结果如图 7-5 所示。

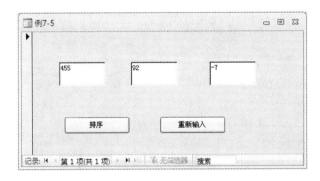

图 7-5　例 7.5 的运行结果

### 3. Select Case 语句

在 VBA 中，还提供了一种专门面向多个条件的选择结构，称为多路分支选择结构。多路分支选择结构采用 Select Case 语句，其语法格式为

```
Select Case <表达式>
    Case 值 1
        语句组 1
    ……
    Case 值 n
        语句组 n
    [Case Else
        语句组 n + 1]
End Select
```

该语句的执行过程是：首先对表达式的值进行计算，然后将计算的结果和每个分支的值进行比较，一旦发现某个分支的值和表达式的值相匹配，则执行该分支所对应的语句组。执行完成后立即跳出该选择结构，即便在该分支之后还有其他分支的值符合条件，也不再对程序的运行产生影响。如果所有分支后面的值均不与表达式的值相匹配，则看存不存在 Case Else，如果存在，则直接执行 Case Else 对应的语句组，否则跳出该选择结构。

Case 后面的值可以有如下 3 种形式：

① 可以是单个值或者是几个值。如果是多个值，各值之间用逗号分隔。

② 可以用关键字 To 来指定范围。例如，"Case 3 To 5"表示 3～5 之间的整数，即 3,4,5。

③ 可以是连续的一段值,这时要在 Case 后面加 Is。例如,"Case Is＞3"表示大于 3 的所有实数。

【例 7.6】 完成一个收取货物运费的程序。在固定两地之间,收取货物运费的原则是:10 t 以内(不含 10 t)的货物,每吨收取运费 100 元;10～50 t(不含 50 t)的货物,每吨收取运费 70 元;50 t 以上的货物,每吨收取运费 50 元。如图 7-6 所示,输入货物重量后,单击"计算"按钮,显示运输费用;单击"清除"按钮,清空两个文本框。

解题思路:这是一个最为简单的多路分支选择结构实例。只需要根据货物重量的不同,选择不同的运费计算公式即可。

程序如下。

```
Private Sub Command1_Click()
  Dim a As Single
  text1.SetFocus
  If Not IsNumeric(Text1.Text) Then    '用于解决第一个文本框中输入了非数值信息的情况
    MsgBox "请输入有效数值!"
    Text1.Text = ""
    Exit Sub
  End If
  a = Val(Text1.Text)
  Text2.SetFocus
  Select Case a
    Case Is >= 50
      Text2.Text = LTrim(Str(a * 50)) + "元"
    Case Is >= 10
      Text2.Text = LTrim(Str(a * 70)) + "元"
    Case Is >= 0
      Text2.Text = LTrim(Str(a * 100)) + "元"
    Case Else                          '排除输入负数的情况
      Text2.Text = "请输入有效数值!"
  End Select
End Sub

Private Sub Command2_Click()
  Text1.SetFocus
  Text1.Text = ""
  Text2.SetFocus
  Text2.Text = ""
End Sub
```

由此程序可以看到,当可能出现的情况多于两种时,使用 Select Case 语句要比使用 If 语句更加方便。

图 7-6　例 7.6 的运行结果

## 7.3.5　循环结构

**1．For 循环结构**

For 循环结构是一种常用的循环结构。在已知循环次数的前提下,通常使用 For 循环来完成操作。For 循环结构的格式为

**For** <循环变量>=<初值> **To** <终值> [**Step** 步长]
　　循环体
**Next** [循环变量]

该循环结构所执行的过程是:首先将初值赋给循环变量,然后判断它是否超出了初值与终值之间的范围,如果超出了这个范围,则不执行循环体,直接跳出循环;如果没有超出这个范围,则执行循环体中的内容,执行完循环体后,将初值与步长相加后的结果赋给循环变量,然后再对当前的循环变量进行判断,看它是否在初值与终值的范围之间。上述过程不断重复,直到循环变量的值超出了初值和终值之间的范围,跳出循环为止。

在该循环结构中,需要说明以下 3 点。

① 当步长值为 1 时,可以省略步长的说明。例如:

　　For I=1 To 7
　　　print I
　　Next I

在此循环中,循环变量每次的增量是 1,所以不需要添加步长说明。

② 步长既可以是正数,也可以是负数;既可以是整数,也可以是小数。

③ 如果想要提前跳出循环,可以使用 Exit For 语句。Exit For 语句通常和 If 语句联用。通过预先设定的条件,来判断是否要提前跳出循环。

**2．Do 循环结构**

Do 循环结构也是一种常用的循环结构。该循环结构可以在不知道循环次数的前提下,通过对循环条件的判定,来控制循环的执行。在数据库编程中,在记录集中筛选记录时,一般情况下没有必要获得记录的条数,因此在循环中通常使用 Do 循环结构。

Do 循环结构的格式有如下 5 种。

格式 1：

> **Do**
>   循环体(死循环)
> **Loop**

格式 2：

> **Do While** ＜条件＞
>   循环体
> **Loop**

格式 3：

> **Do Until** ＜条件＞
>   循环体
> **Loop**

格式 4：

> **Do**
>   循环体
> **Loop While** ＜条件＞

格式 5：

> **Do**
>   循环体
> **Loop Until** ＜条件＞

在这 5 种结构中，第 1 种循环结构是最基本的结构。它的执行过程就是永不间断地执行循环体，这实际上是进行一个死循环。要想解决这个问题，需要在循环体中加入 Exit Do 语句，用来跳出循环。这个语句通常和 If 语句联用，通过 If 语句来限定退出循环的条件。其他的 4 种结构都是在第 1 种结构的基础上衍生的。它们通过循环自身的判定语句来决定什么时候跳出循环。例如，在格式 2 中，条件为真则执行循环体，如果条件为假，则从循环中跳出。在每次执行循环之前，都需要先对循环条件进行判断，如果条件不成立，那么就有可能一次循环也不执行。在格式 4 中，同样是当条件为真时才执行循环体，条件为假则跳出循环，但是在格式 4 中，先执行循环体，后判断条件，这样尽管条件可能一开始并不成立，但至少需要执行一次循环。格式 3 和格式 5 与格式 2 和格式 4 分别类似，区别仅仅在于格式 3 和格式 5 中是判定条件为假，则执行循环体，当判定条件为真，则跳出循环。

【例 7.7】 如图 7-7 所示，单击"筛选"按钮后，在标签框中显示出 50～100 之间的所有质数。

解题思路：首先，应该清楚怎样判断一个数是否是质数。作为质数，除了 1 和它本身之外，不能再被其他数整除。那么只需判断该数是否存在 1 和它本身之外的因子。如果存在，这两个因子必然是一个大于或等于该数的平方根，另一个小于或等于该数的平方根，并且这两个因子是成对出现的。所以，只要找出其中较小的一个因子即可认为该数不是质数，否则，该数就是质数。然后，依次判断其他的数是否是质数。

程序如下。

```
Private Sub Command0_Click()
  Me.label1.Caption = ""
  Dim i, k, j, flag As Integer
  For i = 50 To 100
    k = Int(Sqr(i))
    j = 2
    flag = 0
    Do While j <= k And flag = 0
      If i Mod j = 0 Then
        flag = 1
      Else
        j = j + 1
      End If
    Loop
    If flag = 0 Then Me.label1.Caption = Me.label1.Caption + Str(i)
  Next i
End Sub
```

图 7-7  例 7.7 的运行结果

## 7.3.6 数组

数组是指若干个相同类型的元素的集合。

在 VBA 中,按照维数分类,数组可以分为一维数组和多维数组;按照类型分类,数组可以分为整型数组、实型数组和字符串型数组等。

(1) 一维数组

对于一维数组,定义格式为

**Dim 数组名(数组下限 To 数组上限) As 数组类型**

或

**Dim 数组名[类型符号](数组下限 TO 数组上限)**

例如:

Dim a(-6 To 8) As Integer

表示该数组元素为短整型,在-6~8 之间共有 15 个元素。

Dim b$(5 To 15)

表示该数组元素为字符串型,在 5~15 之间共有 11 个元素。

(2) 二维数组

对于二维数组,定义格式为

**Dim 数组名(一维下限 To 一维上限,二维下限 To 二维上限) As 数组类型**

或

**Dim 数组名[类型符号](一维下限 To 一维上限,二维下限 To 二维上限)**

也可以采用简略定义方式:

**Dim 数组名[类型符号](n)**

或

**Dim 数组名[类型符号](m,n)**

其中,$m$ 和 $n$ 都是整数,表示数组中某一维的上限,其下限默认值为 0。但是,如果在定义数组之前,使用了"Option Base 1"语句,则数组下限为 1。

对于数组的使用而言,一般来说,数组通常和循环配合使用。对于数组的操作,就是针对数组中的元素进行操作。数组中的元素在程序中的地位和变量是等同的。

【例 7.8】 求数列 1,1,2,3,5,8,…的第 40 项。

解题思路:题中所给的数列很显然具有一定的规律。除了前两项外,数列的每一项都等于其前两项之和,即"a(n)=a(n-1)+a(n-2)"。在找到规律之后,就不难用数组来解决了。

程序如下。

```
Private Sub Command0_Click()
    Dim a(40) As Long
        a(1) = 1
        a(2) = 1
    For i = 3 To 40
        a(i) = a(i-1) + a(i-2)
    Next i
    Me.Text1.SetFocus
    Me.Text1.Text = LTrim(Str(a(40)))
End Sub
```

程序的运行结果如图 7-8 所示。

图 7-8 例 7.8 的运行结果

## 7.3.7 子程序和子函数

**1. Sub 子程序**

Sub 子程序的功能是将某些语句集成在一起,用于完成某个特定的功能,Sub 子程序也称为过程。一般来说,子程序都是要包含参数的,通常它是依靠参数的传递来完成相应的功能。当然,也有某些特殊的子程序不包含参数,但在这种情况下,它们所得到的结果都是固定的,不具备很强的通用性。子程序的定义格式为

　　　　［Private｜Public］［Static］Sub 过程名（［参数［As 类型］,…］）
　　　　　　［语句组］
　　　　　　［Exit Sub］
　　　　　　［语句组］
　　　　End Sub

其中,Private 和 Public 用于表示该过程所能应用的范围;Static 用于设置静态变量;Sub 代表当前定义的是一个子程序;过程名后面的参数是虚拟参数,简称为虚参,有时候也称为形式参数,简称为形参。虚参和形参只是叫法不同,但表示的是同一个含义。虚参的作用是用来和实际参数(简称为实参)进行虚实结合。这样,通过参数值的传递来完成子程序与主程序之间的数据传递。

在参数传递过程中,涉及值传递、地址传递和保护型的地址传递的问题。在值传递中,实参为常数,实参和虚参各自占用自己的内存单元。这样,实参可以影响虚参,但是虚参不能影响实参。在地址传递中,实参是变量,实参和虚参共用同一个内存单元。也就是说,实参和虚参可以互相影响,保护型的地址传递中,实参是变量,但在虚参的定义中加入 ByVal,这样,实参仍然可以不受虚参影响。

在 VBA 中,过程分为两种,即事件过程和通用过程。事件过程只能由用户或系统触发。VBA 的程序运行也是依靠事件来驱动的,而通用过程则是由应用程序来触发的。

**2. Function 函数**

在 VBA 中,除了系统提供的函数之外,还可以由用户来自行定义函数。函数和子程序在功能上略有不同。主程序调用子程序后,是执行了一个过程;主程序调用 Function 函数后,是得到了一个结果。Function 函数的定义格式为

　　　　［Private｜Public］［Static］Function 函数名（［参数［As 类型］,…］）［As 类型］
　　　　　　［语句组］
　　　　　　函数名 ＝ 表达式
　　　　　　［Exit Function］
　　　　　　［语句组］
　　　　End Function

在 Function 函数的定义格式中,各个关键字的含义与 Sub 子程序中对应的关键字的含义相同。对于初学者要特别注意一点:由于 Function 函数有返回值,所以在 Function 函数的函数体中,至少要有一次对函数名进行赋值。这是 Function 函数和 Sub 子程序的根本区别。

### 3. Property 过程

Property 过程主要用来创建和控制自定义属性,如对类模块创建只读属性时,就可以使用 Property 过程。Property 过程的定义格式为

[Private|Public][Static] Property{Get|Let|Set}属性名[参数[As 类型]]
　　[语句组]
**End Property**

关于 Property 过程的具体使用方法,涉及的内容较多,本书限于篇幅,只在类这一部分中有粗略的介绍,读者如有兴趣深究,可以参阅相关开发手册。

下面通过一个实际例题来说明如何使用子程序和 Function 函数。

【例 7.9】 求表达式"$(1+2+3)+(1+2+3+4)+\cdots+(1+2+3+\cdots+n)$"之和($n \geqslant 4$)。

解题思路:该表达式的每一项均是一个完成累加求和的多项式。每个多项式有相同的特点,即都是从 1 一直累加到某一个数。这样,表达式中的每一项就都可以通过一个相同的求值过程来完成。

首先,通过调用 Sub 子程序来完成这一过程。

主程序如下。

```
Private Sub Command1_Click()
    Me.Text2.SetFocus
    n = Val(Text2.Text)
    For i = 3 To n
        Call a(s, i)              '调用子程序 a
        sum = sum + s
    Next i
    Me.Text1.SetFocus
    Text1.Text = LTrim(Str(sum))
End Sub
```

子程序如下。

```
Private Sub a(s, n)
    s = 0
    For i = 1 To n
        s = s + i
    Next i
End Sub
```

在该程序的编写过程中,主程序通过 Call 语句调用子程序 a。调用子程序 a 时,a 中有两个参数(见主程序第 5 行):s 和 i。这两个参数是实参,分别对应子程序中的两个虚参 s 和 n。在主程序中,由于循环变量 i 发生变化,而 i 和虚参 n 是共用同一个内存单元的,所以 i 的变化会直接导致 n 发生变化。在子程序中,n 的变化又导致子程序中的另外一个虚参 s 发生了变化。虚参 s 和实参 s 共用相同的内存单元,这样也使得实参 s 的值成为某一项的值。最终将实参 s 累加到 sum 中,就求出了该表达式的值。程序的运行结果如图 7-9 所示。

图 7-9　例 7.9 的运行结果

对于该题如何通过 Function 函数完成,方法和使用子程序来完成是基本相似的。

## 7.4　VBA 中的面向对象编程

上一节讲述了 VBA 的语法部分,这为编写正确且有效的 VBA 程序奠定了基础。本节将进一步深入地学习 VBA 的开发环境、面向对象编程及 VBA 中的高级应用等。

### 7.4.1　VBA 的开发环境

VBE 是 VBA 的开发环境,在 Access 2010 中进入到 VBE 有以下几种方法。

在窗体或报表中,进入 VBE 有两种方法。一种方法是在设计视图中打开窗体或者报表,然后单击"工具"命令组中的"查看代码"按钮。另一种方法是在设计视图中打开窗体或者报表,然后在某个控件上右击,在快捷菜单中选择"事件生成器"命令打开"选择生成器"对话框。在该对话框中选择"代码生成器",然后单击"确定"按钮即可。

在窗体或者报表之外,进入 VBE 的方法是,在"创建"选项卡的"宏与代码"命令组中单击"模块"按钮,创建新模块。

### 7.4.2　事件驱动程序的编写及程序的调试

**1. 事件驱动程序的编写**

事件驱动是面向对象编程和面向过程编程的一大区别,在视窗操作系统中,用户在操作系统下的各个动作都可以看成是激发了某个事件。例如,单击了某个按钮,就相当于激发了该按钮的单击事件。在 Access 系统中,事件主要有鼠标事件、键盘事件、窗口事件、对象事件和操作事件等。

(1) 键盘事件

● KeyPress 事件:每敲击一次键盘,激发一次该事件。该事件返回的参数 keyascii 是根据被敲击键的 ASCII 码来决定的。例如,A 和 a 的 ASCII 码分别是 65 和 97,则敲击它们时的 keyascii 返回值也不同。

● KeyDown 事件:每按下一个键,激发一次该事件。该事件下返回的参数 keycode 是由键盘上的扫描码决定的。例如,A 和 a 的 ASCII 码分别是 65 和 97,但是它们在键盘上却是同一个键,因此它们的 keycode 返回值相同。

● KeyUp 事件:每释放一个键,激发一次该事件。该事件的其他方面与 KeyDown 事件类似。

(2) 鼠标事件

● Click 事件:单击事件。每单击一次鼠标,激发一次该事件。
● DblClick 事件:双击事件。每双击一次鼠标,激发一次该事件。
● MouseMove 事件:鼠标移动事件。
● MouseUp 事件:鼠标释放事件。
● MouseDown 事件:鼠标按下事件。

(3) 窗口事件

● Open 事件:打开事件。
● Close 事件:关闭事件。
● Active 事件:激活事件。
● Load 事件:加载事件。

(4) 对象事件

● GotFocus 事件:获得焦点事件(某一个控件处于获得光标的激活状态,则称其获得焦点)。
● LostFocus 事件:失去焦点事件。
● BeforeUpdate 事件:更新前事件。
● AfterUpdate 事件:更新后事件。
● Change 事件:更改事件。

(5) 操作事件

● Delete 事件:删除事件。
● BeforeInsert 事件:插入前事件。
● AfterInsert 事件:插入后事件。

下面以 VBA 中的几个事件为例来编写一个程序。

【例 7.10】 单击"复制"按钮后,在第一个文本框中每输入一个字符,在另一个标签中显示和第一个文本框相同的内容。

程序如下。

```
Option Compare Database
Private start As Boolean                    '定义布尔型变量,确定什么时候开始复制

Private Sub Command1_Click()
  Me.Command1.SetFocus
  start = True                              '单击"复制"按钮后,start 值为真时,开始复制
End Sub

Private Sub Form_Load()
  start = False                             '加载窗体时,start 值为假,不能复制
End Sub
```

```
Private Sub Text1_Change()                '文本框的内容每改变一次,激发一次 Change 事件
    If start = True Then
    Me.Text1.SetFocus
    Me.Label1.Caption = Me.Text1.Text    '进行复制
    End If
End Sub
```

运行结果如图 7-10 所示。

图 7-10 例 7.10 的运行结果

在此程序中,如果不单击"复制"按钮,直接在文本框中输入字符串,则不会产生复制的过程。原因很简单,由于直接输入字符串,则变量 start 的值依旧是加载窗体时所赋的 False 值。这样,在文本框的 Change 事件中,条件语句的执行条件不成立,则不会复制字符串。反之,单击了"复制"按钮,start 变量被重新赋值,在激发 Change 事件时,条件语句的执行条件成立,则能完成复制功能。

由此可见,在面向对象编程中,人机之间有了很好的交互性,这样随着用户的不同操作顺序,就使得程序的执行顺序产生了多种可能。这就是事件驱动程序的优点。

**2. 程序的调试**

程序调试是数据库系统开发中必不可少的环节,在完成系统程序开发后,需要对其进行调试,以便找到其中的错误。常用的调试手段有设置断点、单步跟踪和设置监视点。

设置断点的方法有多种,下面介绍一种简便的设置断点的方法。将插入点移动到要设置断点的位置,然后单击"调试"工具栏中的"切换断点"按钮。若要取消该断点,再次单击"切换断点"按钮即可。

如果想彻底地了解程序的执行顺序,需要使用单步跟踪功能。单击"调试"工具栏中的"逐语句"按钮,使程序运行到下一行,这样逐步检查程序的运行情况。当不想跟踪一个程序时,可以再次单击"逐语句"按钮。

监视点用来监视程序的运行,设置监视点的步骤如下。

① 选择"调试"→"添加监视"命令,弹出"添加监视"对话框,如图 7-11 所示。

② 在"表达式"文本框中输入表达式或者变量,在"上下文"区域中分别选择相应的过程和模块,在"监视类型"区域中设定监视的方式。

③ 单击"确定"按钮,弹出调试窗口,当程序运行到满足监视条件的位置时,就会暂停运行,并弹出监视窗口。

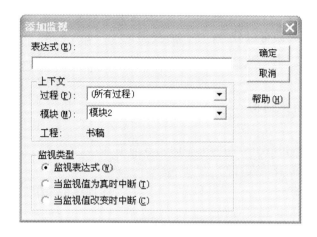

图 7-11 "添加监视"对话框

## 7.5 课后习题

**一、选择题**

1. 下列变量名中符合 VBA 命名规则的是（　　）。
A. 3M　　　　　　B. Time.txt　　　　C. Dim　　　　　　D. Sel_One
2. VBA 的逻辑值在进行算术运算时，False 值被当作（　　）。
A. −1　　　　　　B. 0　　　　　　　C. 1　　　　　　　D. 任意
3. VBA 中定义符号常量的关键字是（　　）。
A. Const　　　　　B. Public　　　　　C. Private　　　　　D. Dim
4. 不属于 VBA 表达式组成要素的是（　　）。
A. 运算结果　　　　B. 运算符　　　　　C. 数据　　　　　　D. 函数
5. VBA 表达式"4 * 6 Mod 16/4 * (2+3)"的运算结果是（　　）。
A. 4　　　　　　　B. 10　　　　　　　C. 16　　　　　　　D. 80
6. 函数 String(n,字符串)的功能是（　　）。
A. 把数值型数据转换为字符串
B. 返回由 n 个字符组成的字符串
C. 从字符串中取出 n 个字符
D. 从字符串中第 n 个字符的位置开始取子字符串
7. 一般用于存放供其他 Access 数据库对象使用的公共过程称为（　　）。
A. 类模块　　　　　B. 标准模块　　　　C. 宏模块　　　　　D. 窗体模块
8. 可以实现重复执行一行或几行程序代码的语句是（　　）。
A. 循环语句　　　　B. 条件语句　　　　C. 赋值语句　　　　D. 声明语句
9. 一般不需使用 VBA 代码的是（　　）。
A. 创建用户自定义函数　　　　　　　B. 复杂程序处理

C. 打开窗体　　　　　　　　　　D. 错误处理

10. 在 Access 中,模块可以分为(　　)种类型。

A. 1　　　　　B. 2　　　　　C. 3　　　　　D. 4

## 二、填空题

1. VBA 中使用顺序结构 _____、_____ 和 _____ 3 种流程控制结构。

2. _____ 是指若干个相同类型的元素的集合。

3. VBA 程序的开发环境是 _____。

4. Access 中模块有 _____ 和 _____ 两种基本类型。

5. VBA 提供的字符串连接符有 _____ 和 _____。

## 三、操作题

1. 编写 VBA 代码以实现求两个数中的较大数。

2. 编写 VBA 代码以实现求 1+2+3+4+…+99+100 的和。

# 第8章 SharePoint 网站

## 8.1 SharePoint 简介

随着 Internet 技术的不断发展，越来越多的用户需要通过 Internet 开展业务，业务包括产品宣传、销售及企业管理等。相应的，也就有更多的用户数据需要通过 Internet 发布和维护，为了满足用户日益增多的需要，Access 2000 以后的版本加强了对 Internet 的支持，增加了数据的网上发布和访问功能，使得用户能够通过 Internet 查询或操纵数据库中的数据。

Access 2003 作为数据库工具，提供了数据访问页，作为数据库系统和 www 的接口，使得 Access 2003 的数据库系统与 Internet 联系起来，使用户可以通过 Internet 或其他的网络途径访问数据库的信息。

在 Access 2010 中，不支持数据访问页的设计与执行，通过将 Access 2010 和 SharePoint Services 结合使用，从而大大增强了网络协同开发与共享功能。Access 和 SharePoint 可以集成在一起，在网络下无缝地共享数据。Access 数据可以很容易地链接到位于 SharePoint 网站的数据源，也可以从中进行复制。数据存储在 SharePoint 网站上的某个位置，如同存储在 Access 的表中。SharePoint Services 和 Access 之间的链接可以建立在 TCP/IP 连接上，这意味着该连接可以在 Internet 上运行。所以，从技术上说，也就是 SharePoint 可以为 Access 提供外部数据源，这与 SQL Server 这样的外部数据库通过 ODBC 连接到 Access 并为其提供数据的操作原理类似。

### 8.1.1 SharePoint 的组成

SharePoint 是 Microsoft SharePoint 产品或技术的简称。一个企业或项目开发组中的人们可以使用 SharePoint 来建立与他人共享信息的协作网站，自始至终完整地管理文档及发布报告以帮助每个人作出更好的决策。

SharePoint 产品和技术包含下列内容。

**1. SharePoint Foundation**

SharePoint Foundation 是所有 SharePoint 网站的基础技术。SharePoint Foundation 可以免费进行本地部署，在以前的版本中称为 Windows SharePoint Services。使用 SharePoint Foundation 可以快速创建许多类型的网站，并在这些网站中对网页、文档、列表、日历和数据展开协作。

**2. SharePoint Server**

SharePoint Server 是一个服务产品，它依靠 SharePoint Foundation 技术为列表和库、网站管理及网站自定义提供一致的熟悉框架。SharePoint Server 包括 SharePoint Foundation 的所有功能及附加特性和功能，如企业内容管理、商业智能、企业搜索和"我的网站"中的个人配置文件。

**3. SharePoint Online**

SharePoint Online 是由 Microsoft 托管一种服务，适用于各种规模的企业。无须在本地安装和部署 SharePoint Server，任何企业现在只需订阅服务产品即可使用 SharePoint Online 创建网站，以便与同事、合作伙伴和客户共享文档和信息。

**4. SharePoint Designer**

SharePoint Designer 是一个免费程序，用于设计、构建和自定义在 SharePoint Foundation 和 SharePoint Server 上运行的网站。用户使用 SharePoint Designer 可以创建具有丰富数据的网页，构建支持工作流的强大解决方案，还可以设计网站的外观。用户利用 SharePoint Designer，可以创建各种网站，包括从小型项目管理团队网站到用于大型企业的仪表板驱动的门户解决方案。

**5. SharePoint Workspace**

SharePoint Workspace 是一个桌面程序，用户可以使用该程序将 SharePoint 网站内容脱机，并在断开网络时与他人协作创建内容。当用户与其他团队成员脱机时，可以对 SharePoint 内容进行更改，这些更改最终将同步至 SharePoint 网站。

## 8.1.2 SharePoint 网站的组成

SharePoint 网站为文档和信息提供了集中存储和协作的空间，帮助小组内的成员共享信息并协同工作。网站成员可以提出自己的想法和意见，也可以对他人的想法和意见发表评论或提出建议。SharePoint 网站是一种协作工具，就好像电话是一种通信工具，会议是一种决策工具一样。SharePoint 网站可以帮助实现如下目标。

① 协调项目、日历和日程安排。
② 讨论想法，审阅文档或提案。
③ 共享信息并与他人保持联系。

当进入 SharePoint 网站时，呈现的是主页。SharePoint 网站由主页、列表、库、视图和网站设置等组成。

**1. 主页**

主页是进入 SharePoint 网站的首界面，用于存储文件和信息的预定义界面。主页是操作的起点。

**2. 列表**

列表是一个网站组件，可以在其中存储、共享和管理信息。

**3. 库**

库为工作组文档提供集中的存储和共享空间。自己的网站包括一个默认文档库——共享文档，可从主页上的快速启动栏访问该文档库。也可以创建其他文档库，存储特定项目的文档，还可以在共享文档内为不同类型或类别的文档创建文件夹。

**4. 视图**

默认的数据视图可通过超链接进入页面。单击快速启动栏上的"任务"自动显示视图。也可以在"选择视图"列表中单击视图名称来查看其他视图。例如，使用文件导出功能，可以把单个的表、查询、窗体或者报表导出为静态的 HTML 格式。Access 会为每个所导出的报表、表和窗体创建一个 Web 页。

**5. 网站设置**

在所连接的页面上，可以更改个人信息，更改 SharePoint 网站的名称和描述，更改网站内容并执行网站管理任务（如更改个人设置，或为 SharePoint 网站设置新的工作组成员）。只有"管理员"网站组的成员才能执行网站管理任务。

## 8.1.3 SharePoint 网站的基本操作

通过 SharePoint 网站可以发布信息、共享信息和管理信息，SharePoint 主页面左上角"网站操作"下拉列表框中列出了对 SharePoint 网站的常用操作。

**1. 编辑网页**

编辑当前页面，选择此操作后进入页面的编辑状态，可以对当前页面进行编辑操作。

**2. 同步到 SharePoint Workspaces**

在计算机上创建此网站的同步副本。选择此操作后，启动 SharePoint Workspaces，在当前客户机上建立一个当前网站的副本。

**3. 创建新页面**

创建可自定义的网页。选择此操作后，在当前网站上建立一个新页面。

**4. 新文档库**

创建存储和共享文档的位置。选择此操作后，在当前网站的文档库中建立一个新的文档库。

**5. 创建新网站**

创建工作组或项目站。选择此操作后，在当前网站上创建一个子网站。

**6. 更多选项**

创建其他类型的页面、列表、库和网站。选择此操作后，可以新建列表、库、讨论板、调查、网页或网站。

**7. 查看所有网内容**

查看网站上所有的库和列表。选择此操作后，页面中显示主要的所有内容。

### 8. 在 SharePoint Designer 中编辑

创建或编辑列表、页面和工作流或调整设置。选择此操作后，将启动 SharePoint Designer 对网页进行编辑。

### 9. 网站权限

设置人员访问网站的权限。选择此操作后，进入操作权限操作界面，可以对不同的操作者设置其操作权限。

### 10. 网站设置

访问此网站的所有设置。选择此操作后，进入网站设置页面，通过网站设置可以对网站进行管理工作，如删除网站等。

## 8.2 Access 数据的迁移与发布

使用 Access 2010 可以轻松而安全地收集和共享信息。使用 Access 和 SharePoint Services 可以创建协作数据库应用程序，信息可以存储在 SharePoint 网站上的列表中，并且可以通过 Access 数据库中的链接表进行访问。也可以将整个 Access 文件存储在 SharePoint 网站中。如果能够访问配置了访问服务的 SharePoint 网站，则可以使用 Access 2010 来创建 Web 数据库，在 Web 浏览器窗口中使用创建的数据库，但所建的数据库必须使用 Access 2010 来进行设计更改。

在 Access 2010 中，将数据上传到 SharePoint 网站的操作方法有 3 种。

① 将当前 Access 数据库中的全部表移到 SharePoint 网站上的列表中。

② 将当前数据库中的某个特定表导出到 SharePoint 网站上的列表中。

③ 将 Web 数据库发布到 SharePoint 网站上。

### 8.2.1 将 Access 数据库中的表迁移到 SharePoint 网站上

为了实现数据共享，通常将 Access 数据库拆分成两部分，存储数据的数据库对象和数据库中的其他对象。使用 Access 与 SharePoint，可以将数据库中的表对象以链接的方式链接到 SharePoint 网站的列表上，而数据库中的其他对象则存储在本地数据库中。每个用户都可以使用存储在 SharePoint 网站列表中的表，开发适合自己的操作模块。

用户可以在 SharePoint 网站上创建列表，这些列表像数据库中的表那样进行链接。利用迁移到 SharePoint 网站向导将表中的数据迁移到网站，实现数据迁移操作。使用 Access 2010 可以轻松而安全地共享信息。在 Access 中，将数据上传到 SharePoint 网站上的操作方法有两种：一种方法是将当前数据库中的所有表对象移动到 SharePoint 网站上的列表中；另一种方法是将当前数据库中的特定的表对象导出到 SharePoint 网站上的列表中。

#### 1. 将当前数据库中的所有表对象移动到 SharePoint 网站上的列表中

操作步骤如下。

① 启动 Access 2010，打开数据库。

② 选择"数据库工具"选项卡中的"移动数据"命令组，单击"SharePoint"按钮，打开"将表导出至 SharePoint 向导"对话框，如图 8-1 所示。

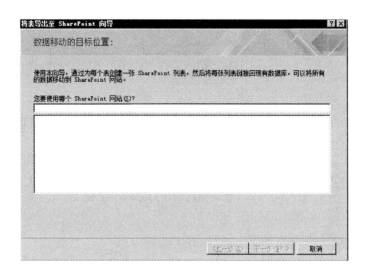

图 8-1 "将表导出至 SharePoint 向导"对话框

③ 在"您要使用哪个 SharePoint 网站"文本框中，输入 SharePoint 网站地址，单击"下一步"按钮，打开连接到网站的对话框。

④ 输入登录网站的用户名和密码，单击"确定"按钮。

⑤ 系统创建到 SharePoint 网站的链接，并将数据库中的所有表对象移动到指定网站上的列表中，移动完成后，返回"将表导出至 SharePoint 向导"对话框。

⑥ 选中"显示详细信息"复选框可以查看操作的详细信息。单击"完成"按钮，完成移动数据操作。

**2. 将当前数据库中的特定的表对象导出 SharePoint 网站上的列表中**

操作步骤如下。

① 启动 Access 2010，打开数据库，在导航窗格中选中要导出的表。

② 选择"外部数据"选项卡的"导出"命令组，单击"其他"下拉按钮，弹出下拉列表，如图 8-2 所示。

③ 在下拉列表中选择"SharePoint 列表"，弹出"导出-SharePoint 网站"对话框，如图 8-3 所示。

④ 在"指定 SharePoint 网站"文本框中输入 SharePoint 网站地址，在"指定新列表的名称"文本框中输入存储在 SharePoint 列表的表名，然后单击"确定"按钮。系统将指定的表及与其相关的表导出到 SharePoint 网站，完成操作后，弹出"保存导出步骤"对话框。

⑤ 单击"关闭"按钮，导出操作完成，可选中"导出保存步骤"复选框根据向导提示保存导出步骤或完成管理数据操作。

图 8-2 "其他"下拉列表

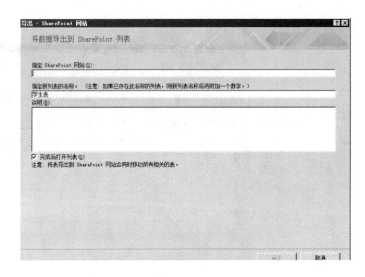

图 8-3 "导出-SharePoint 网站"对话框

## 8.2.2 将数据发布到 SharePoint 网站

如果正在与他人协同工作,则可以在 SharePoint 服务器中存储数据库副本,将数据发布到 SharePoint 网站。

在首次将数据发布到服务器时,Access 将提供一个 Web 服务器列表,该列表使得寻找要发布到的位置(如文档库)更加容易。发布数据库之后,Access 将记住该位置,在要发布更改时就无须再次查找该服务器。

Access 2010 和 SharePoint 网站之间更好的数据集成改善了性能,提高了如下应用程序设计水平。

(1) 管理 SharePoint 网站上的权限

可以为 SharePoint 网站上的列表和 Access 数据库分配各种级别的权限。可以为组分配只读权限或完全权限,并且可以有选择的允许或拒绝某些用户访问。

(2) 在 SharePoint 网站上跟踪和管理版本

可在 SharePoint 网站上跟踪列表项的版本并查看版本历史记录。如果需要,可以恢复某项以前的版本。如果需要了解谁更改了它,或者了解何时进行的更改,则可以查看版本历史记录。

(3) 从回收站中取回数据

可以使用 SharePoint 网站上的新回收站方便地查看已删除的记录,并恢复意外删除的信息。

(4) 将数据库扩展到 Web

将数据库扩展到 Web 使得没有 Access 客户端的用户也可以通过浏览打开 Web 窗体和报表,并自动同步更改。

（5）使用 Access 2010 和 SharePoint Server 2010

数据可获得加强保护，以帮助满足数据合规性及备份和审核要求，从而增强可访问性和可管理性。

Access Services 提供了创建可 Web 上使用的数据库的平台。通过使用 Access 2010 和 SharePoint 设计和发布 Web 数据库，用户可以在 Web 浏览器中使用 Web 数据库。发布 Web 数据库时，Access Services 将创建包含此数据库的 SharePoint 网站。所有数据库对象和数据均移至该网站中的 SharePoint 列表。

**1. 将数据库发布到 SharePoint 网站上**

操作步骤如下。

① 打开数据库。

② 选择"文件"→"保存并发送"命令，打开"文件类型"窗格，单击"发布到 Access Services"按钮，打开"Access Services 概述"窗格，如图 8-4 所示。

图 8-4 "Access Services 概述"窗格

③ 单击"运行兼容性检查器"按钮检查是否与 Web 兼容。检查结束后，如果数据库与 Web 兼容，则在"运行兼容性检查器"按钮下方显示"数据库与 Web 兼容"。在"服务器"文本框中输入 SharePoint 网站地址，在"网站名称"文本框中输入本网站的名称，然后单击"发布到 Access Services"按钮。

说明：

此步骤不是必须的，但如果当前数据库与 Web 不兼容，发布必然失败。若对不兼容 Web 的数据库实施了兼容性检查，则将在数据库中产生一个名为"Web 兼容性问题"的表，其中详细记录着不兼容信息。

④ 系统对当前数据库进行处理，将其发布到 SharePoint 服务器中，并根据数据库中的内容生成一个网站。

⑤ 单击"确定"按钮,完成发布数据库操作。

**2. 创建新 Web 数据库**

操作步骤如下。

① 单击"文件"选项卡以打开 Backstage 视图。

② 选择"新建"命令,单击"空白 Web 数据库"或"样本模板"并选择模板名称中包含"Web 数据库"的数据库。

## 8.3 SharePoint 网站数据的导入与导出

下面介绍数据库与 SharePoint 网站如何进行协同工作,从而使读者掌握利用 SharePoint 网站上的列表数据创建 Access 数据库表和将本地 Access 数据库中的表转移到 SharePoint 网站中。

### 8.3.1 SharePoint 网站数据的导入

导入 SharePoint 列表操作将在 Access 数据库中创建该列表的副本。在执行导入操作的过程中,用户可以指定要复制的列表,对于每个选定列表还可以指定是要导入整个列表还是只导入特定视图。

导入操作将在 Access 中创建一个表,然后将 SharePoint 列表中的列和项目作为表的字段和记录,从源列复制到该表中。

在导入操作结束时,可以选择保存导入信息,即将导入操作保存为导入规格。导入规格可帮助日后重复该导入操作,而不必每次都运行导入向导。

操作步骤如下。

① 查找包含要复制的列表的 SharePoint 网站,并记下该网站的地址。

**注意**:有效的 SharePoint 网站地址应当以"http://"开头,后面跟服务器的名称,并以服务器上特定网站规定的路径结尾。

② 识别要复制到数据库的列表,然后决定要复制整个列表还是只复制特定视图。可以在一个操作中导入多个列表,但是只能导入每个列表的一个视图。

③ 启动 Access 2010,打开要导入列表的目标数据库。

④ 在"外部数据"选项卡的"导入并链接"命令组中,单击"其他"下拉按钮,选择"SharePoint 列表",如图 8-5 所示。

⑤ 弹出如图 8-6 所示的"获取外部数据-SharePoint 网站"对话框,在该对话框中输入指定源网站的地址。选中"将源数据导入当前数据库的新表中"单选按钮,单击"下一步"按钮。

⑥ 向导将显示可用于导入数据库的列表,选择要导入的列表。

⑦ 在"要导入的项目"列中,为每个选定的列表选择所需的视图。选择"所有元素"视图可以导入整个列表。

如果不想将 SharePoint 列表复制到 Access 数据库中,而只是想基于该列表的内容运行查询和生成报表,则应执行链接而不是导入。

图 8-5 "其他"下拉列表

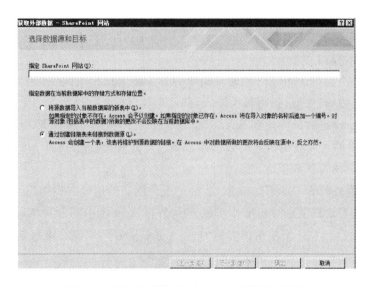

图 8-6 "获取外部数据-SharePoint 网站"对话框

当链接到 SharePoint 列表时,Access 将创建一个反映源列表的结构和内容的新表,该表通常称为链接表。与导入不同,链接操作创建的链接只指向该列表,而不是指向该列表的任何特定视图。

在以下两方面链接比导入的功能更强大。

**1. 添加和更新数据**

通过浏览找到 SharePoint 网站,或者通过在 Access 内使用数据表视图或窗体视图,可以对数据进行更改。在一个位置中进行的更改会在另一个位置中反映出来。

**2. 查阅表**

当链接到 SharePoint 列表时，Access 会自动为所有查阅列表创建链接表。如果查阅列表包含查阅其他列表的列，则在链接操作中也包括那些列表，以便每个链表的查阅列表在数据库中都具有对应的链接表。Access 还在这些链接表之间创建关系。

将 SharePoint 列表通过链接表导入数据库的操作和上面的操作比较类似，只要在弹出的"获取外部数据-SharePoint 网络"对话框中选中"通过创建链接表来链接到数据源"单选按钮，然后单击"下一步"按钮，在显示的可用于连接的列表中选择要链接的列表，然后单击"确定"按钮，完成导入。

值得注意的是，每次打开链接表或源列表时，都会看到其中显示了最新数据，但是，在链接表中不会自动反应对列表进行的结构更改。要通过应用最新的列表结构来更新链接表，可右击导航窗格中的表，在弹出的快捷菜单中选择"SharePoint 列表"命令，然后单击"刷新列表"按钮。

## 8.3.2 导出到 SharePoint 网站

如果需要临时或永久地将某些 Access 2010 数据移动到 SharePoint 网站，则应将这些数据从 Access 数据库导出到该 SharePoint 网站。当导出数据时，Access 会创建所选表或查询的副本，并将该副本存储为一个列表。

将表或查询导出到 SharePoint 网站最简单的方法是运行导出向导。运行此向导后，可以将设置保存为导出规格，然后，无须再次输入，即可重复运行导出操作。

下面将本地 Access 数据导出到 SharePoint 网站，具体操作步骤如下。

① 找到待导出的表或查询所在的数据库。导出查询时，查询结果中的行和列会被导出为列表项和列，不能导出窗体或报表。

② 找出要创建列表的 SharePoint 网站，并记下该网站的地址。确保用户有在 SharePoint 网站上创建列表的必要权限。导出操作将创建一个与 Access 中的源对象同名的新列表。如果 SharePoint 网站已经有一个使用该名称的列表，系统会提示为新列表指定其他名称。

③ 启动 Access，打开要导出表或查询的源数据库。

④ 在"外部数据"选项卡的"导出"命令组中，单击"其他"下拉按钮，选择"SharePoint 列表"，如图 8-7 所示。

⑤ 系统弹出"导出-SharePoint 网站"对话框，如图 8-8 所示。

⑥ 在"指定 SharePoint 网站"文本框中，输入目标网站的地址。在"指定新列表的名称"文本框中，输入新列表的名称。如果数据库中的源对象具有与 SharePoint 网站上的列表相同的名称，请指定其他名称。还可以选择在"说明"文本框中输入新列表说明，然后选中"完成后打开列表"复选框。

⑦ 单击"确定"按钮，启动导出过程。

在操作过程中，SharePoint Services 还会根据对应的源字段为每列选择正确的数据类型。

第 8 章　SharePoint 网站

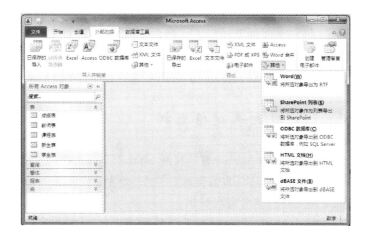

图 8-7　"其他"下拉列表

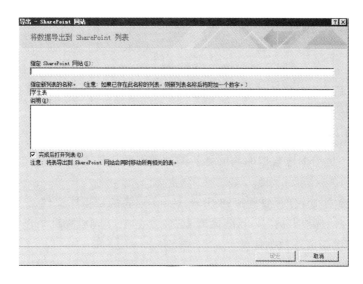

图 8-8　"导出-SharePoint 网站"对话框

## 8.4　脱机使用链接

可使用 Access 2010 脱机处理链接到 SharePoint Services 3.0 网站上列表的数据。

在脱机使用 SharePoint 网站中的数据之前，必须首先创建 Access 表和 SharePoint 列表之间的链接。

然后，可以使用 Access 使列表脱机对其进行更新或分析。当重新链接时，可同步数据，以使数据库和列表得到更新。如果数据库中含有查询和报表，则可以使用它们来分析数据，如可使用 Access 中的报表来汇总数据。

如果在脱机时更新了数据，则可以在再次连接到服务器时，在服务器上更新更改。如果发生冲突（如果其他人更新了服务器上的同一条记录或者此人同时也在脱机工作），则可以在同步时解决冲突。

可使用多种方法将 Access 表链接到列表。例如,可将数据库迁移到 SharePoint 网站,这样做也会将数据库中的表链接到网站上的列表。或者,可以在 SharePoint 网站上将数据从数据表视图中的列表导出到 Access 表中。

### 8.4.1 使用 SharePoint 列表数据脱机

若要使数据脱机,首先必须将 Access 表链接到 SharePoint 列表。

然后打开链接到 SharePoint 列表的数据库。在"外部数据"选项卡的"SharePoint 列表"命令组中,单击"脱机工作"按钮,即可实现脱机。

如果"脱机工作"按钮不可用,则表可能未链接到 SharePoint 列表,或者列表数据已经脱机。

### 8.4.2 脱机后工作

将数据库与 SharePoint 网站脱机以后,用户就可以单机进行 Access 2010 数据库的操作了。当操作完成以后,还要用当前本地的数据更新 SharePoint 网站上的数据。

更新网站数据的方法主要有以下几种。

**1. 进行联机工作**

进行联机工作,是用本地数据库数据更新网站数据的一种方法。

操作步骤如下。

① 启动 Access 2010,打开要链接到 SharePoint 列表的数据库文件。

② 在"外部数据"选项卡的"Web 链接列表"命令组中,单击"脱机工作"按钮。这样,即可用本地数据库文件更新网站数据库文件。

**2. 进行数据同步**

将数据库中的数据和网站的数据进行同步,是更新数据的另一种方式。

操作步骤如下。

① 启动 Access 2010,打开要链接到 SharePoint 列表的数据库文件。

② 在"外部数据"选项卡的"Web 链接列表"命令组中,单击"同步"按钮。

这样,即可将数据库中的数据和网站的数据进行同步。

## 8.5 课后习题

一、选择题

1. 关于 SharePoint 网站技术的说法中,不正确的是(　　)。

A. SharePoint 技术可以提高团队的开发效率

B. SharePoint 技术需要必要的硬件支持

C. SharePoint 与 HTTP 服务没有区别

D. SharePoint 技术在将来会有很大的发展

2. 下面关于链接表的说法中,错误的是(　　)。

A. 通过链接表导入数据,导入的不是源数据的备份

B. 链接表相当于一个桥梁

C. 对导入的表的修改,不会反映到源表中

D. 对源表的修改,会反映到导入表中

3. SharePoint 是一些人对一个或多个 Microsoft(　　)产品或技术的简称。

A. Access　　　　B. Office　　　　C. SQL　　　　D. SharePoint

4. 导入或链接数据的一般过程是打开要导入或链接数据的数据库后,在(　　)选项卡上单击要导入或链接的数据类型。

A. 创建　　　　B. 数据库工具　　　　C. 开始　　　　D. 外部数据

5. (　　)包含指向 SharePoint 网站上特定页面的超链接。

A. 快速启动栏　　B. 公告　　　　C. 活动　　　　D. 链接

6. 选中(　　)复选框,导入操作会保存为导入规格,将有助于日后的重复操作。

A. 保存导入步骤　B. 不保存　　　C. 不用选　　　D. 保存导出步骤

7. 在进行导入操作时,用户可以指定导入的列表,以及指定是导入整个列表还是选择(　　)。

A. 窗体　　　　B. 特定视图　　　C. 报表　　　　D. 查询

8. 导出表或查询的操作一般是通过运行(　　)向导来完成的。

A. 导入-SharePoint 网站　　　　B. 链接

C. 发布　　　　　　　　　　　　D. 导出-SharePoint 网站

9. 在脱机使用 SharePoint 网站列表的数据之前,首先要(　　)。

A. 脱机

B. 存储

C. 同步

D. 创建 Access 表与 SharePoint 网站列表间的链接

二、填空题

1. 在 Access 中可以生成_____数据库并将它们发布到 SharePoint 网站。

2. SharePoint _____是一个免费程序,用于设计、构建和自定义在 SharePoint Foundation 和 SharePoint Server 上运行的网站。

3. 要想在表中插入超链接,首先要新建一个用于存储超链接的_____。

4. 如果要通过 Web 浏览器共享数据库,需要分两步进行,即_____和_____。

三、操作题

1. 创建空数据库,取名为"教学管理",将附件中给出的 6 个 Excel 表导入到该"教学管理"数据库中。

2. 如何将本地数据库中的数据导入到 SharePoint 与 HTTP 服务网站?

# 第 9 章　数据安全管理

Access 2010 提供了经过改进的安全模型,该模型有助于简化将安全性应用于数据库及打开已启用安全性的数据库的过程。Access 2010 中有以下新增安全功能。其中有新的加密技术,Office 2010 提供了新的加密技术,此加密技术比 Office 2007 提供的加密技术更强大。其次对第三方加密产品的支持,在 Access 2010 中,用户可以根据自己的意愿使用第三方加密技术。

绝大多数数据库是供多人共享使用的,因此,数据的安全和管理就显得特别重要。Access 是一个优秀的数据库管理系统,具有完备的数据库外围管理功能,包括安全管理、数据转移及数据库备份和修复等。本章学习的内容是维护数据库系统的必备知识。

## 9.1　概　　述

若要理解 Access 2010 安全体系结构,需要记住的是,Access 2010 数据库与 Excel 工作簿或 Word 文档是不同意义上的文件。Access 2010 数据库是一组对象(表、窗口、查询、宏、报表等),这些对象通常必须相互配合才能发挥功用。例如,当创建数据输入窗体时,如果不将窗体中的控件绑定(链接)到表,就无法用该窗体输入或存储数据。有几个 Access 组件会造成安全风险,如动作查询、宏与 VBA 代码等,因此不受信任的数据库中将禁用这些组件。

为了确保数据更加安全,每当打开数据库时,Access 和信任中心都将执行一组安全检查。

① 在打开.accdb 或.accde 文件时,Access 会将数据库的位置提交到信任中心。如果信任中心确定该位置受信任,则数据库将以完整功能运行。

② 如果信任中心禁用数据库内容,则在打开数据库时将出现提示消息栏。

### 9.1.1　数据的安全性

数据库系统中的数据由数据库管理系统统一管理与控制,为了保护数据库中的数据的安全、完整和正确有效性,要求对数据库实施保护,使其免受某些因素对其中数据造成的破坏。

**1. 数据库安全性的含义**

数据库的安全性是指保护数据库以防止非法使用所造成的数据泄露、更改或破坏。

**2. 数据库安全问题的产生**

数据库的安全性是指在信息系统的不同层次保护数据库,防止未授权的数据访问,避免数据的泄露、不合法的修改或对数据的破坏。安全性问题不是数据库系统所独有的,它来自各个方面,其中既有数据库本身的安全机能,如用户认证、存取权限、视图隔离、跟踪与审查、数据加密、数据完整性控制、数据访问的并发控制、数据库的备份和恢复等方面,也涉及计算机硬件系统、计算机网络系统、操作系统、组件、Web 服务、客户端应用程序、网络浏览器等。只是在数据库系统中大量数据集中存放,而且为许多最终用户直接共享,从而使安全性问题更为突出,每一个方面产生的安全问题都可能导致数据库数据的泄露、意外修改、丢失等后果。

## 9.1.2 Access 数据库的加密技术

Access 提供了设置数据库安全的几种传统方法,如为打开数据库设置密码,或设置用户级安全,以限制允许用户访问或更改数据库的哪一部分,以及加密数据库使用户无法通过工具程序或字处理程序查看和修改数据库中的敏感数据。除了这些方法之外,还可将数据库保存为.mde 文件以删除数据库中可编辑的 Visual Basic 代码,以防止对窗体、报表和模块的设置进行修改。

**1. 设置密码**

最简单的方法是为打开的数据库设置密码。设置密码后,打开数据库时将显示要求输入密码的对话框,只有输入正确密码的用户才可以打开数据库。在数据库打开之后,数据库中的所有对象对用户都将是可用的。

**2. 用户级安全**

设置数据库安全的最灵活和最广泛的方法是设置用户级安全。这种安全类似于很多网络中使用的方法,它要求用户在启动 Access 时确定自己的身份并输入密码。

**3. 加密数据库**

对数据库进行加密将压缩数据库文件,并使用户无法通过工具程序或字处理程序查看和修改数据库中的敏感数据。

## 9.1.3 数据库的安全与管理

数据库的安全性和可靠性是数据库系统性能的重要因素之一,当数据库创建完成后,还必须要考虑如何对数据库文件进行管理和安全维护。Access 2010 提供了对数据库进行管理和安全维护的有效方法。

**1. 压缩和修复数据库**

在使用 Access 2010 数据库的过程中,经常会进行删除数据或对象的操作。当删除一条记录时,由于 Access 2010 自身结构的特点,Access 2010 系统并不能自动地把记录所占据的硬件空间释放出来,从而造成计算机硬盘空间使用效率的降低。因此,文件的存储空间大为减少,读取效率大大提高,从而优化了数据库的性能。修复数据库文件可以修复数据库中的表、窗体、报表或模块的损坏，以及显示打开特定窗体、报表所需的信息。

**2．关闭时自动压缩数据库文件**

在数据库系统创建完后，可以不需要人为干扰，自动完成压缩数据。自动压缩可以提高管理数据库的效率。如果设置自动压缩"教学管理"数据库文件，可打开"教学管理"数据库，选择"文件"→"选项"命令，打开"选项"窗口。切换到"当前数据库"选项卡，选择"关闭时压缩"复选框，如图 9-1 所示。单击"确定"按钮，关闭"选项"窗口，设置完成。这样设置以后，在关闭"教学管理"数据库时就会自动完成对数据库的压缩。

图 9-1  选中"关闭时压缩"复选框

**3．修复 Access 数据库文件**

数据库在使用过程中，可能由于某种情况导致损坏。例如，在向数据库文件执行写入操作时出现问题，在 Access 数据库打开的情况下计算机突然重新启动等，这时就需要对数据库进行修复。修复 Access 数据库文件和压缩 Access 数据库文件是同时完成的，因此使用压缩数据库的方法可以同时修复 Access 数据库文件的一般错误。

## 9.2　数据库密码的设置与撤销

为了保护数据库不被他人使用或修改，可以给数据库设置用户密码。设置数据库用户密码后，一旦需要可以更改或修改数据库的用户密码，也可以撤销原来的密码，重新为数据库设置用户密码。

**1. 设置用户密码**

设置用户密码的操作步骤如下。

① 以独占方式打开数据库。

② 单击"文件"→"信息"命令，如图 9-2 所示。

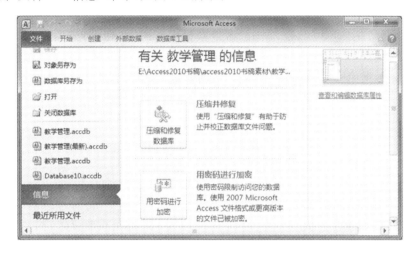

图 9-2　"文件"→"信息"命令

③ 在窗格中单击"用密码进行加密"按钮，打开"设置数据库密码"对话框，如图 9-3 所示。

图 9-3　"设置数据库密码"对话框

④ 在"设置数据库密码"对话框中，先输入用户密码，再输入验证码，然后单击"确定"按钮，用户密码设置完成。

在设置了数据库用户密码后，在每次打开数据库时，需要输入用户密码，因此用户要牢记自己的密码，或在设置用户密码之前将数据库制作一个备份，以防万一。

【例 9.1】　为"教学管理"数据库设置用户密码。

操作步骤如下。

① 以独占方式打开"教学管理"数据库，单击"文件"→"信息"命令，在文件窗口的中间窗格中单击"用密码进行加密"按钮，打开"设置数据库密码"对话框。

② 在"设置数据库密码"对话框中先输入密码，再输入验证密码，当确定在"密码"文本框内输入的数据与"验证"文本框内输入的数据完全相同时，再单击"确定"按钮，结束数据库用户密码的设置。

**注意**：密码中使用的英文字母要区分大小写。另外，必须要牢记数据库密码，一旦忘记，包括用户本人都无法打开设置有密码的数据库。

**2．撤销用户密码**

若设置用户密码后又想取消密码，可以撤销数据库的用户密码。

撤销数据库的用户密码的步骤如下。

① 启动 Access 2010，并选择以独占方式打开要撤销用户密码的数据库。

② 单击"文件"→"信息"命令，单击"撤销数据库密码"按钮，打开"撤销数据库密码"对话框。

③ 在"撤销数据库密码"对话框中，输入数据库的用户密码，然后单击"确定"按钮，完成用户密码的撤销。

## 9.3　用户权限的分级管理

设置用户组的目的是为了将用户划分为不同的用户组，不同用户组的用户对数据库的操作所拥有的权限是不同的。在 Access 2010 中，可以为用户和组设置权限。

设置用户和组权限的操作步骤如下。

① 打开数据库，将"教学管理"数据库转换成可以使用用户级安全机制的版本格式。

② 单击"文件"→"信息"命令，单击"用户和组权限"命令，打开"用户与组权限"对话框。

③ 选择"权限"选项卡，选择"用户"或"组"单选按钮，会在"用户名/组名"列表框中显示系统所有的用户或组账户名，单击账户名称，可以选择需要设置权限的用户名或组名。

④ 在权限列表框中单击需要设置权限的复选框，如果需要还可以选择对象类型和对象名称。单击"确定"按钮，权限完成。

## 9.4　备份和恢复数据库

对创建的数据库进行备份也是保证数据库系统的数据不因意外情况遭到破坏的一种重要手段。

**1．备份数据库**

使用 Access 2010 提供的数据库备份功能就可以完成数据库备份的工作。

【例 9.2】　备份"教学管理"数据库。

操作步骤如下。

① 打开"教学管理"数据库，在数据库窗口中单击"文件"→"保存并发布"命令。

② "文件类型"默认为"数据库另存为"，在最右侧选择"备份数据库"。

③ 然后单击界面右下角的"另存为"按钮，系统将弹出"另存为"对话框。

④ 在该对话框的"文件名"文本框中给出备份文件的默认名称"教学管理_2016-01-01"，即原数据库文件名加上备份时间，然后单击"保存"按钮，完成备份。

**2. 用备份副本还原 Access 数据库**

当数据库系统的数据遭到破坏后，可以使用还原方法恢复数据库。

Access 2010 系统本身没有提供直接还原数据库的命令。还原数据库可以使用 Windows 的备份及故障恢复工具，还可以用 Windows 复制、粘贴的方法将 Access 数据库的备份复制到数据库文件中。

## 9.5 数据库的转换导出与拆分

用 Access 2010 创建的数据库有时需要在其他环境中使用，如不同版本的 Access 系统、Microsoft Excel、其他的数据库系统（如 dBase 和 ODBC 等）。由于不同环境下生成的文件格式是不同的，因此，在 Access 以外的环境中使用 Access 数据库时，应对数据库中的数据作相应的处理。Access 不仅提供了在不同版本的 Access 系统之间进行数据转换，还可以在不同系统之间进行数据传递，从而实现数据资源共享。

### 9.5.1 数据库转换

在 Access 2010 中，可以实现数据库在不同的版本之间进行转换，从而使数据库在不同的 Access 环境中都能使用。

在 Access 2010 中，可以将当前数据库转换为 Access 2000，Access 2003 系统的格式，也可以将低版本的 Access 数据库转换为 Access 2010 格式，操作步骤如下。

① 打开要转换的数据库。

② 单击"文件"→"保存并发布"命令，打开文件类型与数据库另存为窗口，单击"数据库另存为"按钮，显示信息如图 9-4 所示。

图 9-4 文件类型与数据库另存为窗口

③ 在右侧窗格中的"数据库另存为"区域中,有 4 个按钮。
- "Access 数据库"按钮:将当前打开的数据库转换为 Access 2010 格式。
- "Access 2002-2003 数据库"按钮:将当前数据库转换为 Access 2003 格式。
- "Access 2000 数据库"按钮:将当前数据库转换为 Access 2000 格式。
- "模板"按钮:将当前数据库另存为模板数据库。

单击所需要的按钮,然后单击"另存为"按钮,打开"另存为"对话框。

④ 输入转换的数据库文件名,单击"保存"按钮,系统将对数据库文件进行转换并保存在指定的文件夹中。

### 9.5.2 数据的导出

导出是指将 Access 中的数据库对象导出到另一个数据库或导出到外部文件的过程。数据的导出使得 Access 中的数据库对象可以传递到其他环境中,从而达到信息交流的目的。

通过 Access 2010,可以将数据库对象导出为多种数据类型,包括 Excel 文件、SharePoint 列表、文本文件、XML 文件、HTML 文件和 dBase 文件等,还可以将数据导出到其他数据库中,甚至可以直接使用 Word 中的"邮件合并向导"合并数据。

导出数据操作通常使用"外部数据"选项卡的"导出"命令组的按钮进行操作,如图 9-5 所示。

图 9-5 "导出"命令组的按钮

导出数据时,一般是通过 Access 的导出向导来完成操作的。

**1. 将数据库对象导出到 Access 数据库中**

在 Access 2010 中,可以将当前数据库中的所有数据库对象导出到其他数据库或当前数据库中。Access 2010 提供了导出操作向导,按照系统提供的步骤操作,可以很容易地导出数据。

【例 9.3】 将"教学管理"数据库中的"成绩表"导出到"教师管理"数据库中。

操作步骤如下。

① 打开数据库,在导航窗格中选择"成绩表"。

② 选择"外部数据"选项卡的"导出"命令组,单击"Access"按钮,打开"导出-Access 数据库"对话框,如图 9-6 所示。

③ 指定存储导出对象的数据库文件,在"文件名"文本框中输入文件名,或单击"浏览"按钮,打开"保存文件"对话框。

④ 在"保存文件"对话框中,选择数据库文件所在文件夹和文件名"教师管理",如图 9-7

所示,然后单击"保存"按钮,返回"导出-Access 数据库"对话框,这时文本框中显示存储导出对象的数据库文件名称。

图 9-6 "导出-Access 数据库"对话框

图 9-7 "保存文件"对话框

⑤ 单击"确定"按钮,打开"导出"对话框。

⑥ 在"将成绩表导出到"文本框中显示导出表的默认名称,用户可以对其进行修改。如果原数据库与目标数据不同,可以直接使用默认表名。在"导出表"区域中可以选择导出数据或只导出表结构,单击"确定"按钮,导出操作结束。

**2. 将数据库对象导出到 Excel 中**

Excel 是电子表格处理软件,它具有数据计算和统计的功能。在 Access 2010 中,可以将表、查询、窗体或报表导出到 Excel 中。

操作步骤如下。

① 打开"教学管理",在导航窗格中选择"学生表"。

② 选择"外部数据"选项卡的"导出"命令组，单击"Excel"按钮，打开"导出-Excel 电子表格"对话框，如图 9-8 所示。

图 9-8 "导出-Excel 电子表格"对话框

③ 指定存储"学生表"数据的 Excel 文件名和文件格式，或单击"浏览"按钮，在打开的"保存文件"对话框中指定文件，如图 9-9 所示。

图 9-9 "保存文件"对话框

④ 在"保存文件"对话框中单击"保存"按钮。

⑤ 返回"导出-Excel 电子表格"对话框，可以从中选择导出时是否包含格式和布局，然后单击"确定"按钮，导出操作完成。

⑥ 在 Excel 中打开学生.xlsx，显示结果如图 9-10 所示。

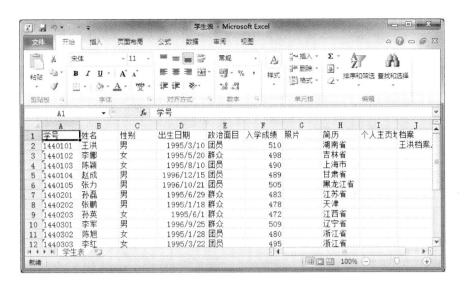

图 9-10 导出的 Excel 文件

## 9.5.3 拆分数据库

如果数据库作为网络数据库被多个用户共享,就应该考虑对数据库进行拆分。拆分数据库不仅有助于提高数据库的性能,还能降低数据库文件损坏的风险,从而更好地保护数据库。

拆分数据库后,数据库被组织成两个文件:后端数据库和前端数据库。后端数据库只包括表,而前端数据库则包含查询、窗体、报表及其他数据库对象,每个用户都使用前端数据库的本地副本进行数据交换。拆分数据库后必须将前端数据库分发给网络用户。

拆分数据库前,应该对数据库进行备份。需要时可以使用备份的数据库进行还原。在多用户的情况下,拆分数据库时,应该通知用户不要使用数据库,否则在拆分时如果用户更改了数据,所进行的更改不会反映在后端数据库中。如果在拆分数据库时有用户更改了数据,则可以在拆分完毕后再将新数据导入到后端数据库中。

拆分数据库本身可以使用 Access 2010 提供的数据库拆分器向导完成,具体操作步骤如下。

① 打开数据库。

② 选择"数据库工具"选项卡的"移动数据"命令组,单击"Access 数据库"按钮,打开"数据库拆分器"对话框,如图 9-11 所示。

③ 单击"拆分数据库"按钮,打开"创建后端数据库"对话框,如图 9-12 所示。

④ 在"文件名"下拉列表框中显示后端数据库的默认文件名,拆分后的数据库文件为原数据库文件名称末尾加后缀"-be",也可以对后端数据库重新命名。一般情况下,这样的文件名不必再更改。选择后端数据库文件保存位置,单击"拆分"按钮,系统将进行数据库拆分,拆分完成显示确定消息框。

数据库拆分后,原数据库文件被一分为二,新生成的后端数据库文件中只包含表对象,而原来的数据库文件中,表对象都变成指向后端数据库中的快捷方式,不再含有实际的表对象。

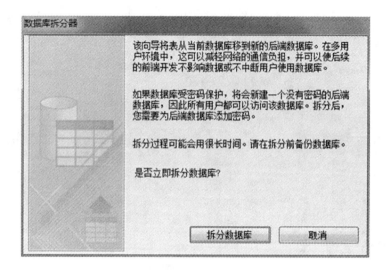

图 9-11 "数据库拆分器"对话框

图 9-12 "创建后端数据库"对话框

## 9.6 信任中心

在 Access 2010 提供的信任中心中,可以设置数据库的安全和隐私功能。

### 9.6.1 使用受信任位置中的 Access 2010 数据库

将 Access 2010 数据库放在受信任位置时,所有 VBA 代码、宏和安全表达式都会在数据库打开时运行。用户必须在数据打开时作出信任决定。

使用受信任位置中的 Access 2010 数据库的过程大致分为以下步骤。

操作步骤如下。

① 启动 Access 2010，单击"文件"→"选项"命令。

② 弹出"Access 选项"窗口，单击左侧的"信任中心"选项卡，然后单击右侧的"信任中心设置"按钮，如图 9-13 所示。

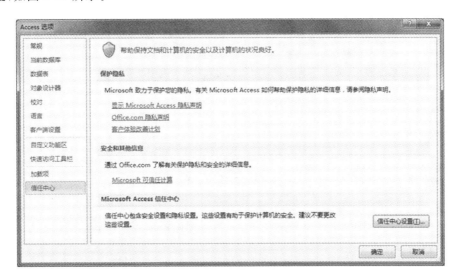

图 9-13 "Access 选项"窗口

③ 即可进入"信任中心"窗口，如图 9-14 所示。

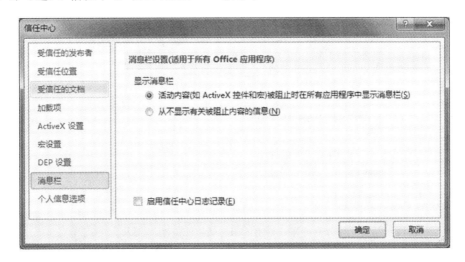

图 9-14 "信任中心"窗口

④ 单击左侧的"受信任位置"选项卡，记录下受信任位置的路径，如图 9-15 所示。

⑤ 将数据库文件移动或复制到受信任位置，以后打开存放在此受信任位置的数据库文件时，将不必作出信任决定。

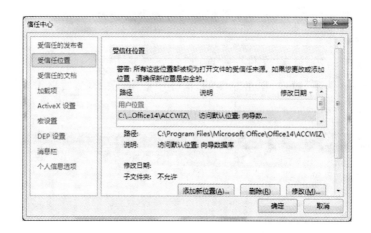

图 9-15 "信任中心"窗口

## 9.6.2 创建受信任位置,将数据库添加到该位置

用户还可以自己创建一个受信任的位置,并将数据库添加到该位置。

操作步骤如下。

① 启动 Access 2010,进入"信任中心"窗口。

② 单击"受信任位置"选项卡,然后单击"添加新位置"按钮,如图 9-15 所示。

③ 弹出"Microsoft Office 受信任位置"对话框,如图 9-16 所示。

图 9-16 "Microsoft Office 受信任位置"对话框

④ 单击"浏览"按钮,在弹出的"浏览"对话框中选择新的受信任位置,并单击"确定"按钮,如图 9-17 所示。

⑤ 这样就完成了新的受信任位置的添加,单击"确定"按钮即可。

⑥ 将数据库文件移动或复制到受信任位置,以后打开存放在此受信任位置的数据库文件时,将不必作出信任决定。

图 9-17 "浏览"对话框

## 9.6.3 打开数据库时启用禁用的内容

通过信任中心的设置,可以在打开数据库时启用禁用的内容,并且弹出提示消息栏。

操作步骤如下。

① 启动 Access 2010,进入"信任中心"窗口。

② 单击"宏设置"选项卡,在右侧的"宏设置"区域选择"启动所有宏"单选按钮,并单击"确定"按钮,如图 9-18 所示。这样,即可在打开数据库时启动禁用的内容。

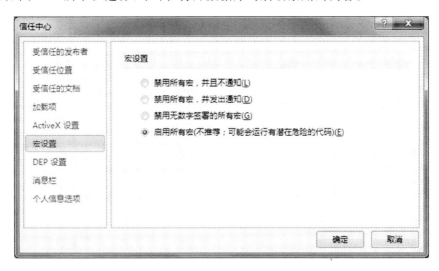

图 9-18 "信任中心"窗口

## 9.7 课后习题

**一、选择题**

1. 数据库的安全性是指保护数据库以防止非法使用所造成的数据(　　)。
   A. 扩大、缩小或剪切　　　　　　B. 处理、修改或泄露
   C. 移动、复制或粘贴　　　　　　D. 泄露、更改或破坏
2. 在 Access 数据库中,数据库的加密技术不包括(　　)。
   A. 设置密码　　B. 设置防火墙　　C. 加密数据库　　D. 用户级安全
3. 在建立、删除用户和更改用户权限时,一定要先使用(　　)账户进入数据库。
   A. 管理员　　　　　　　　　　　B. 普通账户
   C. 具有读、写权限的　　　　　　D. 没有权限
4. 在更改数据库密码前,一定要先(　　)。
   A. 进入数据库　　　　　　　　　B. 退出数据库
   C. 编辑数据库　　　　　　　　　D. 恢复原来的设置
5. 在建立数据库安全机制后,进入数据库要依据建立的(　　)方式。
   A. 安全机制(包括账号、密码、权限)　B. 组的安全
   C. 账号的 PID　　　　　　　　　D. 权限
6. 设置用户的登录密码,应以(　　)身份登录数据库。
   A. 管理员　　　　　　　　　　　B. 相应用户
   C. 具有读、写权控制的　　　　　D. 没有限制
7. (　　)有权分配用户和组的权限。
   A. 管理员　　　　　　　　　　　B. 普通用户
   C. 具有读、写权控制的用户　　　D. 没有限制
8. Access 数据库修改次数越多,容量变得比实际增加内容要大很多。为减少数据库存储空间并保证它的正常运行,应该经常对数据库进行(　　)和修复数据库操作。
   A. 创建　　　　B. 调整　　　　C. 压缩　　　　D. 限制
9. Access 系统的两个默认组是(　　)。
   A. 管理员组和用户组　　　　　　B. 管理员组和教师组
   C. 用户组和教师组　　　　　　　D. 没有默认组
10. 在弹出安全警告时,如果想启用数据库所有禁用的内容,可以单击(　　)按钮。
    A. 启用内容　　B. 不用管　　　C. 右侧的　　　D. 启用宏

**二、填空题**

1. 数据库的安全性是指在信息系统的不同层次保护数据库,防止未授权的数据库访问,避免数据的泄露、不合格的修改或_____。
2. 数据库的安全和_____是数据库系统性能的重要因素之一。
3. 当数据库创建完成后,还必须要考虑如何对数据库文件进行管理和_____。

4. 在 Access 数据库中,压缩和修复是_____的。

5. 在 Access 中,若想保护数据库不被别人窃取、使用及修复,用户可以给数据库设置_____。

**三、操作题**

1. 为"教学管理"数据库进行备份。

2. 为"教学管理"数据库设置密码。

# 参 考 文 献

［1］ 王玮,韩富有. Access 数据库技术教程. 北京：北京邮电大学出版社,2010.
［2］ 訾秀玲. Access 数据库技术及应用教程. 北京：清华大学出版社,2007.
［3］ 黄崑,白雅楠. Access 数据库基础与应用. 北京：清华大学出版社,2014.
［4］ 钟志宏. 全国计算机等级考试二级教程 Access 数据库程序设计. 成都：电子科技大学出版社,2014.
［5］ 全国计算机等级考试命题研究中心. 全国计算机等级考试一本通：二级 Access. 北京：人民邮电出版社,2014.